新农村能工巧匠速成丛书

电 工

鲁杨 常江雪 主编

U0256101

中国农业出版社

内容提要

本书全面系统地介绍了电工应掌握的基本技能和操作要点。全书共分八章，分别介绍了电工基本操作、常用低压电器的使用与检修、室内配线的安装、电器照明设备的安装与检修、变压器的安装与检修、电动机的安装与检修、电器接地装置与避雷装置的安装与检修、用电安全等内容。

本书适合广大电工初学者、爱好者入门自学，也适合在岗电工自学参考，以进一步提高操作技能；也可作为职业院校、培训中心等的技能培训教材。

主　编　鲁　杨　常江雪

参　编　李晓勤　许爱谨　刘奕贯

　　　　白学峰　郭　兵　金　月

　　　　周伟伟　姜春霞　吴俊淦

　　　　徐　浩　李文明　金文忻

　　　　梅士坤　刁秀永　田丰年

　　　　李　飞　王亚馗　钟文军

　　　　周　晶

审　稿　鲁植雄

前　言

随着中国国民经济和现代科学技术的迅猛发展，我国农村也发生了巨大的变化。在党中央构建社会主义和谐社会和建设社会主义新农村的方针指引下，为落实党中央提出的"加快建立以工促农、以城带乡的长效机制"、"提高农民的整体素质，培养造就有文化、懂技术、会经营的新型农民"、"广泛培养农村实用人才"等具体要求，全社会都在大力开展"农村劳动力转移培训阳光工程"，以增强农民转产转岗就业的能力。目前，图书市场上针对这一读者群的成规模成系列的读物不多。为了满足数亿农民工的迫切需求和进一步规范劳动技能，中国农业出版社组织编写了《新农村能工巧匠速成丛书》。

该套丛书力求体现"定位准确、注重技能、文字简明、通俗易懂"的特点。因此，在编写中从实际出发，简明扼要，不追求理论的深度，使具有初中文化程度的读者就能读懂学会，稍加训练就能轻松掌握基本操作技能，从而达到实用速成、快速上岗的目的。

《电工》为初级电工而编写。书中不涉及高深的专业知识，您只要按照本书的指引，通过自己的努力训练，很快就可以掌握电工的基本技能和操作技巧，成为一名合格的电工。

本书全面系统地介绍了电工应掌握的基本技能和操作要点。全书共分八章，分别介绍了电工基本操作、常用低压电器的使用与检修、室内配线的安装、电气照明设备的安装与检修、变压器的安装与检修、电动机的安装与检修、电气接地装置与避雷装置的安装与检修、用电安全等内容。适合广大电工初学者、爱好者入门自学，也适合在岗电工自学参考，以进一步提高操作技能；也可作为职业院校、培训中心等的技能培训教材。

本书由南京农业大学工学院鲁杨、常江雪主编，参加本书编写与绘图的有李晓勤、许爱谨、刘奕贯、白学峰、郭兵、金月、周伟伟、姜春霞、吴俊淦、徐浩、李文明、金文忻、梅士坤、刁秀永、田丰年、李飞、王亚馗、钟文军、周晶等。

本书在撰写过程中参考了相关图书和文献资料，借此向各参考文献的作者表示衷心地感谢和敬意。

编　者

2013 年 1 月

目 录

第一章

电工基本操作

第一节　电工的工作内容

一、电工的职业定义与能力特征

1. 职业定义　电工是指从事电气系统线路及器件等的安装、调试与维护、修理的人员。

2. 职业等级　根据国家标准，电工共设五个等级，分别为：初级（国家职业资格五级）、中级（国家职业资格四级）、高级（国家职业资格三级）、技师（国家职业资格二级）、高级技师（国家职业资格一级）

3. 职业环境　电工主要是在室内、室外，常温下作业。

4. 职业能力特征　电工应具有一定的学习、理解、观察、判断、推理和计算能力，手指、手臂灵活，动作协调，并能高空作业。

5. 基本文化程度　初中毕业及以上。

二、电工应掌握的基本知识

1. 职业守则

（1）遵守法律、法规和有关规定。

（2）爱岗敬业，具有高度的责任心。

（3）严格执行工作程序、工作规范、工艺文件和安全操作规程。

（4）认真负责，团结合作。

（5）爱护设备及工具、夹具、刀具、量具。

（6）着装整洁，符合规定。保持工作环境清洁有序，文明生产。

2. 基础知识

（1）电工基础知识

① 直流电与电磁的基本知识。

② 交流电路的基本知识。

③ 常用变压器与异步电工。

④ 常用低压电器。

⑤ 半导体二极管、晶体三极管和整流稳压电路。

⑥ 晶闸管基础知识。

⑦ 电工读图的基本知识。

⑧ 一般生产设备的基本电气控制线路。

⑨ 常用电工材料知识。

⑩ 常用旋具（包括专用工具）、量具和仪表的构造原理。

⑪ 供电和用电的一般知识。

⑫ 防护及登高用具等使用知识。

（2）钳工基础知识

① 锯削。手锯、锯削方法。

② 锉削。锉刀、锉削方法。

③ 钻孔。钻头、钻头刃磨。

④ 手工加工螺纹。内螺纹的加工工具与加工方法、外螺纹的加工工具与加工方法。

⑤ 电工的拆装知识。电工常用轴承的拆装方法。

（3）安全文明生产与环境保护知识

① 现场文明生产要求。

② 环境保护知识。

③ 安全操作知识。

（4）质量管理知识

① 企业的质量管理制度。

② 岗位的质量要求。

③ 岗位的质量保证措施与责任。

（5）相关法律、法规知识

① 与电工有关的劳动法相关知识。

② 合同法相关知识。

三、电工应掌握的基本技能

1. 电工基本操作

（1）能根据工作要求正确选用电工工具。

（2）能根据测量要求正确选用电工仪表。

（3）能对电工仪表进行调整和校正。

（4）能使用电工仪表对电压、电流、电阻、功率、电能进行测量。

（5）掌握常用电工仪表的结构与原理。

（6）掌握万用表、兆欧表、钳形表、功率表、电度表的选用及操作方法。

（7）能正确选用电工材料。

（8）能识别常用的电气符号。

2. 常用低压电器的使用

（1）能对低压电器进行分类。

（2）能正确使用负荷开关。

（3）能正确使用熔断器。

（4）能正确使用接触器。

（5）能正确使用继电器。

（6）能正确使用启动器。

（7）能正确使用漏电保护电器。

3. 电气照明设备的安装与维修

（1）能正确安装白炽灯，并能进行维修。

（2）能正确安装荧光灯，并能进行维修。

（3）能正确安装高压汞灯，并能进行维修。

（4）能正确安装卤钨灯，并能进行维修。

（5）能正确安装开关、插座及插头，并能进行维修。

4. 室内配线的安装

（1）能掌握室内配线的方式与工艺过程。

（2）能进行导线的剖削及连接。

（3）能进行槽板配线。

（4）能进行瓷夹配线。

（5）能进行线管配线。

（6）能进行塑料护套配线。

（7）能进行线路安装的质量检查与维修。

5. 变压器的安装与维修

（1）能正确选用变压器，并能进行安装调试。

（2）能正确维护变压器。

（3）能正确排除变压器的常见故障。

6. 接地装置与避雷装置的安装

（1）能正确安装电器设备的接地装置。

（2）能正确安装电器设备的避雷装置。

7. 安全用电

（1）熟悉安全用电规程。

（2）能进行触电急救。

（3）掌握防止触电的主要措施。

（4）能正确采取电气防火措施。

第二节　常用的电工工具

电工工具通常可分为通用工具、登高工具、安全用具和电动工具四种类型，电工应能正确使用这些工具。

一、通用工具

电工常采用的通用工具主要有：电工刀、钢丝钳、尖嘴钳、剥线钳、旋具（螺丝刀）、活络扳手、喷灯等。

1. 电工刀

（1）电工刀的结构　电工刀是电工常用的一种切削工具，其外形如图1-1所示。普通的电工刀由刀片、刀刃、刀把、刀挂等构成。

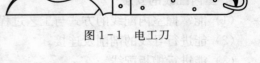

图1-1　电工刀

（2）电工刀的类型　电工刀有普通型和多用型两种，按刀片尺寸的大小又可分为大号（112 mm）和小号（88 mm）。多用型电工刀除了有刀片外，还有可收式的锯片、锥针和旋具。

（3）电工刀的使用方法　使用电工刀时，左手握住导线，右手握住刀柄，将刀口朝外剖削；剖削导线绝缘层时，应使刀面与导线成45°，以免割伤导线，如图1-2所示。

（4）电工刀使用时的注意事项

① 电工刀使用时应注意避免伤手，不用时把刀片收缩到刀把内。

② 用电工刀剖削电线绝缘层时，可把刀略微翘起一些，将刀刃倾斜抵住线芯。切忌把刀刃垂直对着导线切割绝缘层，因为这样容易割伤电线线芯。

图 1-2　电工刀的使用

③ 电工刀刀柄是无绝缘保护的,不能在带电导线或器材上剥削,以免触电。

2. 钢丝钳

(1) 钢丝钳的结构　钢丝钳俗称钳子,由钳头和钳柄两部分组成,钳头由钳口、齿口、刃口和铡口等四部分组成,如图 1-3 所示。钢丝钳有绝缘柄和铁柄两种,其中带绝缘柄的钢丝钳为电工钢丝钳。

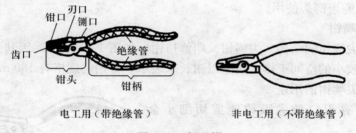

图 1-3　钢丝钳

(2) 钢丝钳的使用　钢丝钳的功能有:钳口用来弯绞或钳夹导线线头,齿口用来紧固或起松螺母,刃口用来剪切导线或剖切软导线绝缘层,铡口用来铡切电线线芯和钢丝、铝丝等较硬金属。钢丝钳的各种功能与用法如图 1-4 所示。

(3) 钢丝钳使用时的注意事项

① 使用电工钢丝钳以前,必须检查绝缘柄的绝缘是否完好。绝缘如果损坏,进行带电作业时会发生触电事故。

② 用电工钢丝钳剪切带电导线时,不得刃刀口同时剪切火线和零线,以免发生短路故障。

③ 带电工作时,注意钳头金属部分与带电体的安全距离。

④ 带电操作时,手与钢丝钳的金属部分保持 2 cm 以上的距离。

⑤ 在使用钢丝钳过程中切勿将绝缘手柄碰伤、损伤或烧伤,并注意防潮。

⑥ 钳轴要经常加油,防止生锈。

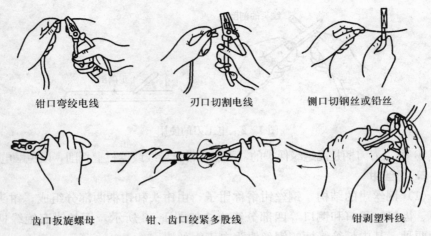

钳口弯绞电线　　　刃口切割电线　　　铡口切钢丝或铅丝

齿口扳旋螺母　　　钳、齿口绞紧多股线　　　钳剥塑料线

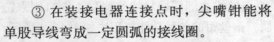

图1-4　钢丝钳各种功能与用法

⑦ 不能当榔头使用。

3. 尖嘴钳

（1）尖嘴钳的结构　尖嘴钳又叫修口钳，如图1-5所示，因其头部细长，所以能在较小的空间工作。规格以钳长来表示，常用的规格有160 mm一种。

（2）尖嘴钳的用途

① 带有刃口的尖嘴钳能剪切细小金属丝。

② 尖嘴钳能夹持较小螺钉、垫圈、导线等元件。

③ 在装接电器连接点时，尖嘴钳能将单股导线弯成一定圆弧的接线圈。

图1-5　尖嘴钳

（3）尖嘴钳使用时的注意事项

① 绝缘手柄损坏时，不可用来切断带电导线。

② 为了使用安全，手离金属部分的距离应不小于2 cm。

③ 钳头部分尖细，又经过热处理，钳夹物不可过大，用力切勿过猛，以防损坏钳头。

④ 尖嘴钳使用后要清理干净，钳轴要经常加油，以防生锈。

4. 剥线钳

（1）剥线钳的结构　剥线钳适用于塑料、橡胶绝缘电线、电缆芯线的剥皮。其外形如图1-6所示，它是由刃口、压线口和钳柄组成。剥线钳的钳柄上套有额定工作电压 500 V 的绝缘套管。

（2）剥线钳的使用方法 使用时，将要剥削的导线绝缘层长度用标尺确定好，右手握住钳柄，用左手将导线放入相应的刀口槽中（比导线芯直径稍大些，以免损伤导线），用右手将钳柄向内一握，导线的绝缘层即被割破拉开，自动弹出，如图 1-7 所示。

图 1-6 剥线钳

图 1-7 剥线钳的使用方法

5. 旋具

（1）旋具的结构与规格 旋具，俗称改锥、起子、螺丝刀或旋凿，是一种紧固或拆卸螺钉的工具。主要有平口和十字口两种，手柄又分为木质手柄和塑料手柄两种，如图 1-8 所示。

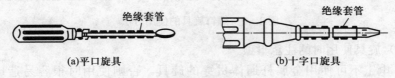

绝缘套管   绝缘套管

(a)平口旋具   (b)十字口旋具

图 1-8 旋 具

常用的旋具规格有 50 mm、100 mm、150 mm、200 mm 等规格。为避免旋具的金属杆触及皮肤及带电体，应在金属杆上套装绝缘管。

（2）旋具的使用

① 大螺钉旋具一般用来紧固较大的头部有槽的螺钉。使用时，用大拇指、食指和中指夹住握柄，手掌顶住握柄的末端，以便施力，如图 1-9a 所示。在旋紧或旋松螺钉时，刀口要放入螺钉的头槽内，压力要合适，不能打滑，否则

会损伤螺钉的头槽，槽口损坏会导致螺钉难以旋紧或旋出；即使能旋紧也会给以后的检修带来拆卸的困难。

②　小螺钉旋具一般用来紧固电器装置接线柱头上的小螺钉。使用时，大拇指和中指夹着握柄，用食指顶住握柄的末端，刀口放入螺钉头槽内，捻旋时施力要合适，不能打滑损伤螺钉头槽，如图 1-9b 所示。

③　对较长细螺钉旋具，使用时右手握住握柄并旋动手柄，左手握住杆的中间，使螺钉旋具不致滑脱螺钉头槽，如图 1-9c 所示。

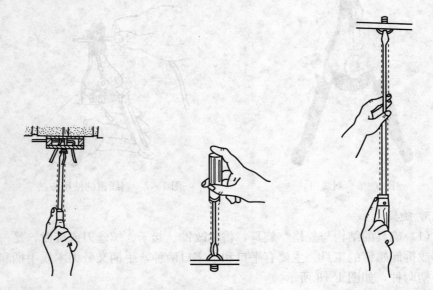

(a)大螺钉旋具的使用方法　　(b)小螺钉旋具的使用方法　　(c)较长细螺钉旋具的使用方法

图 1-9　螺钉旋具的使用方法

（3）旋具使用时的注意事项

①　电工不可使用金属杆通体贯穿的旋具，否则使用时很容易造成触电事故。

②　用旋具紧固或拆卸带电的螺钉时，手不得触及旋具的金属杆，以免发生触电事故。

③　为了避免旋具的金属杆触及皮肤，或触及邻近带电体，应在金属杆上套装绝缘管。

6. 扳手　电工常使用的扳手主要有：开口扳手、梅花扳手、活动扳手、套筒扳手、扭力扳手、内六角扳手等。

（1）开口扳手　又称呆扳手，是最常见的一种扳手，如图 1-10 所示。其开口的中心线与本体中心线成 15°角，这样既能适应人手的操作方向。又可降低对操作空间的要求。其规格是以两端开口的宽度来表示的，如 8～10 mm、12～14 mm 等；通常是成套装备，有 8 件一套、10 件一套等；通常用 45 号、50 号钢锻造，并经热处理。

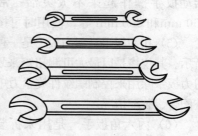

图 1-10　开口扳手

（2）梅花扳手　梅花扳手也称呆扳手，其两端是环状的，环的内孔呈正六边形，如图 1-11 所示。使用时，扳动 30°后，即可换位再套，因而适于狭窄场合下操作。与开口扳手相比，梅花扳手强度高，使用时不易滑脱，但套上、取下不方便。其规

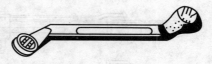

图 1-11　梅花扳手

格是以闭口尺寸来表示的，如 8～10 mm、12～14 mm 等，通常是成套装备，有 8 件一套、10 件一套等，通常用 45 号、50 号钢锻造，并经热处理。

（3）套筒扳手　套筒扳手的材料、环孔形状与梅花扳手相同，适用于拆装位置狭窄或需要一定扭矩的螺栓或螺母，如图 1-12 所示。套筒扳手主要由套筒头、手柄、棘轮开关、快速摇柄、接头和接杆等组成，各种手柄适用于各种不同的场合，以操作方便或提高效率为原则，常用套筒扳手的规格是 10～32 mm。

（4）活动扳手　其头部由定扳唇、动扳唇、蜗轮和轴销等构成。开口尺寸能在一定的范围内任意调整，如图 1-13 所示。使用场合与开口扳手相同，但

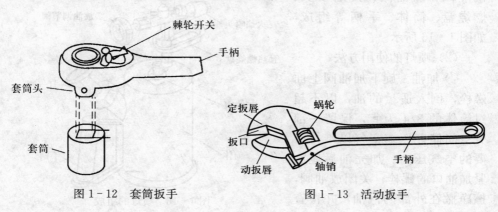

图 1-12　套筒扳手　　　　图 1-13　活动扳手

活动扳手操作起来不太灵活。常用的活动扳手规格有 150 mm、200 mm、250 mm 和 300 mm 等，使用时可按螺母大小选用适当规格。

(5) 扭力扳手　扭力扳手是一种可读出所施扭矩大小的专用工具，如图 1-14 所示。其规格是以最大可测扭矩来划分的，常用的有 294 N·m、490 N·m 两种；扭力扳手除用来控制螺纹件旋紧力矩外，还可以用来测量旋转件的启动扭矩，以检查配合、装配情况。

(6) 内六角扳手　是用来拆装内六角螺栓（螺塞）用的，如图 1-15 所示。规格以六角形对边相距尺寸表示的，有 3～27 mm 各种规格。

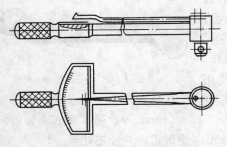

图 1-14　扭力扳手

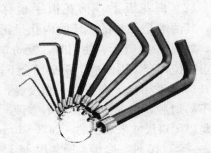

图 1-15　内六脚扳手

7. 喷灯

(1) 喷灯的结构　喷灯是一种利用喷射火焰对工件进行加热的工具，常用来焊接铅包电缆的铅包层、大截面铜导线连接处的搪锡，以及其他连接表面的防氧化镀锡等。

喷灯主要由打气阀、放油调节阀、加油阀、火焰喷头、燃烧盘、筒体、手柄等组成，如图 1-16 所示。

(2) 喷灯的使用方法

① 加油。旋下加油阀上面螺栓，倒入适量的油，以不超过筒体的 3/4 为宜，保留一部分空间储存压缩空气以维持必要的空气压力。加完油后应旋紧加油口的螺栓，关闭放油阀，擦净撒在外部的汽油，并检查

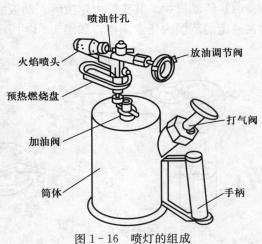

喷油针孔
火焰喷头
放油调节阀
预热燃烧盘
打气阀
加油阀
筒体
手柄

图 1-16　喷灯的组成

喷灯各处是否有渗漏现象。

② 预热。在预热燃烧盘（杯）中倒入汽油，用火柴点燃，预热火焰喷头。

③ 喷火。待火焰喷头烧热，燃烧盘中汽油烧完之前，打气 3～5 次，将放油阀旋松，使阀杆开启，喷出油雾，喷灯即点燃喷火。而后继续打气，火焰由黄变蓝即可使用。

④ 熄火。如需熄灭喷灯，应先关闭放油调节阀，直到火焰熄灭，再慢慢旋松加油口螺栓，放出筒体内的压缩空气。要旋松调节开关，完全冷却后再旋松孔盖。

（3）喷灯使用时的注意事项

① 不得在煤油喷灯的筒体内加入汽油。

② 汽油喷灯在加汽油时，应先熄火，再将加油阀上螺栓旋松，听见放气声后不要再旋出，以免汽油喷出，待气放尽后，方可开盖加油。喷灯最大注油量为油筒容积的 3/4。

③ 周围不得有易燃物，空气要流通；在加汽油时，周围不得有火。

④ 开始打气压力不要太大，打气压力不可过高，打完气后，应将打气柄卡牢在泵盖上。

⑤ 在使用过程中应经常检查油筒内的油量是否少于筒体容积的 1/4，以防筒体过热发生危险。

⑥ 经常检查油路密封圈零件配合处是否有渗漏跑气现象。

⑦ 使用完毕应将剩气放掉。

二、登高工具

电工经常进行登高作业，需要的工具通常有梯子、安全带、脚扣、踏板等。

1. 梯子

（1）梯子的类型　梯子多用于变电所检修和低压配电装置的检修或安装。所用材料为结实的木材或竹子和铝合金，要求轻便而坚固。梯子分人字梯和单靠梯两种，如图 1-17 所示。

单靠梯通常用于室外登高作业，常用的规格有以长度标称的 13 m、15 m、17 m、19 m、21 m 和 25 m 等多种规格。人字梯通常用于室内登高作业。

（2）梯子使用时的注意事项

① 竹梯在使用前应检查是否有虫蛀及折裂现象，两脚应各绑扎胶皮之类

的防滑材料。

② 人字梯应在中间绑扎两道防自动滑开的安全绳。

③ 在单靠梯上作业时，为了保证不致用力过度而站立不稳，应按图1-17c所示方法站立。在人字梯上作业时，切不可采取骑马式站立，以防人字梯两边叉开时，造成严重工伤事故。

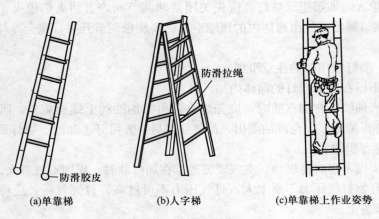

(a)单靠梯　　　　　(b)人字梯　　　　(c)单靠梯上作业姿势

图 1-17　电工用梯

④ 单靠梯放置与地面的夹角为 60°～75°。

⑤ 梯子的安放应与带电部分保持安全距离，扶持人应戴好安全帽；单靠梯不许放在箱子或桶类物品上使用。

2. 安全带

（1）安全带的组成　安全带（图 1-18）是腰带、保险绳和腰绳的总称，用于高处作业时防止发生空中坠落事故。

（2）安全带的使用　腰带是用来系挂保险绳、腰绳和吊物绳的，系在腰部以下、臀部以上的部位。保险绳是用来防止失足时人体坠落到地面上的，其一端系在腰带上，另一端用保险挂钩系在牢固的横担、抱箍或其他固定物上，要高挂低用。腰绳用来固定人体的腰部，以扩大上身活动的幅度，使用时，系在电杆横担或抱箍的下方，防止腰绳窜脱电杆顶端，造成损伤事故。

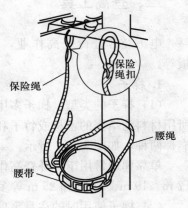

图 1-18　安全带

不允许用一般的绳带代替安全腰带，安全腰带的拉力，一般不低于 2 250 N。安全带使用一年后，要做全面检查，各部件要保持无损坏或重大变形，如发现有不合格者，应停止使用。

3. 脚扣

（1）脚扣的组成　脚扣又称为铁鞋、铁扣，是用来攀登电杆的工具，主要由弧形扣环、脚套组成。分为木杆脚扣和水泥杆脚扣两种，如图 1-19 所示。木杆脚扣的扣环上制有铁齿，以咬入木杆内，水泥杆脚扣的扣环上裹有扎花橡胶套，以增加攀登时的摩擦，防止打滑。

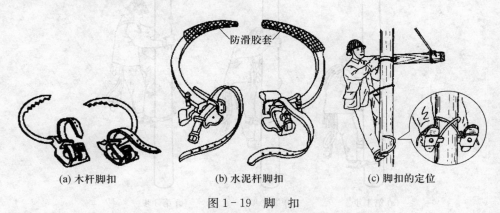

防滑胶套

(a) 木杆脚扣　　　　(b) 水泥杆脚扣　　　　(c) 脚扣的定位

图 1-19　脚　扣

（2）脚扣的使用

① 登杆。登杆的步骤如下。

第 1 步：登杆前对脚扣进行人体载荷冲击试验，试验时先登一步电杆，然后使整个人体的重力以冲击的速度加在一只脚扣上，若没问题再换另一只脚扣做冲击试验，当试验证明两只脚扣都完好时，才能进行登杆工作，如图 1-20a 所示。

第 2 步：然后左脚向上跨扣，左手应同时向上扶住电杆，如图 1-20b 所示。

第 3 步：接着右脚向上跨扣，右手应同时向上扶住电杆，如图 1-20c 所示。重复以上步骤，直至所需高度。

② 下杆。下杆的方法与登杆的方法相同，只是手脚协调配合往下移动身体。

（3）脚扣使用时的注意事项

① 使用前必须仔细检查脚扣各部分有无断裂，腐朽现象，脚扣皮带是否

牢固可靠，脚带若损坏，不得用绳子或电线代替。

② 一定要按电杆的规格选择大小合适的脚扣，水泥杆脚扣可用于木杆，但木杆脚扣不能用于水泥杆。

③ 雨天或冰雪天不宜用脚扣登水泥杆。

(a) 第1步　　　　(b) 第2步　　　　(c) 第3步

图1-20　使用脚扣登杆

④ 在登杆前，应对脚扣进行人体载荷冲击试验。

⑤ 上、下杆的每一步，必须使脚扣环完全套入，并可靠地扣住电杆，才能移动身体，否则会造成事故。

4. 踏板

(1) 踏板的结构　踏板又叫蹬板，用来攀登电杆。踏板由木板、绳索和挂钩等组成。木板是采用质地坚韧的木材制成，踏板规格如图1-21a所示，绳索应采用16 mm三股白棕绳，绳两端系结在踏结槽内，顶端装上铁制挂钩，系结后绳长应保持操作者一人一手长，如图1-21b所示。木板、挂钩和白棕绳均应能承受300 kg重量，每半年进行一次载荷试验。

踏板在电杆上挂钩时必须正勾，勾口向外、向上，切勿反勾，如图1-21c所示，站立姿势如图1-21d所示。

(2) 踏板的使用

① 使用踏板登水泥杆。采用踏板进行攀登水泥杆的步骤如下。

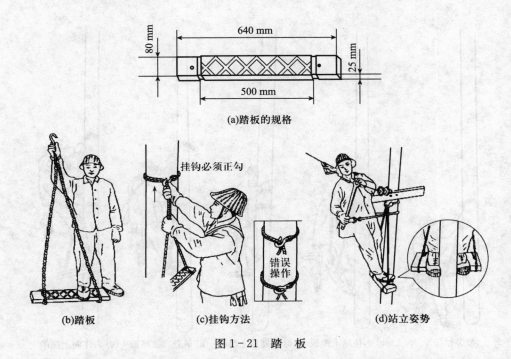

(a)踏板的规格

(b)踏板　　(c)挂钩方法　　(d)站立姿势

图1-21 踏 板

第1步：先把一只踏板钩挂在电杆上，高度以操作者能跨上为准，将另一只踏板挂在肩上，如图1-22a所示。

第2步：用右手捏住挂钩端双根棕绳，并用大拇指顶住挂钩，左手握住左边贴近木板的单根棕绳；把右脚跨上踏板，然后用力使人体上升，待人体重心转到右脚，左手即向上扶住电杆。如图1-22b所示。

第3步：当人体上升到一定高度时，松开右手并向上扶住电杆使人体立直，将左脚绕过左边单根棕绳踏入木板内，如图1-22c所示。

第4步：待人体站稳后，在电杆上方挂上另一只踏板，然后右手紧握上一只踏板的双根棕绳，并使大拇指顶住挂钩，左手握住左边贴近木板的单根棕绳，把左脚从下踏板左边的单根棕绳内退出，改成踏在下踏板上，接着将右脚跨上上踏板，手脚同时用力，使人体上升，如图1-22d所示。

第5步：当人体离开下面一只踏板时，需把下面一只踏板解下，此时左脚必须抵住电杆，以免人体摇晃不稳，如图1-22e所示。

以后重复上述各步骤进行攀登，直至所需高度。

② 使用踏板下水泥杆。使用踏板下水泥杆的步骤如下。

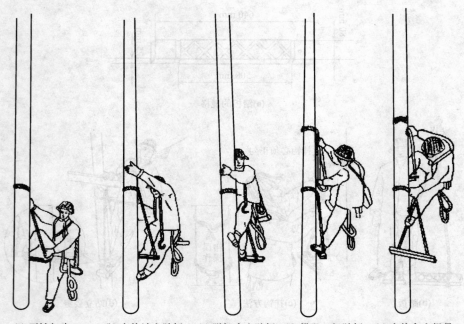

(a) 开始起步　　(b) 人体站上踏板　　(c) 脱卸肩上踏板　(d) 攀登二级踏板　(e) 人体向上提吊

图 1-22　使用踏板登水泥杆方法

第 1 步：人体站稳在现用的一只踏板上（左脚绕过左边棕绳踏入木板内），把另一只踏板钩在下方电杆上，如图 1-23a 所示。

第 2 步：右手紧握现用踏板挂钩处双根棕绳，并用大拇指抵住挂钩，左脚抵住电杆下伸，即用左手握住下踏板的挂钩处，人体也随左脚的下伸而下降，同时把下踏板下降到适当位置，将左脚插入下踏板两根棕绳间并抵住电杆，如图 1-23b 所示。

第 3 步：将左手握住上踏板的左端棕绳，同时左脚用力抵住电杆，以防止踏板下滑和人体摇晃，如图 1-23c 所示。

第 4 步：双手紧握上踏板的两端棕绳，左脚抵住电杆不动，人体逐渐下降，双手也随人体下降而下移紧握棕绳的位置，直至贴近木板两端，此时人体向后仰开，同时右脚从上踏板退出，使人体不断下降，直至右脚踏到下踏板，如图 1-23d 所示。

第 5 步：把左脚从下踏板两根棕绳内抽出，人体贴近电杆站稳，左脚下移并绕过左边棕绳站到下踏板上，如图 1-23e 所示。

以后重复上述步骤，直至人体着地。

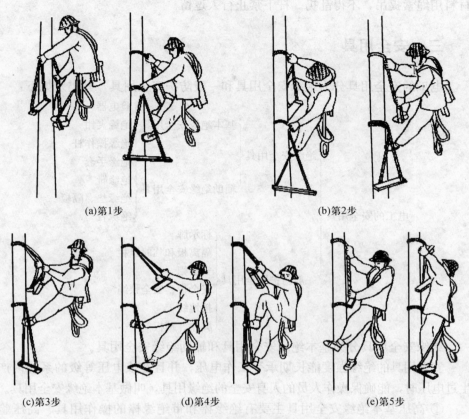

(a)第1步   (b)第2步

(c)第3步   (d)第4步   (e)第5步

图1-23 使用踏板下水泥杆的方法

（3）踏板使用时的注意事项

① 上杆前，应先检查杆根是否牢固，新立电杆在杆基未完全牢固以前，严禁攀登。遇有冲刷、起土、上拔的电杆，应先培土加固，或支好架杆，或打临时拉绳后，再行上杆。

② 攀登杆塔时，应检查脚钉是否牢固。

③ 在杆、塔上工作，必须使用安全带，安全带应系在电杆及牢固的构件上，并防止安全带从杆顶脱出。系安全带时必须检查扣环是否扣牢。在杆上作业转位时，不得失去安全带保护。

④ 使用梯子时，要有人扶持或绑牢。

⑤ 上横担时，应检查横担被腐蚀情况，检查时安全带应系在主杆上。

⑥ 现场人员应戴安全帽，杆上人员不得向下扔任何东西；使用的工具、材料用绳索提吊，不得乱扔。杆下禁止行人逗留。

三、安全用具

电工的安全用具分为绝缘安全用具和一般防护安全用具，其类别如下：

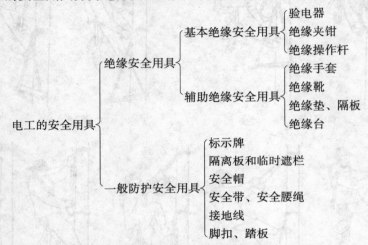

绝缘安全用具分为基本绝缘安全用具和辅助绝缘安全用具。

安全用具的绝缘强度能长期承受工作电压，并且在该电压等级的系统内产生过电压时，能确保操作人员的人身安全的绝缘用具，叫做基本绝缘安全用具。

① 高压基本绝缘安全用具主要有绝缘棒和带绝缘棒的操作用具、高压验电器、绝缘夹钳。

② 低压基本绝缘安全用具主要有带绝缘柄的工具、低压验电器、绝缘手套。

基本绝缘安全用具，可直接与带电导体接触，对于直接接触带电导体的操作应使用基本绝缘安全用具。

辅助绝缘安全用具是指其绝缘强度不能长期承受电器设备或线路的工作电压，或不能抵御系统中产生过电压对操作人员人身安全侵害的绝缘用具。辅助绝缘安全用具只能强化基本绝缘安全用具的保护作用，防止接触电压、跨步电压以及电弧灼伤对操作人员的伤害。

① 高压辅助绝缘安全用具主要有高压绝缘手套、绝缘靴、绝缘鞋、绝缘垫、绝缘毯等。

② 低压辅助绝缘安全用具主要有绝缘鞋、绝缘靴、绝缘垫、绝缘毯等。

辅助绝缘安全用具是配合基本绝缘安全用具使用的，不能直接接触高压设备的带电导体。

一般防护安全用具主要有携带型临时接地线、临时遮栏、标示牌、警告牌、防护眼镜和安全带等。

1. 绝缘棒

（1）绝缘棒的组成　绝缘棒也叫绝缘杆、操作棒。绝缘棒主要由工作部分、绝缘部分、手握部分组成，如图 1 - 24 所示。工作部分由金属制成 L 形或 T 形弯钩，其顶端有一粗大部分，防止操作时绝缘棒从刀闸孔中脱出。工作部分的长度和宽度不大于 500 mm，以免操作时造成相间短路。主要是用于断开和闭合高压刀闸，跌落保险（跌落熔断开关）安装或拆除临时接地线，进行正常的带电测量和试验等。

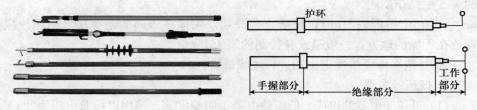

图 1 - 24　绝缘棒

绝缘棒的绝缘部分一般由电木、胶木、塑料、环氧树脂玻璃布棒（管）等材料制成。要求绝缘部分表面光滑无裂纹，没有较深的裂痕或硬伤。如果用木材制作，表面应磨光并涂绝缘漆。对用于 110 kV 以上的绝缘棒，绝缘部分的长度应为 2～3 m，为了便于携带可以分成 3～4 段，每段的端头用金属螺纹连接。

手握部分与绝缘部分应有明显的分界线。隔离环的直径比手握部分大20～30 mm。

（2）绝缘棒的使用

① 使用绝缘棒验电的方法。站好位置，站稳后举起绝缘棒的金属头接近被验设备，接近于虚接时看火花和听放电声音，有火花和清脆的放电声音的为带电。如无法确定可将绝缘棒的金属头实接带电体，沿带电体表面轻轻滑过，观察有无小火花和放电声音，如有即为带电，否则不带电。

② 使用绝缘棒挂地线的方法。先接好接地线的接地端，用绝缘棒的金属丁字端头套在地线接线端的金属圆环内卡住地线端头，沿绝缘棒拉紧地线，举起地线靠近经验明无电的设备，分别接触三相，充分放电后，迅速准确地挂在

一相上，用绝缘棒将地线头拉入被接地导线，卡住，退出绝缘棒金属丁字端头。然后，继续悬挂下一相地线。

（3）对绝缘棒的要求及使用时的注意事项

① 对绝缘棒的主要要求是安全可靠，不能受潮并有足够的机械强度，而且轻便，单人能自如地操作。

② 操作前，对绝缘棒的表面应用清洁干布擦干净，使棒的表面保持干燥、清洁，以防操作时出现意外的伤亡事故。

③ 绝缘棒的型号、规格必须符合规定的要求，切不可随意取用。

④ 操作时，应戴绝缘手套、穿绝缘靴或站在绝缘的操作台上面。

⑤ 操作时，操作人员的手握部位不得超过护环，以防触电。

⑥ 在下雨、下雪或潮湿的天气，室外使用绝缘棒时，棒上应有防雨装置，使绝缘棒防雨装置下面的部分保持干燥。如果没有防雨装置，一般不易在上述的天气中操作使用。

⑦ 在用绝缘棒操作时，要防止碰撞，以免损坏表面的绝缘层。绝缘棒应存放在干燥的地方，一般是放在特制的架子上。

⑧ 对绝缘棒应按规定定期进行绝缘试验。

2. 低压验电器

（1）低压验电器的组成　低压验电器也叫验电笔，是用以检验电压为220 V和380 V线路及设备是否带电，以及区别相线和地线的一种专用工具。同时，还可以区分交流电和直流电，交流电通过氖光灯泡时，两极附近都发光；而直流电通过时，仅一个电极附近发光。也可以用它判断电压的高低，如氖光灯泡发暗红色，轻微亮，则电压低；如氖光灯泡发黄红色，很亮，则电压高。

低压验电器按结构形式分，有笔式和螺钉旋具式两种；按其显示元件分，有氖管发光指示式和数字显示式两种，如图1-25所示。

氖管发光指示式验电器由氖管、电阻、弹簧、笔体和笔尖等部分组成。

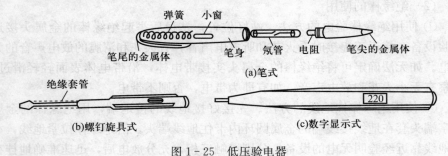

图1-25　低压验电器

（2）低压验电器的使用 使用低压验电器时，必须按照图1-26所示的方法把电笔握妥。以手掌或手指触及笔尾的金属体，使氖管小窗背光朝向自己。当用电笔测试带电体时，电流经带电体、电笔、人体到大地形成通电回路，只要带电体与大地之间的电位差超过60 V时，电笔中的氖管就会发光。

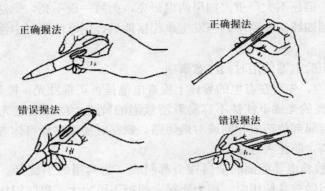

图1-26 低压验电器的使用

如果发光明亮，说明测试部位带电。如果不发光，有可能是以下几种情况：

① 测试部位表面不清洁。

② 笔尖接触的是地线。

③ 在太阳光下看不清氖管发亮。

必须对具体情况加以分析。这时可用笔尖划磨几下测试点，或把笔尖移到同一线路的另一点再试一试，或一只手遮住氖管窗口避免阳光照射再仔细观察。反复试几次氖管仍不发光，才说明测试部位不带电。

（3）使用低压验电器判断直流电源的正负极 把测电笔连接在直流电的正负极之间，氖管发亮的一端即为直流电的正极；氖管不亮的一端即为直流电的负极。

（4）使用低压验电器区别直流电与交流电 交流电通过试电笔时，氖管里的两个极同时发亮；直流电通过试电笔时，氖管里两个电极只有一个发亮。

（5）使用低压验电器判断电压的高低 测试时可根据氖管发亮的强弱来估计电压的高低。氖泡越暗，表明电压越低；氖泡越亮，表明电压越高。

（6）使用低压验电器判断相线、零线 在交流电路中，当验电器触及导线时，氖管发亮的即是相线，正常情况下，零线是不会使氖管发亮的。

（7）使用低压验电器识别相线碰壳 用试电笔触及电机、变压器等电器设备外壳，若氖管发亮，则说明该设备相线有碰壳现象。如果壳体上有良好的接地装置，氖管是不会发亮的。

（8）使用低压验电器识别相线接地　用试电笔触及三相三线制星形接法的交流电路时，有两根通常稍亮，而另一根的亮度则暗些，说明亮度较暗的相线有接地现象，但还不大严重。如果两根很亮，而另一根不亮，则这一相有接地现象。在三相四线制电路中，当发生单相接地后，用电笔测试中性线时，氖泡会发亮。

（9）低压验电器使用时的注意事项

① 使用前，先要在有电的导体上检查电笔是否正常发光，检验其可靠性。

② 在明亮的光线下往往不容易看清氖泡的辉光，应注意避光；要防止通过验电器的金属部位造成相间或对地短路，观察时还要注意身体各部位与带电体的安全距离，防止人身触电。

③ 大多数验电器前面的金属探头都制成一物两用的小旋具。特别要注意在把验电器当做旋具使用时，用力要轻，扭矩不可过大，以防损坏。

④ 验电器在使用完毕后，要保持清洁，放置干燥、防潮、防摔碰之处。

3. 高压验电器

（1）高压验电器的组成　高压验电器有发光型、声光型和风车型等几种，主要是用来检测 6～35 kV 网络中的配电架空线路及设备等是否带电的专用工具。

发光型高压验电器由握柄、护环、紧固螺钉、氖管窗、氖管和金属探针（钩）等部分组成，如图 1-27 所示。

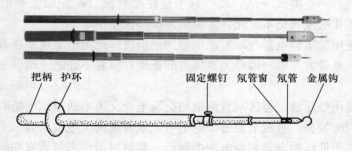

把柄　护环　　　　　　　固定螺钉　氖管窗　氖管　金属钩

图 1-27　高压验电器

（2）高压验电器的使用　使用高压验电器验电时，应戴绝缘手套；右手握住验电器的把柄，切勿超过护环；人体最好站在绝缘垫上，左手背在背后；人体与带电体保持足够的距离（电压 10 kV 时，应在 0.7 m 以上），将验电器的金属钩逐渐靠近被测物直至氖管发亮。只有氖管不亮时，才可与被测物体直接接触，如图 1 - 28 所示。

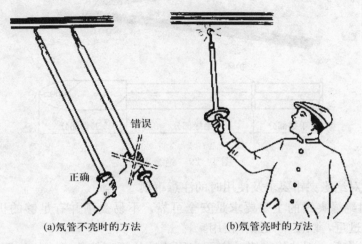

(a)氖管不亮时的方法　　　　(b)氖管亮时的方法

图 1 - 28　用高压测电器验电方法

（3）高压验电器使用时的注意事项

① 在使用验电器前，应在确有电源处试测，证明验电器确实良好，方可使用。

② 验电时，应逐渐靠近被测物体，直至氖管发亮，只有氖管不亮时，才可与被测物体直接接触。

③ 进行高压验电时，在户内必须戴符合耐压要求的绝缘手套，在户外还应穿绝缘靴；不可一人单独验电，身旁要有人监护。

④ 户外使用时应在天气良好的条件下进行；不宜在雪、雨、雾及湿度较大的天气中，用高压验电器进行验电。

4. 绝缘夹钳

（1）绝缘夹钳的组成　绝缘夹钳是由胶木、电木或亚麻油浸煮过的木材制成的，由手握部分、绝缘部分、工作部分组成，如图 1 - 29 所示。

绝缘夹钳的工作部分是一个坚固的钳口，并有一个或两个管形缺口，用以夹持高压保险器的绝缘部分。绝缘部分与手握部分之间有一个隔离环，直径比手握部分大 20～30 mm，防止操作时不慎将手握到绝缘部分上。只允许在绝缘夹钳两个钳上的衔接处用金属材料。绝缘夹钳主要用于拆卸 35 kV 以下电力系统中的高压熔断器等项工作。绝缘夹钳一般不用于 35 kV 以上的高压系统。

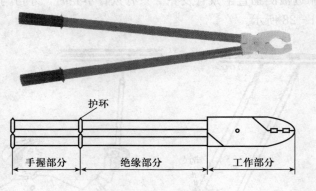

护环

手握部分　　　绝缘部分　　　工作部分

图 1-29　绝缘夹钳

（2）对绝缘夹钳要求及使用时的注意事项

① 对绝缘夹钳的主要要求是安全可靠，不易受潮并有足够的机械强度，而且不宜过重，以便单人操作使用。

② 操作前，对绝缘夹钳的表面应用清洁的干布擦干净，使绝缘夹钳的表面保持清洁、干燥，以防操作时出现意外事故。

③ 操作时应戴绝缘手套，穿绝缘靴并戴上护目镜，而且必须在切断负载的情况下进行操作。

④ 在潮湿的天气中，只能用专门的防雨绝缘夹钳。

⑤ 绝缘夹钳必须按规定定期进行试验。

⑥ 要将绝缘夹钳保存在特制箱子中，以防受潮。

5. 绝缘手套　绝缘手套用特制橡胶制成。它一般作为使用绝缘棒进行带电操作时的辅助安全用具，以防泄漏电流对人体的异常影响；在进行刀闸操作和接触其他电器设备的接地部分时，戴绝缘手套可防止接触电压和感应电压的伤害；使用绝缘手套还可以直接在低压设备上进行带电作业。绝缘手套的长度至少应超过手腕 100 mm，总长度不少于 400 mm。

绝缘手套在使用前应做外观检查，如发现粘胶、破损即应停止使用。通常还习惯用压气法检查绝缘手套有无漏气现象，即使出现微小漏气，该手套也不得继续使用。绝缘手套应放在干燥、阴凉的地方，现场一般均放在特制的木架上。

使用绝缘手套时，避免被尖锐物体划伤、刺破。严禁使用医疗或化工手套代替电气绝缘手套。绝缘手套易老化、破损，要防止高温、日晒和防油。用后立即将污垢擦净存放在通风干燥处。低压绝缘手套不允许操作高压设备。

6. 绝缘靴（鞋）　绝缘靴（鞋）也是用特种橡胶制成的，其主要作用是防止跨步电压的伤害，对泄漏电流和接触电压等同样具有一定的防护作用。雨天操作室外高压设备时，除应戴绝缘手套外，还必须穿绝缘靴（鞋），禁止用防水靴（鞋）或其他胶靴来代替绝缘靴（鞋）。

绝缘靴（鞋）应存放在专门的木架上和干燥、阴凉处。切记不得把绝缘靴（鞋）作耐酸、耐碱和耐油靴（鞋）在调酸、调碱时使用。

使用前要认真检查，不允许有穿孔、损坏；使用时避免被尖锐的物件划伤，防日晒和防油。用后应立即将污垢擦净存放在通风干燥处。

7. 绝缘垫、毯　绝缘垫、毯是用特种橡胶制成的，厚度不少于 5 mm，宽度不少于 0.8 m，表面应有防滑条纹。绝缘垫的最小尺寸为 0.8 m×0.8 m。

在使用过程中绝缘垫、毯应保持清洁、干燥，不得与酸、碱、油类和化学物品接触，并应避免阳光直射、锐利金属件刺划，以免受腐蚀后老化、龟裂或变质，降低绝缘性能。还应做到每隔半年用低温水清洗一次。

8. 绝缘站台　绝缘站台是用木板或木板条制成的，板条缝宽不得大于 25 mm，台板底面的四个角端有电瓷绝缘子支撑，以与地面保持绝缘，绝缘子的高度不少于 100 mm。台面板边缘不得伸出支撑绝缘子以外，避免踏翻。台的最小尺寸为 0.8 m×1.0 m，它的最大尺寸不应超过 1.5 m×1.0 m，如图 1-30 所示。

绝缘站台必须放在干燥通风的地方，保持清洁，防止雨淋、日晒。用于户外时，应放在硬地上，免得台脚陷入泥土或站台触及地面而降低其绝缘性能。使用前应进行安全检查。

9. 绝缘帽　在人体头部受到外力伤害时，绝缘帽可起防护作用。

10. 临时接地线　临时接地线是用于对架空线路、电器设备停电检修时作临时接地的防护性安全用具，是保证工作

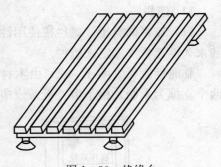

图 1-30　绝缘台

人员生命安全的可靠用具，如图 1-31 所示。所用软铜线截面积应大于 25 mm²。

临时接地线一般装设在被检修区段两端的电源线路上。当对线路或设备进行停电检修时，为防止已停电线路或设备突然来电和邻近高压带电设备对停电设备所产生的感应电压对人体的伤害，将停电设备或线路用临时接地线三相短

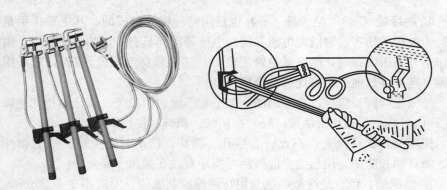

图 1-31　临时接地线

路并接地，将设备上的残余电荷对地放掉。

　　装设临时接地线时，应先接接地端，后接设备或线路端，拆时顺序相反。即先拆设备或线路端，后拆接地端。装、拆接地线时，均应使用绝缘棒并戴绝缘手套。有同杆架设的多层线路停电时，装、拆临时接地线的顺序是：先装低压，后装高压，先装下层，后装上层，拆时相反。

　　临时接地线要有统一的编号，有固定的存放位置，且在存放位置上也要有编号，要求临时接地线"对号入座"。接地线不准用缠绕成的挂钩接地，必须用固定线夹接地，临时接地棒的接地深度不得小于 0.6 m。

　　11. 遮栏

　　(1) 遮栏的类型　　遮栏按使用性质分为两种，即临时性遮栏（移动栅栏）和永久性遮栏（固定式遮栏）。

　　临时性遮栏（图 1-32）由木材、竹板和塑料制成。横向宽度可以伸缩。两个立框为木制，格子由竹板条或塑料板做成。

图 1-32　临时性遮栏

永久性遮栏一般由金属线制成网状的或薄铁板做成的板式遮栏。

在高压用遮栏上均应挂有"止步高压危险"的标示牌。

（2）遮栏的作用 遮栏的作用是限制工作人员的活动范围，防止工作人员在工作中对带电设备的危险接近，防止无关人员误入。因此，当进行停电工作时，如果对带电部分的安全距离小于下列数值：0.4 kV 为 0.1 m，10 kV 为 0.7 m，应在工作地点和带电部分之间装设临时性遮栏。实际上，检修、试验、调整及校验等的工作范围大于 0.7 m 以上时，一般现场也设置临时遮栏，这时所设的遮栏的作用是防止检修人员随便走动，走错位置，或无关人员进入，接近带电设备。

12. 标示牌 标示牌又叫警告牌，是用来警示工作人员不准接近有电部分或禁止操作设备，以免使停电工作的设备出现突然来电；还用来指示工作人员何处可以工作及提醒工作人员必须注意的其他安全事项。根据上述用途，标示牌可分为警告类和指示类两大类。

属警告类的有"禁止合闸，有人工作"、"止步 高压危险"及"禁止攀登 高压危险"等（图1-33a）；属于指示类的有"在此工作"和"从此上下"等，如图1-33所示。

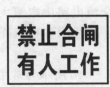

(a)警告类标示牌

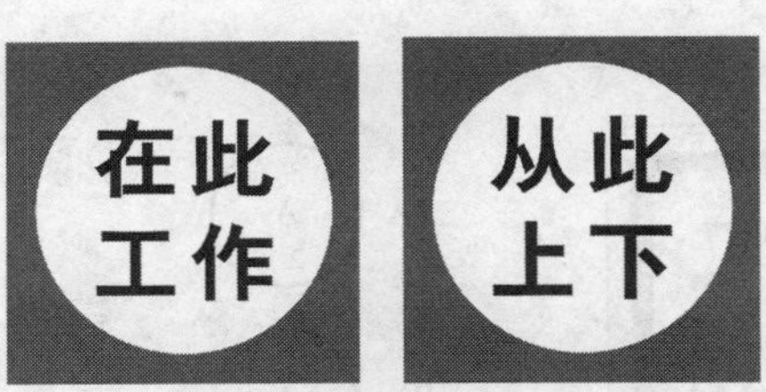

(b)指示类标示牌

图1-33 标示牌

13. 护目镜 护目镜的作用是在维护电器设备和进行修理工作时，保护眼睛不受电弧灼伤以及防止脏东西落入眼内。

护目镜应该是封闭型的，镜片要耐热，耐受机械力的作用。

在带电更换熔断器、灌注蓄电池的电溶液时，都应该戴上护目镜。

护目镜分有色和无色两种；普通的平光眼镜不能作为防护用品。在有电弧耀眼可能时，应使用有色护目镜。

第三节　常用的电工仪表

电工需要借助各种仪表来对电器设备进行检测工作，所以，电工必须掌握常用仪表的使用知识。

电工常用的仪表主要有电流表、电压表、指针式万用表、数字式万用表、钳形电流表、绝缘电阻表、接地电阻表等。

一、电流表

电流表分为直流电流表和交流电流表两大类，由于电工主要检修交流电器设备，所以主要介绍交流电流表。

1. 电流表的外形与符号　交流电流表又叫交流安培表，亦叫安培表，在一般情况下，交流电流表简称电流表，是用来测量交流电路中电流大小的仪表。它的型号很多，外形有方形有圆形，有大有小，以适用各种机壳面板的需要。

图 1-34a 所示为常见的交流电流表的外形；图 1-34b 所示为常用交流电流表电路图形符号（与直流电流表电路图形符号通用）；图 1-34c 所示为电流表的工程图形符号。

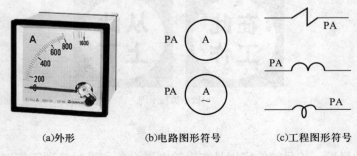

(a)外形　　　　(b)电路图形符号　　　　(c)工程图形符号

图 1-34　交流电流表的外形与符号

2. 电流表接入电路时的接线形式　电流表接入电路时的接线形式如图1-35所示。

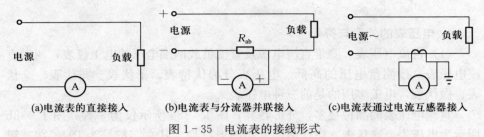

(a)电流表的直接接入　　(b)电流表与分流器并联接入　　(c)电流表通过电流互感器接入

图1-35　电流表的接线形式

3. 电流表的使用　用一只电流表PA（单表）测量单相电流的电路如图1-36所示。

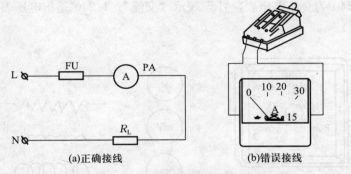

(a)正确接线　　　　　　　(b)错误接线

图1-36　用一只交流电流表测量单相负载电流

连接电流表时，必须把PA与负载R_L串联，为了防止电路发生短路故障，通常要在电路中串入熔断器FU和开关（图中未画出）。切不可把电流表与电源并联，否则极易烧毁电流表。

4. 电流表使用时的注意事项

（1）将仪表放置在仪表所要求的状态，并调节好零位。

（2）电流表要远离带磁物质，并防止其他磁场的影响。

（3）为了防止电源突然接入时可能产生的电流冲击损坏电流表，最好在电流表两端并接一个短路开关，当负载电

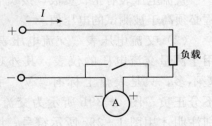

图1-37　电流表带短路开关的接线

流达到稳定状态后再打开短路开关读取电流值，如图1-37所示。

二、电压表

1. 电压表的外形与符号

（1）直流电压表 测量直流电源及直流负载两端电压的电工仪表，叫做直流电压表。按测量电压的高低，电压表分为伏特表、千伏表、兆伏表、毫伏表、微伏表，电工多用的是前三种电压表。

直流电压表的品种很多，外形各异，图 1-38a 所示仅为一种；图 1-38b 所示为电压表、毫伏表、微伏表的电路图形符号，其文字符号为 PV；在工程图中，其图形符号如图 1-38c 所示。图 1-38a 中电压表的型号 $64_{L}^{C}-1/240°$，表示此形状的表有两种，即 64C-1/240° 为直流电压表，"C"表示"直流"；64L-1/240° 为交流电压表，"L"表示"交流"，1/240° 是指电压表指针话动范围为 240°。

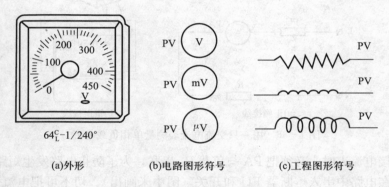

(a)外形   (b)电路图形符号   (c)工程图形符号

图 1-38 直流电压表的外形与符号

直流电压表有正、负极，接线不可接反。在选用直流电压表时，注意其量程必须高于被测试的电压值。

（2）交流电压表 交流电压表在交流线路中简称电压表，是一种专门用于测量交流电压的仪表。其外观如图 1-39a 所示，同直流电流表外形差不多，只是表盘上标有"V"字，其背面亦有两个接线端子（端钮），不分正负；图 1-39b 所示为交流电压表常用的电路图形符号，除非要特别注明才用图 1-39c 所示符号；图 1-39d 所示为两种工程图上习惯采用的电压表图形符号。交流电压表的文字符号同直流电压表一样，采用 PV 表示。

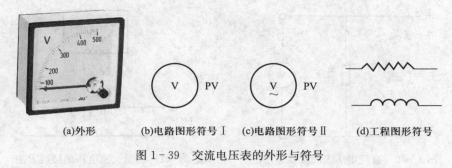

(a)外形 (b)电路图形符号Ⅰ (c)电路图形符号Ⅱ (d)工程图形符号

图1-39 交流电压表的外形与符号

2. 电压表的使用

（1）电压表的选择原则　电压表内阻的选择应根据测量对象的电路阻抗大小，适当选择，否则会带来不允许的误差。内阻的大小，反映仪表本身的功耗，为了不影响被测电路的工作状态，电压表内阻应尽量大些，量程越大，内阻应越大。

（2）使用前的准备工作

① 防止仪表过载。如果被测电压超过了仪表量程的额定值，即仪表发生过载情况，则仪表测量机构的可动部分将会冲击到偏转的尽头，从而会造成仪表的机械损坏或电气烧毁。所以，当被测电压的值域未知的时候，应该预选大量程的仪表，如果所用仪表具有多量程则须将转换开关置于高挡的量程上，然后逐渐减小量程，直至选到适合的量程为止。

② 应对仪表进行调零。指示仪表一般都装有零位调节器，为保证测量的准确性，在测量前应检查指针是否偏离了刻度尺上的零位刻度线，如果有偏离，可用旋具轻轻地旋转调节螺钉直至指针指在零位为止。

（3）接线方法　测量电压时，必须将电压表并联在被测电路的两端，测量直流电压，其接线方法如图1-40所示。在使用磁电系电压表测量直流电压时，应注意电压表接线端钮上的"＋"极接入被测电路的高电位端，将接线端钮上的"－"极接入到被测电路的低电位端，以免指针反向偏转。

测量交流电压的接线方法如图1-41所示。

3. 电压表使用时的注意事项

（1）将仪表放置在仪表所要求的状态，并调节好零位。

（2）电压表要远离带磁物质，并防止其他磁场的影响。

（3）测量之前，要根据电压的大小选择合适量程的电压表。

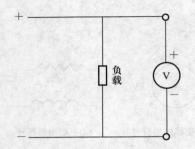

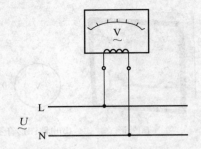

图 1-40　直流电压表的接线方法　　　　图 1-41　测量交流电压的接线方法

三、钳形电流表

1. 钳形电流表的结构特点　测量交流电流时，一般是先将电路断开，然后串接电流表进行测量。在实际操作时，断开电路显然很不方便。在电路不能断开的情况下进行交流电流测量时，常使用装有钳式电流互感器的电流表。钳式电流表是一种不需要断开电路就可直接测量交流电流的便携式仪表，在电器检修中使用非常方便，因而应用相当广泛。

钳形电流表简称钳形表，其工作部分由电磁式电流表和穿心式电流互感器组成。穿心式电流互感器由铁芯制成活动开口，呈钳形，故名钳形电流表。目前，常见的钳形电流表按显示方式分有指针式和数字式；按功能分主要有交流钳形电流表、多用钳形电流表、谐波数字钳形电流表、泄露电流钳形表和交直流钳形电流表等几种，其外形基本类似，如图 1-42 所示。

图 1-42　钳形电流表

2. 钳形电流表的使用　使用时，只要握紧铁芯开关（扳手），使钳形铁芯张口（图 1 - 43 中虚线所示），让被测的载流导线卡在钳口中间，然后放开扳手，使钳形铁口闭合，则钳形电流表的表头指针便会指出导线中的电流值。

3. 钳形电流表使用时的注意事项

（1）正确选择电流表的种类　钳形电流表的种类和形式很多，在进行测量时，应根据被测对象的不同，选择不同形式的钳形电流表。如果仅测量交流电流，就可以选择 T301 型钳形电流表。若使用其他形式的电流表时，应根据测量对象，将转换开关拨到需要的位置。

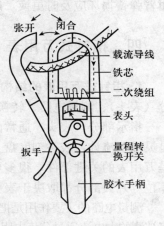

图 1 - 43　用钳形电流表
测量电流

（2）正确选择电流表的量程　钳形电流表一般通过转换开关来改变量程，也有的通过变换表头的方式来改变量程。测量前应对被测电流进行粗略估计，选择适当的量程。如果被测电流无法估计，应先把钳形电流表的量程放在最大挡位，然后根据被测电流指示值，由大到小转换到合适的挡位。调换量程挡位时，应在不带电的情况下进行，以免损坏仪表。

（3）测量交流电流时，每次只能测量一根导线的电流，使被测导线位于钳口中部，并且钳口紧密闭合。并应避免外界磁场的影响。

（4）被测电路的电压不能超过电流表规定电压，一般无特殊附件的钳形电流表只能测低压电路，严禁测量高压电路。

（5）每次测量后，要把调节电流表量程的切换开关放在最高挡位，以免下次使用时，因未经选择量程就进行测量而损坏仪表。

（6）测量 5 A 以下电流时，为得到较为准确的读数，在条件许可时，可将导线多绕几圈放进钳口进行测量，其实际电流数值应为仪表读数除以放进钳口内的导线根数。

（7）进行测量时，应注意操作人员对带电部分的安全距离。为保证测量安全，测量时应由二人进行，其中一人监护，测量人员应戴绝缘手套并站在绝缘垫上或穿绝缘靴（鞋）站在地上，以免发生触电危险。

（8）在测裸体导线电流时，应注意不能使开口铁芯同时接触两相导线，以防发生短路烧毁设备或仪表。

（9）带有测量电压的钳形电流表，测量电压时一定要把指示旋钮旋向电压挡，不然就会把表烧坏。

(10) 为保证测量准确，钳口在闭合时应紧密，合钳后若有杂音，可打开钳口重合一次，若杂音不能消除时，应检查并清除闭合口处的尘污和锈蚀。若钳臂弹簧损坏应及时更换，以保证闭合良好。

四、指针式万用表

1. 指针式万用表的结构 指针式万用表在结构上由 3 部分组成：指示部分（表头）、测量电路、转换装置。

指示部分（表头）通常由磁电式直流微安表（少数为毫安表）组成，表头是灵敏电流计，表头刻度盘上印有多种符号、多种量程的刻度和数值等。表头是万用表的关键部件，很多重要性能（如灵敏度、准确度等级、阻尼及指针回零位等）大部分都取决于表头的性能。

测量电路的主要作用是把被测的电量变换成适合于表头指示用的电量。例如，将被测的大电流通过分流电阻，变换成表头所需的微弱电流；将被测的高电压通过分压电阻，变换成表头所需的低电压；将被测的交流电流（电压）通过电流（电压）互感器及整流器，变换为表头所需的直流电流（电压）等。因此，测量电路通常由分压电阻、分流电阻、电流或电压互感器、整流器等电子元件组成。

转换装置通常由选择（转换）开关、接线柱、按钮、插孔等组成。

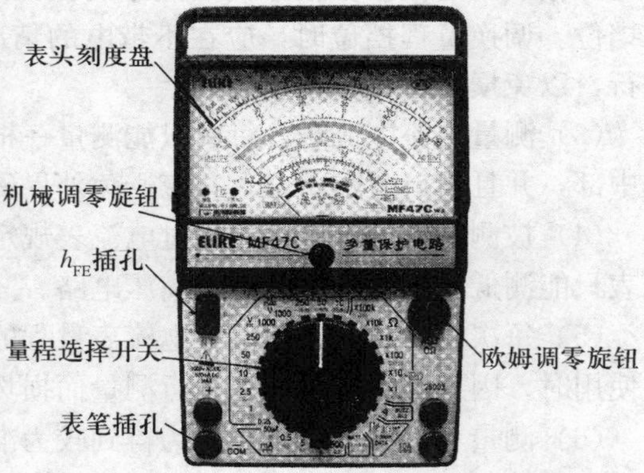
表头刻度盘
机械调零旋钮
h_{FE}插孔
量程选择开关
表笔插孔
欧姆调零旋钮
ELIKE MF47C
MF47C

图 1-44 指针式万用表的结构

指针式万用表的结构如图 1-44 所示。

指针式万用表各部分的功能见表 1-1。

表 1-1 指针式万用表面板各部分的功能

面板部分	功能
表头刻度盘	表头面板上有多长刻度线，主要用于电压、电流、电阻等的测量读数

（续）

面板部分	功能
机械调零旋钮	用于校正表针在左端的零位
欧姆调零旋钮	用于校正测量电阻时的欧姆零位（右端）
量程选择开关	用于选择和转换测量项目和量程；"mA"——直流电流；"V̱"——直流电压；"V̰"——交流电压；"Ω"——电阻
表笔插孔	将表笔红黑插头分别插入"＋""－"插孔中，如测量交直流 2 500 V 或直流 5 A 时，红插头应分别插到标有"2 500 V̰"或"5 A̱"的插孔中
h_{FE}插孔	三极管检测的插孔
提把	用来携带或作倾斜支撑，便于读数

2. 指针式万用表的使用

（1）测量直流电流　直流电流的测量如图 1 - 45 所示。

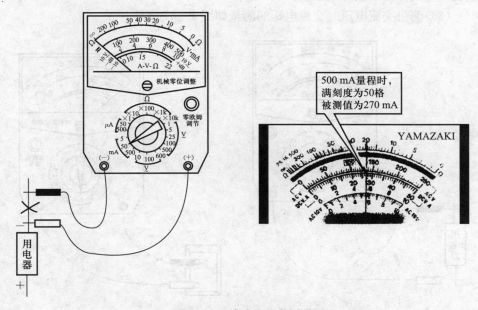

图 1 - 45　直流电流的测量

① 选择量程。万用表直流电流挡标有"mA"，通常有 1 mA、10 mA、100 mA、500 mA 等不同量程，选择量程时应根据电路中的电流大小而定。若不知电流大小，可先用最高电流挡量程，然后逐渐减小到合适的电流挡。

② 测量方法。将万用表与被测电路串联。应将电路相应部分断开后，将万用表表笔串联接在断点的两端。红表笔接在和电源正极相连的断点，黑表笔接在和电源负极相连的断点。

③ 正确读数。待表针稳定后，仔细观察刻度盘，找到相对应的刻度线，正视刻度线并读出被测电流值。

（2）测量直流电压　直流电压的测量如图 1-46 所示。

① 选择量程。万用表直流电压挡标有"V"，通常有 2.5 V、10 V、50 V、250 V、500 V 等不同的量程，选择量程时应根据电路中的电压大小而定。若不知电压大小，应先用最高电压挡量程，然后逐渐减小到合适的电压挡。

② 测量方法。将万用表与被测电路并联，且红表笔接被测电路的正极（高电位），黑表笔接被测电路的负极（低电位）。

③ 正确读数。待表针稳定后，仔细观察刻度盘，找到相对应的刻度线，正视刻度线并读出被测电压值。

（3）测量交流电压　交流电压的测量如图 1-47 所示。

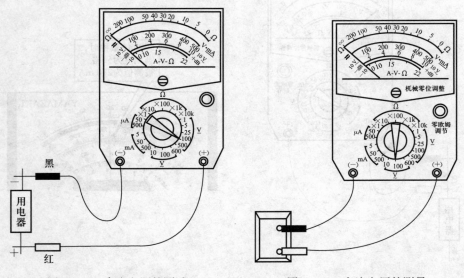

图 1-46　直流电压的测试　　　　　　图 1-47　交流电压的测量

交流电压的测量与上述直流电压的测量相似，不同之处为交流电压挡标有"V"，通常有 10 V、50 V、250 V、500 V 等不同量程；测量时，不区分红黑表笔，只要并联在被测电路两端即可。

（4）测量电阻　电阻的测量如图 1 - 48 所示。

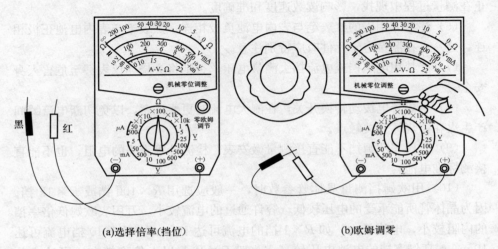

(a)选择倍率(挡位)　　　　　　　　　(b)欧姆调零

图 1 - 48　电阻的测量

① 选择量程倍率。万用表的欧姆挡通常设置多量程，一般有 $R\times1$、$R\times10$、$R\times100$、$R\times1k$ 及 $R\times10k$ 等 5 挡量程。欧姆刻度线是不均匀的（非线性），为了减小误差，提高精确度，应合理选择量程，使指针指在刻度线的 1/3～2/3 之间。

② 欧姆调零。选择量程后，应将两表笔短接，同时调节"欧姆调零旋钮"，使指针正好指在欧姆刻度线右边的零位置。若指针调不到零位，可能是电池电压不足或其他内部有问题。

③ 读数。测量时，待表针停稳后读数，然后乘以倍率，就是所测量的电阻值。

3. 指针式万用表使用时的注意事项

（1）将红色表笔的插头插入"＋"插口，黑色表笔的插头插入"－"插口。

（2）检查表笔是否完好（使用电阻挡）、接线有无损坏，以确保操作安全。要注意万用表应放平稳。

（3）检查指针是否在零位，如不在零位，可用小螺丝刀调整表盖上的调零器进行调零。

（4）根据被测量的种类与数值范围，将转换开关拨转到相应位置，且每次测量前都应检查其位置是否正确。要养成习惯，决不能拿起表笔就测量。

（5）根据转换开关位置，先认清该量程所对应的刻度线及其分格数值，防止在测量过程中现找，影响读数速度和准确度。

（6）注意万用表的红表笔与表内电池负极相连，黑表笔与表内电池正极相连，这一点在测量电子元件时应特别注意。

（7）严禁用电阻挡或电流挡去测最电压，否则将会烧坏仪表甚至危害人身安全。

（8）不要带电拨动转换开关，在测大电流时更要注意，以免切断电流瞬间产生火花，烧坏开关触点。

（9）万用表欧姆挡不能直接测量微安表、检流计等表头的电阻，也不能直接测标准电池。

（10）用欧姆挡测量晶体管参数时，一般应选用 $R \times 100$ 挡或 $R \times 1k$ 挡。因为晶体管所能承受的电压较低，容许通过的电流较小。万用表欧姆低倍率挡的内阻较小，电流较大，如 $R \times 1$ 挡的电流可达 100 mA，$R \times 10$ 挡电流可达 10 mA；高倍率挡的电池电压较高，一般 $R \times 10$ k 以上倍率挡电压可达十几伏，所以一般不宜用低倍率挡或高倍率挡去测量晶体管的参数。

（11）万用表的表头有很多刻度标尺，应根据被测量的挡位在相应的标尺上读出指针指示的数值。另外读数时应尽量使视线与表头垂直，对有反光镜的万用表，应使指针与其像重合，再进行读数。

（12）测量完毕，应将转换开关拨到空挡或交流电压的最大量程挡，以防下次测量电压时忘记拨转换开关，用电阻挡去测量电压，将万用表烧坏。不用时不要把转换开关置于电阻各挡，以防表笔短接时使电池放电。

五、数字式万用表

1. 数字式万用表的结构特点　数字式万用表具有输入阻抗高、误差小、读数直观的优点，但显示较慢是其不足之处，一般用于测量不变的电流值、电压值。数字式万用表由于有蜂鸣器，因而测量电路的通断比较方便。

数字万用表的种类很多。

按工作原理分：有比较型、积分型、V/T 型、复合型等。

按使用方式和外形分：有台式、便携式、袖珍式、笔式和钳式等，其中袖珍式应用比较普遍。

按量程转换方式分：有自动量程转换和手动量程转换。

按用途与功能分：有低挡型、中挡型和智能型。

数字式万用表如图1-49所示。

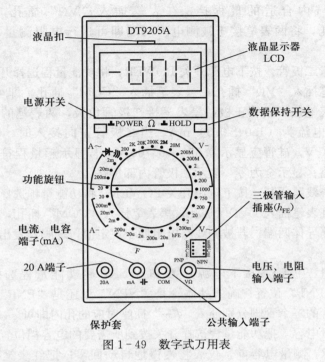

图1-49　数字式万用表

2. 数字式万用表的使用

（1）测量直流电压　按下电源开关 POWER，将量程选择开关拨到
"DCV"区域内合适的量程挡，红表笔插入"VΩ"插孔，黑表笔插入"COM"
插孔。这时即可以并联方式进行直流电压的测量，可读出显示值，红表笔所接
的极性将同时显示于液晶显示屏上。

（2）测量交流电压　按下电源开关 POWER，将量程选择开关拨到
"ACV"区域内合适的量程挡；表笔接法和测量方法同上，但无极性显示。

（3）测量直流电流　按下电源开关 POWER，将功能量程选择开关拨到
"DCA"区域内合适的量程挡，红表笔插入"mA"插孔（被测电流≤200 mA）
或接"20 A"插孔（被测电流＞200 mA），黑表笔插入"COM"插孔，将数
字式万用表串联于电路中即可进行测量，红表笔所接的极性将同时显示于液晶
显示屏上。

（4）测量交流电流　将功能量程选择开关拨到"ACA"区域内合适的量
程挡上，其余的操作方法与测量方法与测量直流电流时相同。

（5）测量电阻　按下电源开关 POWER，然后将功能量程选择开关拨到"Ω"区域内合适的量程挡，红表笔插入"VΩ"插孔，黑表笔接"COM"插孔，将两表笔接于被测电阻两端即可进行电阻测量，并可读出显示值。

（6）测量二极管　按下电源开关 POWER，将功能量程选择开关拨到二极管挡，红表笔插入"VΩ"插孔，黑表笔插入"COM"插孔，即可进行测量。测量时，红表笔接二极管正极，黑表笔接二极管负极，两表笔的开路电压为 2.8 V，测试电流为（1.0±0.5）mA。当二极管正向接入时，锗管应显示 0.150～0.300 V，硅管应显示 0.550～0.700 V。若显示超量程符号，表示二极管内部断路；显示全为零，表示二极管内部短路。

（7）检查线路通断　按下电源开关 POWER，将功能量程选择开关拨到蜂鸣器位置，红表笔插入"VΩ"插孔，黑表笔插入"COM"插孔，红黑两表笔分别接于被测导体两端，若被测线路电阻低于规定值，蜂鸣器发出声音，表示线路是通的。

（8）测量三极管　按下电源开关 POWER，将功能量程选择开关拨到"NPN"或"PNP"位置；确认晶体管是"NPN"型还是"PNP"型三极管，然后将三极管的三个管脚分别插入"h_{FE}"插座对应的孔内即可。

（9）测量电容　把功能量程选择开关拨到所需要的电容挡位置，按下电源开关 POWER。测量电容前，仪表将慢慢地自动回零；把红表笔插入"mA、╂╟"插孔，黑表笔插入"COM"插孔；把测量表笔连接到待测电容的两端，并读出显示值。

（10）数据保持功能　按下仪表上的数据保持开关（HOLD），正在显示的数据就会保持在液晶显示屏上，即使输入信号变化或消除，数值也不会改变。

3. 数字式万用表使用时的注意事项

（1）数字式万用表在刚测量时，显示屏上的数值会有跳数现象，这是正常的，应当待显示数值稳定后（1～2 s）才能读数。另外，被测元器件的引脚因日久氧化或有锈污，造成被测元件和表笔之间接触不良，显示屏会出现长时间的跳数现象，无法读取正确测量值。这时应先清除氧化层和锈污，使表笔接触良好后再测量。

（2）测量时，如果显示屏上只有"半位"上的读数 1，则表示被测数值超出所在量程范围（二极管测量除外），称为溢出。这时说明量程选得过小，可换高一挡量程再测试。

（3）转换量程开关时动作要慢，用力不要过猛。在开关转换到位后，再轻轻地左右拨动一下。看看是否真的到位，以确保量程开关接触良好。严禁在测量的同时旋动量程开关，特别是在测量高压、大电流的情况下，以防产生电弧烧坏量程开关。

（4）测 10 Ω 以下精密小电阻时，先将两表笔金属端短接，测出表笔电阻，然后在测量结果中减去这一数值。

（5）一般数字式万用表是按正弦量的有效值设计的，所以不能用来测量非正弦量。

六、绝缘电阻表

1. 绝缘电阻表的结构特点　绝缘电阻表俗称摇表、高阻计、兆欧表等，是一种测量电器设备及电路绝缘电阻的仪表，在电工维修中，常用绝缘电阻表测量电器设备的绝缘电阻和绝缘材料的漏电电阻。

绝缘电阻表采用手摇供电，其外形如图 1-50 所示。

2. 绝缘电阻表的使用

图 1-50　手摇供电式绝缘电阻表

（1）校表

① 先校零点。将线路和地线端子短接，慢慢摇动手柄，若发现表针立即指在零点处，则立即停止摇动手柄，说明表的零点读数正确，如图 1-51a 所示。

② 校满刻度（无穷大）。将线路、地线分开放置后，先慢后快逐步加速摇动手柄，待表的读数在无穷大处稳定指示时，即可停止摇动手柄，说明表的无穷大无异常，如图 1-51b 所示。

③ 进行测量。上述两项检测，证实表没问题，即可进行测量。

（2）测量　在测量前必须正确接线，兆欧表有 3 个接线端子，"E"（接地端子）、"L"（线路端子）和"G"（保护环或叫屏蔽端子）。保护环的作用是消除表壳表面"L"与"E"接线端子间的漏电影响和被测绝缘物表面的漏电影响。在测量电器设备的对地绝缘电阻时，"L"用单根导线接设备的待测部位，"E"用单根导线接设备外壳，如图 1-52a 所示；如测量电器设备内两绕组之间的绝缘电阻时，将"L"和"E"分别接绕组的接线端，如图 1-52b 所示；

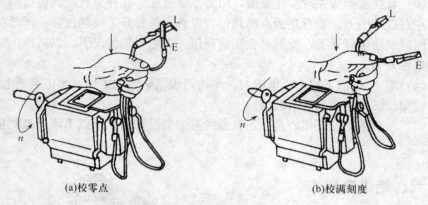

(a)校零点　　　　　　　　　　　　(b)校满刻度

图 1-51　绝缘电阻表的校表

当测量电缆的绝缘电阻时，为消除因表面漏电产生的误差，"L"接线芯，"E"接外壳，"G"接线芯与外壳之间的绝缘层，如图 1-52c 所示。线路接好后，可按顺时针方向转动摇把，摇动的速度应由慢而快，当转速达到 120 r/min 左右时，保持匀速转动，1 min 后读数，并且边摇边读数，不能停下来读数。

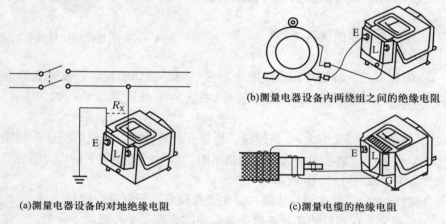

(b)测量电器设备内两绕组之间的绝缘电阻

(a)测量电器设备的对地绝缘电阻

(c)测量电缆的绝缘电阻

图 1-52　使用绝缘电阻表测量

3. 绝缘电阻表使用时的注意事项

（1）在测量之前，应先试一下绝缘电阻表，即将 L、E 端子连线开路，摇动手柄，指针应指"∞"，然后再把 L、E 两端子用导线直接相连（短接），瞬时缓慢摇动手柄，指针应指"0"，否则说明绝缘电阻表有故障。测量前，应先了解周围的温度和湿度，测量时记录下来，以便于事后对绝缘电阻的分析。应将被测设备表面擦拭清洁，以免漏电影响测量结果。

（2）测量时应把被测线路或设备从工作电源上断开，并使其对地放电，特别是电容性的电器设备，如电缆、大容量的电机、变压器以及电容器等，如不放电，可能发生触电事故。在测量中禁止他人接近被测设备。

（3）在测量时，手柄应由慢到快地摇动使表针稳定。如果表针指"0"应立即停摇，以免烧表。摇柄的转速一般为 120 r/min，在指针不再上升并且读数后再停止摇动摇柄。当被测物电容量较大时，为了避免指针摆动，可适当提高转速。

（4）对较大容量的设备（例如变压器、电机、电缆等），有时测量吸收比，以判断其绝缘的好坏。摇表摇 60 s 的绝缘电阻值（R_{60}）和摇 15 s 的绝缘电阻值（R_{15}）之比，叫做吸收比。当 $R_{60}/R_{15} > 1.3$ 时，可认为绝缘是合格的，否则说明绝缘已受潮，需干燥处理。

（5）如果在潮湿的天气里测量设备的绝缘电阻，应使用保护环，把它连在绝缘支持物上，以消除绝缘物表面的泄漏电流对所测绝缘电阻的影响。测量电缆的绝缘电阻时，为了避免电缆芯与外皮切口处表面漏电对测量结果造成影响，可在电缆绝缘物的表面绕上几匝导线接到屏蔽接线端子"G"（也叫保护环）上。

（6）在测量长线路或大容量设备的绝缘电阻时，将设备充了电，因此在测量完毕后应先断开绝缘电阻表与被测设备之间的连线，然后再停止摇动手柄，以防止设备对绝缘电阻表放电。同时，要注意不能用手触及仪表接线柱或设备带电部分，以防触电。

（7）应使用表计专用的测量线，或绝缘强度较高的两根单芯多股软线，不应使用绞型绝缘软线。

（8）测量时，仪表放置地点应远离载有大电流的导体和有外磁场的地方，以免影响测量结果。

（9）测量电容器、电缆、大容量变压器和电机时，要有一定的充电时间，电容量越大，充电时间越长，一般以绝缘电阻表转动 1 min 后的读数为准。

（10）不能全部停电的双回架空线路和母线，在被测回路的感应电压超过 12 V 时，或当雷雨发生时的架空线路及与架空线路相连接的电器没备，禁止进行测量。

（11）测量完毕时，应将被测设备对地放电。

七、接地电阻测量仪

1. 接地电阻测试仪的结构特点　电力系统中各种电器设备采用的工作接地和保护接地，都是通过接地装置与大地之间作良好的连接的，为使接地装置起到应有的作用，其接地电阻不应大于设计技术规程中规定的数值。因此，在埋设接地装置后，必须测量接地电阻值，以确定其值是否合格。接地装置在运行中因气候环境等影响，可能造成接地不良，因此必须定期进行接地电阻测量。

接地电阻测量仪主要用于电器设备以及避雷装置等接地电阻的测量。它又被称为接地电阻表、接地摇表或接地兆欧表，它的组成型式很多，如电位计式、电桥式、电动系流比计式等，但基本原理是一样的。这里仅介绍一种常用的电位计式 ZC-8 型接地电阻测量仪。

ZC-8 型接地电阻测量仪主要由手摇交流发电机、相敏整流放大器、电位器、电流互感器及检流计等构成。

ZC-8 型接地电阻测量仪有 3 端钮（C、P、E）和 4 端钮（C_1、C_2、P_1、P_2）两种。其中 3 端钮接地电阻测量仪的量程为 10 Ω、100 Ω、1 000 Ω；它有 $R\times1$、$R\times10$、$R\times100$ 共 3 个倍率挡位可供选择。ZC-8 型 4 端钮接地电阻测量仪面板如图 1-53 所示。

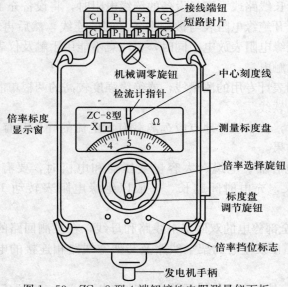

图 1-53　ZC-8 型 4 端钮接地电阻测量仪面板

具有 4 个测量端子的接地电阻测量仪还可以用来测量土壤的电阻率。ZC - 8 型接地电阻测量仪的实际测量电路如图 1 - 54 所示，若将 C_2、P_2 连接起来，则四端子式就成为三端子式。C_2、P_2，相当于三端子式的 E 接线端子。

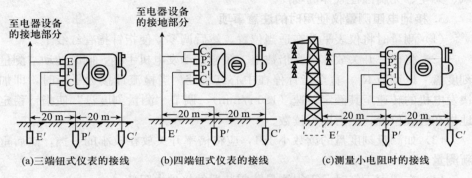

(a)三端钮式仪表的接线　　(b)四端钮式仪表的接线　　(c)测量小电阻时的接线

图 1 - 54　接地电阻测量仪的接线

2. 接地电阻测量仪的使用

（1）测量前的准备工作

① 将被测量的电器设备停电，被测的接地装置应退出使用。

② 断开接地装置的干线与支线的分接点（断接卡子）。如果测量接线处有氧化膜或锈蚀，要用砂纸打磨干净。

③ 在距被测接地体 20 m 和 40 m 处，分别向大地打入两根金属棒作为辅助电极，并保证这两根辅助电极与接地体在一条直线上。

（2）测量接地电阻

① 慢慢转动发电机手柄，同时调节接地电阻测量仪标度盘调节旋钮，使检流计的指针指向中心刻度线。如果指针向中心刻度线左侧偏转，应向右旋转标度盘调节旋钮；如果检流计的指针向中心刻度线右侧偏转，应向左旋转标度盘调节旋钮。随着不断调整，检流计的指针应逐渐指向中心刻度线。

② 当检流计指针接近中心时，应加快转动发电机手柄，使转速达到 120 r/min，并仔细调节标度盘调节旋钮，检流计的指针对准中心刻度线之后停止转动发电机手柄。

③ 若调节仪表刻度盘时，接地电阻测量仪标度盘显示的电阻值小于 1 Ω，应重新选择倍率，并重新调节仪表标度盘调节旋钮，以得到正确的测量结果。

④ 正确读数。读取数据时，应根据所选择的倍率和标度盘上指示数来共同确定。如倍率为 1，指示数字为 3.2，则被测接地电阻的阻值为 $R_x =$ 指示数×倍

率＝3.2×1＝3.2(Ω)。

测量完毕后，先拆去接地电阻测量仪的接线，然后将 3 条测试线收回，拔出插入大地的辅助电极，放入工具袋里。应将接地电阻测量仪存放于干燥通风、无尘、无腐蚀性气体的场所。

3. 接地电阻测量仪使用时的注意事项

（1）测量时将仪表平放在适当位置，然后调零，使指针指在红线上。

（2）将倍率开关放在最大倍数上。缓慢摇动发电机手柄，同时转动"测量刻度盘"以调节 R_x，直至指针停在中心红线处。当检流计接近平衡时，即加快发电机的转速至其额定转速（120 r/min），调节"测量刻度盘"使指针稳定地指在红线位置，然后即可读数。

（3）如测量刻度盘的读数小于 1，应将倍率开关放在较小的一挡，然后重新测量。

（4）在雷雨天气时，不得测量防雷装置的接地电阻值。

（5）被测接地极及其辅助电极的连接导线，不能与高压架空线路及地下金属管道平行，以防止出现干扰或增大测量误差。

（6）接地电阻测量仪一般不做开路试验。

第四节 常用的电工材料

随着农村电气事业的不断发展，电工材料的需求和应用也不断发展，我国农村地域辽阔，经济发展也不平衡。对电能的生产和应用差异很大，因此对电工材料的应用也有很大的不同。本节主要介绍目前农村一般常用的电工材料，选用材料时一些必须具备的基本知识和原则。电工材料通常分为绝缘材料、导电材料和磁性材料三大类型。

一、绝缘材料

1. 绝缘材料的作用 绝缘材料是指由电阻率极大、导电性极差的物体制成的材料，是电工作业中不可缺少的材料。

绝缘材料在电器设备中的主要作用有：隔离带电体或不同电位的导体、提供电容器储能的条件、改善高压电场中的电位梯度、散热冷却、机械固定和支撑、灭弧、防潮、防霉及保护导体等。绝大部分电器设备和电线或电缆都可以看做是导体与绝缘体的组合体。所以，绝缘材料的物理化学性能对电工产品的质量和使用寿命有很大影响。

2. 绝缘材料的种类 绝缘材料都具有很高的绝缘电阻，很好的耐热耐潮性，固体绝缘材料还具有一定的机械强度。某些特殊场合使用的绝缘材料还具有耐油性、耐辐射、抗电弧等特性。电工绝缘材料的品种繁多、性能各异。

（1）按物理状态分 按物理状态分可为气体绝缘材料、液体绝缘材料和固体绝缘材料。

① 气体绝缘材料常用的有空气、氮气、氢气、六氟化硫和氟利昂等。用作绝缘材料的气体应具有如下特点：应具有高的电离场强和击穿场强，而且，击穿后能自动、迅速恢复绝缘性能；要求绝缘气体的惰性大，化学稳定性好，不燃不爆，不老化，不易因放电而分解；对金属和其他绝缘材料不腐蚀；对人体无害，不需防护措施；热稳定性好，热容量大，导热性好；流动性好，沸点低，蒸气弹性大；容易制取，成本低。

② 液体绝缘材料常用的有变压器油、断路器绝缘油、电容器油、电缆油等矿物性绝缘油；合成油（如十二烷基苯、聚异丁烯、硅油等）和蓖麻油等植物油类等。矿物性绝缘油用于变压器、油断路器、电容器和电缆等，起绝缘、冷却、恒温、浸渍、填充、灭弧和储能等作用。对绝缘油的要求是：电气性能好、闪点高、凝固点低；在氧化、高温和高电场作用下性能稳定、无毒；对仪器设备的结构件材料无腐蚀作用。此外，还要求它的黏度小，且不随温度有明显的变化。

③ 固体绝缘材料常用的有绝缘漆、绝缘浸渍纤维制品、层压材料、塑料制品、薄膜粘带、云母材料和陶瓷材料等。

（2）按化学成分分 按化学成分可分为无机绝缘材料、有机绝缘材料和混合绝缘材料。

① 无机绝缘材料有云母、石棉、大理石、瓷器、玻璃、硫黄等，主要用作电机和电器的绕组绝缘及开关的底板和绝缘子等。

② 有机绝缘材料有树脂、棉纱、纸、麻、蚕丝、人造丝、石油等，大多用于制造绝缘漆、绕组导线的被覆绝缘物等。

③ 混合绝缘材料为以上两种材料经加工制成的各种成型绝缘材料，用作电器设备的底座和外壳等。

3. 常用的电工绝缘材料 在日常电工活动中，使用较多的绝缘材料有绝缘粘带、绝缘套管、绝缘薄膜、绝缘漆等。

（1）绝缘粘带 绝缘粘带也叫绝缘胶带或绝缘胶布，是在常温下稍加压力即能自粘成型的带状绝缘材料，可分为薄膜粘带、织物粘带、无底材粘带 3 大类。薄膜粘带是在薄膜的一面或两面涂覆胶粘材料，经过烘焙后制成带状而成。织物粘带是以无碱玻璃布或棉布为底材，涂覆胶粘材料后经过烘焙并制成带状。无底材粘带是由硅橡胶或丁基橡胶加上填料和硫化剂等，经过混炼后挤压成型而制成。绝缘粘带自身具有黏性，因此使用十分方便，常用于包扎电缆端头、导线接头、电器设备接线连接处，以及电机或变压器等的线圈绕组绝缘等。

（2）绝缘漆管　绝缘漆管又叫绝缘套管，一般由棉、涤纶、玻璃等纤维管浸润绝缘漆后烘干制成，主要用作电线端头以及变压器、电机、低压电器等电器设备引出线的护套绝缘等。由于其呈管状，可以直接套在需要绝缘的导线或细长形引线端上，使用很方便。不同材质的绝缘漆管具有不同的特性，适用于不同的场合。

（3）绝缘薄膜　绝缘薄膜包括一般电工薄膜和复合薄膜两类。电工薄膜的特点是厚度薄、柔软、耐潮，具有良好的电气性能和机械性能，主要用作电机或电器线圈绕组的绝缘包扎、电线或电缆的绝缘包扎等，还可作为电容器介质。复合薄膜是在薄膜的一面或双面粘合绝缘纸或漆布等纤维材料制成，其作用是增强薄膜的机械性能，提高抗撕拉强度，主要用作中小型电机的槽绝缘和相间绝缘。

（4）绝缘漆布　绝缘漆布是由天然纤维或合成纤维纺织成布料，再浸覆绝缘漆经烘干制成，可切成不同宽度的带状使用。常用于电机或电器的包扎或衬垫绝缘。

（5）绝缘板　绝缘板通常是以纸、布或玻璃布作底材，浸以不同的胶粘剂，经叠加热压制成。常用的胶粘剂有酚醛树脂、三聚氰胺树脂、环氧酚醛树脂、有机硅树脂、聚酰亚胺树脂等。绝缘板具有良好的电气性能和机械性能，具有耐热、耐油、耐霉、耐电弧、防电晕等特点，主要用作线圈支架、电机槽楔、各种电器的垫块、垫条等。

（6）绝缘漆　绝缘漆常用作覆盖和浸渍绝缘制品的表面，防止吸入水分，也可以用于胶合绝缘制品。绝缘漆可分为晾干漆和烘干漆，前者可以在室温下干燥固化，后者则需加热到一定的温度下才能干燥固化。按照绝缘漆的用途可以分为浸渍漆、覆盖漆、胶合漆及特殊用途的绝缘漆。

① 浸渍漆主要用来浸渍电机、电器的线圈及绝缘部件，以填充其间隙和微孔，可以提高这些器件的电气绝缘性能、机械性能、导热性能及化学稳定性等。常用的浸渍漆有沥青漆、清漆和醇酸树脂漆。

② 覆盖漆用于涂覆经浸渍处理后的线圈及绝缘部件，在它们的表面形成一层均匀的漆膜，作为绝缘保护层，可以防止机械损伤以及大气、润滑油和化学制品的侵蚀。常用的覆盖漆有沥青晾干漆、灰瓷漆和红瓷漆等。

③ 胶合漆用于粘合电器绝缘制品，胶合漆有良好的胶粘性和绝缘性，加热时容易软化，常用的胶合漆有沥青漆和环氧树脂。

（7）电工用树脂　常用的电工用树脂有环氧树脂，常用于灌注电压、电流互感器和电缆的接头、胶接电瓷件和无线电零件，还可作高强度层压板云母制品的胶粘剂以及热带电器和耐电弧零件表面的涂层等。另一种是聚氯乙烯，适于做电缆和导线的保护层和绝缘物。

（8）电工用塑料　常用的电工用塑料分为热固性塑料、热塑性塑料（如有机玻璃、尼龙等）和电线电缆用热塑性塑料（聚氯乙烯、聚乙烯、聚丙烯、聚酰胺等）。

（9）电工用陶瓷　电工用陶瓷具有稳定性好、机械强度高、绝缘性和耐热性好等特性，并且不容易发生表面放电，主要用于制造各种绝缘子、瓷夹板、套管、装置用的灯座、开关、插座、熔断器等。

二、导电材料

1. 导电材料的定义　导电材料是指在电场作用下能产生大量自由移动的带电粒子，因而能很好地传导电流的材料，包括导体材料和超导材料。导电材料的主要功能是传输电能和电信号。此外，导电材料还广泛用于电磁屏蔽，制造电极和电热材料等。

2. 导电材料的种类　导电材料通常分为普通导电材料和特殊导电材料两大类。

（1）普通导电材料　普通导电材料是指专门用于传导电流的金属材料，它的作用就是输送传导电流，如室外的架空线路、室内布线的各种电线电缆，制造电机电器线圈用的电磁线等。金属都能导电，但并非能导电的金属就能用来生产电工用的导电材料。根据电器工程的需要，对用于生产电工用导电材料的金属是有许多具体要求的。普通导电材料是指各项技术指标均适宜生产电工导电材料的金属，如铜、铝等。

铜和铝作为普通导电材料主要用于制造电线电缆。电线电缆是用于传导电能、信息和实现电磁能转换的线材产品，它包括电磁线（也称绕组线）、裸导线、电力电缆、电器装备用电线电缆、通讯电缆五大类。电磁线按照绝缘层的特点与用途分为漆包线、绕包线（材料的外表用玻璃丝、树脂等绕包）、无机绝缘电磁线（外表为氧化膜、陶瓷等绝缘层）、特种电磁线四大类。

（2）特殊导电材料　特殊导电材料是指那些除了具有普通导电材料传导电流的功能外，还具有其他特殊功能的导电材料。在电气工程的很多场合我们都需要使用这种类型的材料。

特殊导电材料又分为保护性导电材料、恒强度导电材料、石墨导电材料和电阻材料四种。

① 保护性导电材料。这类材料为熔点较低的合金制成的熔体材料，把它串联在电路中使用，当设备、线路发生过载或短路故障时，过量电流产生的热量首先在这些低熔点的熔体材料处熔断，这样便可达到保护设备和线路的目的。常用的合金熔体材料有：

铅锑熔丝。其组成为铅＞98％，锑0.3％～1.3％。

铅锡熔丝。其组成为铅95％，锡5％；或铅75％，锡25％。

此外，由铅、锡、镉、汞按不同的比例组合可制成熔点在20～200 ℃的各种熔体材料，可满足各种不同的需要。

② 恒强度导电材料。这也是一种合金材料，这类材料在正常条件下使用，其机械强度可长期保持不变，并且具有抗拉强度高、不易疲劳断裂、耐热、耐磨等特点。常见的有铍铜合金，用于制造绕线式异步电动机的滑环。磷铜合金，用于电气仪表的游丝，继电器、开关等的簧片。

③ 石墨导电材料。这类材料有自润滑的性质，常用作发电机和电动机的电刷。

常用电刷可分为石墨型（S系列）、电化石墨型（D系列）、金属石墨型（J系列）。

④ 电阻材料。这类材料是一些电阻率较大的金属、合金和非金属材料。它们能导电，但电阻较大，如铁、镍等金属、铁镍铬铝等几种金属按不同比例组成的各种合金等。这类材料用于制造电阻丝和电阻片，以供制造各种电阻器和变阻器。

3. 导线　导线是电路的最主要的组成部分，无论是供电线路、配电电路，还是电器设备的连接，都离不开导线，因此导线是最常用也是使用量最大的电工材料。

导线一般是由导电良好的金属材料（如铜、铝等）制成的线状物体。导线可以是单股的金属线，也可以是由多股较细的金属线绞合而成。电缆是一种特殊形状的导线，是将若干具有绝缘层的导线组合在一起构成的，它可以作为若干根导线使用，但又比使用若干根单独的导线方便。

（1）导线的种类　导线（电缆）的种类繁多。按制造材料的不同，可分为铜导线、铝导线、钢芯铝绞线等。按芯线形式可分为单股导线（硬导线）和多股导线（软导线）。按是否有绝缘层及绝缘层的材料与形式可分为裸导线、漆包线、纱包线、橡胶绝缘导线、塑料绝缘导线、双绞线、双平行线、护套导线、电缆等。对于护套线和电缆，还可以按芯线多少分为双芯线、三芯线、多芯线等。图1-55所示为部分常用导线。

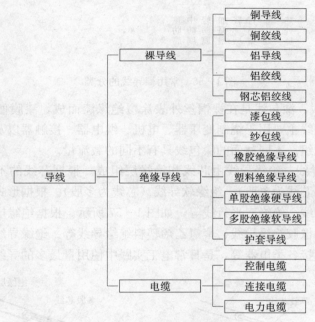

图1-55　导线的种类

（2）常用导线　电工实践中较常用的导线（电缆）主要有裸导线、漆包线、绝缘导线、护套导线、电力电缆等。

①裸导线。裸导线是指仅有导体而没有绝缘层的导线，它包括铜、铝等金属及其合金的圆单线，架空输电的绞线，软接线和形线等。主要用于户外架空线路，或作室内汇流排和开关箱等。常用裸导线的分类如图1-56所示。

在图1-56所列的裸导线中，圆单线、裸绞线这两类在农村使用得较为普遍。

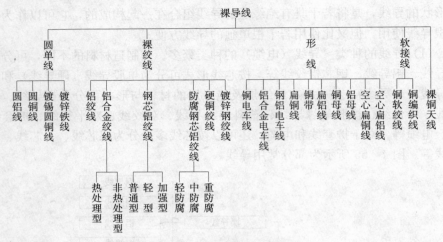

图 1-56　常用裸导线的分类

② 漆包线。漆包线是在裸铜丝外表涂覆绝缘漆而成，漆膜便是漆包线的绝缘层。漆包线主要用于绕制变压器、电机、继电器、接触器以及其他电器或仪表的线圈绕组。不同截面的漆包线具有不同的载流量。

③ 绝缘导线。绝缘导线由芯线和绝缘层组成。根据芯线的不同，可分为绝缘硬导线（芯线为单股）、绝缘软导线（芯线为多股）。根据形式的不同，可分为绝缘双绞线、绝缘双平行线等，如图 1-57 所示。根据绝缘层所用材料的不同，可分为橡胶绝缘导线、聚氯乙烯塑料绝缘导线等。绝缘导线广泛用于室内外电路、连接各类电器等，是日常电工实践中使用量最多的导线之一。

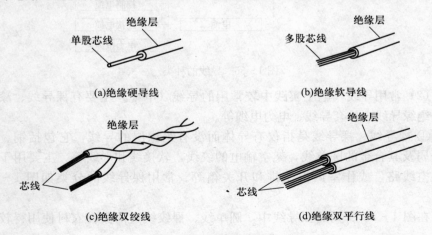

图 1-57　绝缘导线的类型

室内外配线按规定应采用绝缘导线，室内直敷配线宜采用带护套的绝缘导线，其他配线可采用聚氯乙烯绝缘导线。室外宜采用耐气候型绝缘导线，特别寒冷地区可采用橡胶绝缘氯丁护套电线或橡胶绝缘黑色聚乙烯护套导线。

铝线与铜线相比，由于其机械强度较差、易氧化，因而使用范围受到一定限制。在可燃场所或仓库、空气中含有对铝起腐蚀作用的气体或蒸汽的场所、人数众多的公共场所及建筑物的平顶内使用时，铝线必须穿管保护。在以下场所不允许使用铝线：重要的资料室、档案室；重要的仓库及集会场所；易爆易燃的生产厂房及仓库；剧场的舞台照明；重要的操作回路及二次回路；移动用的导线及敷设在有剧烈震动的场所。

④ 护套导线。护套导线由芯线、绝缘层和保护层组成，如图 1-58 所示。一般常见的是聚氯乙烯塑料绝缘护套导线，根据芯线的不同，可分为护套硬导线（芯线为单股）、护套软导线（芯线为多股）。根据芯线数量可分为双芯护套导线、三芯护套导线等。由于多了一层保护层，护套导线比普通绝缘导线具有更好的电气绝缘性和使用安全性，可以直接埋敷入墙，使用更方便。因此，护套导线广泛应用于电路的固定敷设和移动敷设，电器设备的固定连接和移动连接等，也是日常电工实践中使用量最多的导线之一。

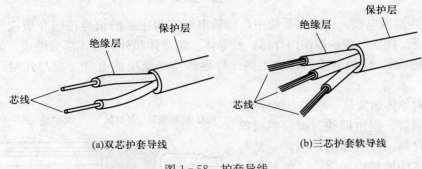

(a)双芯护套导线　　　　　　(b)三芯护套软导线

图 1-58　护套导线

⑤ 电力电缆。电力电缆的结构与护套导线相似，主要也是由芯线、绝缘层和保护层 3 部分组成。按绝缘材料的不同，可分为橡胶绝缘电缆和塑料绝缘电缆。按芯线数量的不同，可分为单芯电缆、双芯电缆、三芯电缆、多芯电缆等。电缆的芯线通常为多股软导线，以使电缆具有良好的柔软性。电力电缆一般用于移动线路或临时线路的架设、大型移动电器设备的供电线路、室外线路及地下线路的敷设等。有些用于特殊环境的电缆，还具有耐高温、耐风化、耐油性、耐酸性、耐机械作用力等特性。

油浸纸绝缘电力电缆和交联聚乙烯塑料绝缘电力电缆的结构如图 1－59
所示。

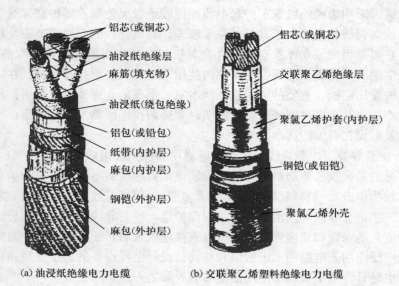

（a）油浸纸绝缘电力电缆　　　（b）交联聚乙烯塑料绝缘电力电缆

图 1－59　电力电缆的结构

⑥ 同轴电缆。在弱电系统中，同轴电缆作为主要的信号传输介质应用非
常广泛。同轴电缆一般由内导体、外导体、绝缘体和外护套 4 部分组成，如图
1－60 所示。同轴电缆的特性由内、外导体及绝缘层的电气参数与几何尺寸
决定。

内导体通常是一根实心铜导线、
空心铜管、铜包钢线、铜包铝线等
金属材料。外导体的作用，一是与
内导体构成传输回路，二是具有抗
干扰和屏蔽功能。绝缘层一般采用
聚乙烯、聚氯乙烯等材料，绝缘层
的结构一般做成实心、半空气绝缘

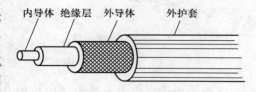

图 1－60　同轴电缆的结构

或空气绝缘等形式。外护套起保护电缆的作用，一般也采用聚乙烯、聚氯乙烯
等材料制成。

4. 光导纤维（光纤）　光导纤维（工程上也称光缆）由作为光信号传输
介质的光导玻璃或塑料芯、包层和护套构成，如图 1－61 所示。近些年光纤因

其优越的性能而得到广泛的应用，是一种很好的传输媒介。

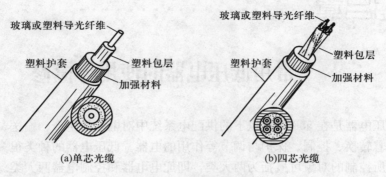

图 1－61　光缆的结构

在光缆的前端将电信号通过光学输入接口（光发射机）转换成光信号，光信号在光缆中利用全反射原理传输，在光缆的末端再通过光学输出接口（光接收机）把光信号转换成电信号。这样做是因为光信号在光纤中传输时的损耗极小，适用于中长距离的信号传送。光缆传输的优点是：光纤抗电磁干扰的能力强，不受电磁波、雷电以及开关操作的影响，并且由于不需要地线，所以避免了地线电压对光缆传输系统的影响。室外光缆一般有架空、穿管和直埋三种敷设方式。

三、磁性材料

磁性材料是指具有铁磁性能的材料。它能够被磁化，能够被磁铁所吸引。磁性材料可分为软磁材料和硬磁材料两大类。

1. 软磁材料　软磁材料是指具有低矫顽力和高磁导率的磁性材料。这类材料容易磁化，也容易退磁，广泛用于电工设备和电子设备，如变压器、电机、电磁铁、接触器、继电器等设备的铁芯和永久磁铁的磁轭部分等。常用的有电磁纯铁、硅钢板（片）、铁镍合金（坡莫合金）等。

2. 硬磁材料　硬磁材料是指具有高矫顽力、高剩磁及一经磁化即能保持恒定磁性的材料，又称"永磁材料"。它广泛用于电工、电子及其他领域，在电工领域中如磁电系仪表的磁系统、电能表的制动磁铁、永磁电机中的磁极等。主要有铸造铝镍钴系永磁材料、粉末烧结铝镍钴系永磁材料、铁氧体永磁材料、稀土钴永磁材料、金属塑性永磁材料等 5 种。

第二章

······················

常用低压电器的使用与检修

低压电器是在 500 V 及以下的供配电系统中对电能的生产、输送、分配与应用起着转换、控制、保护与调节等作用的电器。低压电器的种类很多，按其用途或所控制的对象可概括为两大类，即配电电器和控制电器两大类。配电电器主要是指接触器、控制继电器、启动器、控制器、主令电器、电阻器、变阻器和电磁铁等。常用低压电器的分类及用途见表 2 - 1。

表 2 - 1　常用低压电器的分类和用途

电器名称		主要品种	用途
配电电器	刀开关	负荷开关 熔断器式开关 板形刀开关	主要用于电路的隔离，也能接通和分断额定电流
	转换开关	组合开关 换向开关	用于两种以上电源或负载的转换，接通或分断电路
	低压断路器	塑壳式低压断路器 框架式低压断路器 限流式低压断路器 漏电保护式断路器	用于线路过载、短路或欠压保护，也可用作不频繁接通和分断电路
	熔断器	无填料熔断器 有填料熔断器 快速熔断器 自动熔断器	用于线路或电器设备的过载和短路保护
控制电器	接触器	交流接触器 直流接触器	主要用于远距离频繁启动或控制电动机，接通和分断正常工作的电路
	继电器	热继电器 中间继电器 时间继电器 电压继电器	主要用于控制电器或作主电路的保护

（续）

电器名称		主要品种	用途
控制电器	启动器	磁力启动器 降压启动器	主要用于电动机的启动和正反转控制
	控制器	凸轮控制器 平面控制器	主要用于电器控制设备中转换主回路或励磁回路的接法，以实现电动机启动时转向和调速
	主令电器	按钮 限位开关 万能转换开关 微动开关	主要用于接通和分断控制电路
	电阻器	铁基合金电阻器	用于改变电路的电压、电流等参数或变电能为热能
	变阻器	励磁变阻器 启动变阻器 频敏变阻器	主要用于发电机调压及电动机减压启动和调速
	电磁铁	起重电磁铁 牵引电磁铁 自动电磁铁	用于起重、操纵或牵引机械装置

　　在农村的供电设备和电动机驱动系统，主要还是低压电，即电源电压小于500伏的交流电，所采用的低压电器有：熔断器、刀开关（低压开关）、断路器（自动开关）、交流接触器、热继电器、漏电保护器、启动器等，本章主要介绍这些低压电器的结构原理及其使用方法，是农村电工必须掌握的基本技能。

第一节　熔断器的使用与检修

一、熔断器的类型与技术参数

　　1. 熔断器的功用　熔断器是低压配电线路中的保护电器，主要作短路保护之用，有时也可用于过载保护。它串接在被保护的电路中（图 2-1），当电路或用电设备发生短路或过载时，通过熔断器的电流大于规定值，经过足够时间后，熔丝熔化而自动分断电路，避免由于过电流的热效应以及电动力引起电路和用电设备的损

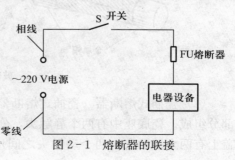

图 2-1　熔断器的联接

坏，并阻止事故蔓延。

　　熔断器中的熔丝是由金属或合金材料制成，在电路或电器设备工作正常时，熔丝相当于一截导线，对电路无影响。当电路或电器设备发生短路或过载时，流过熔丝的电流剧增，超过熔丝的额定电流，致使熔丝急剧发热而熔断，切断了电源，从而达到保护电路和电器设备、防止故障扩大的目的。熔丝的保护作用是一次性的，一旦熔断即失去作用，应在故障排除后更换新的相同规格的熔丝。

2. 熔断器的类型

　　熔断器按结构来分有：开启式、半封闭式、封闭式。封闭式熔断器又可分为：有填料管式、无填料管式及有填料螺旋式等。

　　熔断器按用途来分有：一般工业用熔断器（快速熔断器，具有两段保护特性；快慢动作熔断器）、特殊用途熔断器（如直流牵引用自复熔断器等）。

　　农村中常用的低压熔断器主要有：玻璃管式、螺旋式、插式、盒式和羊角式熔断器等。

　　（1）玻璃管式熔断器　玻璃管式熔断器由玻璃熔丝管和金属固定架组成。玻璃熔丝管的两端固定有金属帽，熔丝置于玻璃管中并与两端的金属帽相连，玻璃熔丝管有额定电流从 0.1 A 到 10 A 很多规格；金属固定架固定在电路板上并接入电路，同时也是玻璃熔丝管两端的电气连接点，使用与更换熔丝管时可以很快地卡上或取下，如图 2-2 所示。透过玻璃管可以用肉眼直接观察到熔丝熔断与否，因此使用很方便。玻璃管式熔断器主要应用在电子设备和小型电器中。

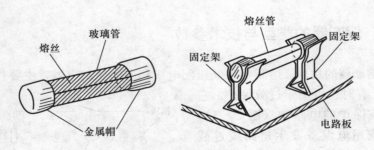

图 2-2　玻璃管式熔断器

　　（2）瓷插式熔断器　瓷插式熔断器如图 2-3 所示，由瓷底座、瓷上盖两部分组成。瓷底座中有两个静触头，分别接入电路中的电源线和负载线。瓷上盖上有两个动触头，两个动触头之间用裸熔丝连接，当将瓷上盖插入瓷底座后，裸熔丝便接入了电路。可以根据需要选用不同电流规格的裸熔丝。瓷插式熔断器在老式的配电系统中应用较多。

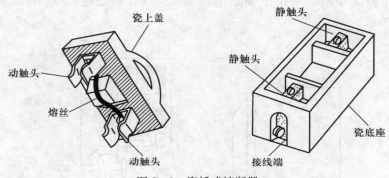

图 2-3 瓷插式熔断器

（3）螺旋式熔断器 螺旋式熔断器又称为塞式熔断器，由瓷底座、熔丝管、瓷帽等部分组成，如图 2-4 所示。

瓷底座两侧分别有上、下接线端，用于连接电路。接线时应将下接线端连接到电源进线，这样更换熔丝管时更安全。熔丝管是一瓷管，两端各有一个金属端盖，熔丝管内的熔丝与两端盖相连，如图 2-5 所示。熔丝管上端盖中央有一熔断指示器，熔丝熔断后即会改变颜色作出指示。瓷帽顶部的中央是一个透明的观察窗，用以观察熔断指示器。使用时将熔丝管放入瓷帽中，再将瓷帽旋入瓷底座即可。安装时应注意将熔丝管上的熔断指示器朝向瓷帽上的观察窗，以便随时查看。螺旋式熔断器主要应用在大中型电器设备中。

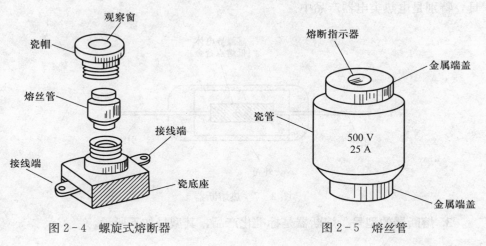

图 2-4 螺旋式熔断器   图 2-5 熔丝管

（4）盒式熔断器　这是供小电流用户安装熔丝用的熔断器。熔断器外形为瓷制盒形，内可安装两路熔丝，如图2-6所示。盖上瓷盖即接通电路，揭开时电路就中断，适用于额定电压为250 V，额定电流为10 A、15 A、20 A、30 A。

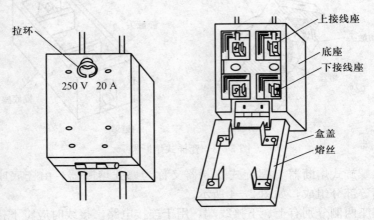

图2-6　家庭照明用瓷闸盒式熔断器

（5）热熔断器　热熔断器受环境温度控制而动作，是一次性的过热保护器件，其典型结构如图2-7所示。外壳内连接两端引线的感温导电体由具有固定熔点的低熔点合金制成，正常情况下（未熔断时）热熔断器的电阻值为零。当热熔断器所处环境温度达到其额定动作温度时，感温导电体快速熔断切断电路。热熔断器广泛应用在各种家用电器、照明灯具、工业电器设备和电动工具，特别是电热类电器产品中。

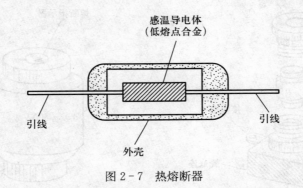

图2-7　热熔断器

3. 熔断器的型号　熔断器是标准化产品，其型号如下所示。

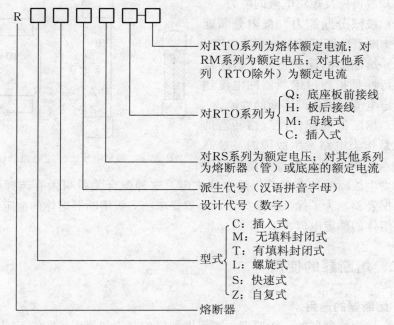

例如：

（1）RC1A－5：熔体额定电流为 5 A 的瓷插式熔断器。

（2）RL1－100：熔体额定电流为 100 A 的螺旋式熔断器。

（3）RM7－60：熔体额定电压为 60 V 的无填料封闭式熔断器。

（4）RTO－200：熔体额定电流为 200 A 的有填料封闭式熔断器。

（5）RSO－350：熔体额定电压为 350 V 的有填料封闭式快速熔断器。

（6）RLS1－50：熔体额定电流为 50 A 的螺旋式快速熔断器。

4. 主要技术参数

（1）熔断器的额定电压　熔断器的额定电压是指熔断器长期正常工作所能承受的最高电压，例如：250 V、500 V、1 kV 等。

（2）熔断器的额定电流　熔断器的额定电流是指熔断器的导电部分和接触部分允许长期通过的最大电流。熔体的额定电流指的是熔体本身允许长期通过的最大电流，当熔体通过的电流等于或小于其额定电流时，无论通过的时间多长，熔体不应熔断。在同一额定电流的熔断器中可配用不同额定电流的熔体，但熔体的额定电流只能小于或等于熔断器的额定电流。

额定电压和额定电流一般直接标注在熔断器上，如图 2－8 所示。

（3）熔断器的分断能力　熔断器的分断能力是指熔断器在故障情况下能可

靠地断开过负荷及短路电流的能力。

（4）极限分断能力　极限分断能力是指熔断器能断开的最大短路电流。

（5）熔断器的保护特性　熔断器的保护特性是指通过熔断器的电流超过其额定电流时熔体即熔断的性能。

（6）熔断器的配合性　熔断器的配合性是指当电路发生故障时，最靠近短路点的熔断器应当首先熔断，以

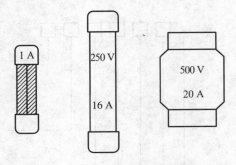

图 2-8　额定电压、额定电流的标注

保证未发生故障的其余部分仍然继续供电。这种配合关系叫做有选择性的熔断。根据经验，为了保证有选择性，一般要求前一级熔断器熔体的额定电流比下一级熔体的额定电流大 2～3 级。

二、熔断器的使用

1. 熔断器的选用

（1）选用熔断器的一般原则　要根据被保护对象和使用场所的不同，选择不同类型的熔断器。

① 根据保护对象选择。如要保护半导体器件，必须选用快速熔断器；保护线路时，熔断器及其熔体的额定电流应该按线路的最大负荷电流选择，同时熔断器的分断能力必须大于线路中可能出现的最大短路电流；保护电动机时，应根据不同类型的电动机及电动机启动时间的长短来选择不同类型的熔断器，使得熔断器能够躲开电动机的启动电流而不致熔断。

② 根据使用场所选择。在有火灾爆炸危险的场所，不可选用所产生的电弧可能与外界接触的熔断器，如瓷插式熔断器和螺旋式熔断器等。如使用于电网中，根据电压等级，选用的熔断器的额定电压应大于或等于电网的额定电压，且要考虑到上、下级熔断器之间的配合问题，避免熔断器越级动作。也就是说，上一级熔断器的额定电流必须大于下一级熔断器的额定电流，具体如何配合可参阅产品的技术条件说明。

（2）熔体额定电流的选择方法　熔断器的额定电流与熔体的额定电流不同，某一额定电流等级的熔断器可以装设不同额定电流的熔体。选择熔断器作线路和设备的保护时，首先要明确选用熔体的规格，然后再根据熔体去选定熔断器。

① 照明电路支线上熔断器的熔丝。熔丝额定电流大于或等于支流上所有

电灯的工作电流。

② 照明电路总线上熔断器的熔丝。对安装在电度表出线上的熔断器的熔丝计算如下：

$$熔丝的额定电流（A）=（0.9～1.0）×电度表额定电流$$

但总熔丝的额定电流不大于电度表的额定电流，应大于全部照明灯的工作电流。

③ 单合电动机的熔体额定电流。

对单台电动机负载的短路保护，熔体的额定电流：$I_{fu}=（1.5～2.5）I_{ca}$；

降压启动电动机：$I_{fu}=（1.5～2.0）I_N$；

线绕电动机和直流电动机：$I_{fu}=（1.2～1.5）I_{ca}$

各公式中的系数视负载性质和启动方式不同而选取：对轻载启动、启动次数少、启动时间短时取小值，对重载启动、启动频繁、启动时间长或全压启动时取大值。I_{fu} 为熔体额定电流，I_{ca} 为电动机的计算电流。

④ 多合电动机的熔体额定电流。对于多台电动机负载的短路保护：

$$I_{fu}\geqslant（1.5～2.5）I_M+其余几台电动机总的计算电流$$

式中　I_M——最大一台电动机的额定电流。

⑤ 配电变压器的熔体额定电流。

高压侧：$I_{fu}=（1.5～2.0）$ 倍的变压器高压侧额定电流。

低压侧：$I_{fu}=$ 变压器低压侧额定电流。

⑥ 并联电容器的熔体额定电流。

单台时：$I_{fu}=（1.5～2.5）$ 倍的电容器额定电流。

电容器组：$I_{fu}=（1.3～1.8）$ 倍的电容器组额定电流。

⑦ 电焊机的熔体额定电流。其熔断器的熔体额定电流为：$I_{fu}=KI_{ca}$

对单台交流弧焊机、弧焊整流器 K 取 1.2～1.25；对单台电阻焊机 K 取 1，此时，I_{ca} 是一台电焊机的计算电流。当同一单相线路上有多台电焊机时，3 台以下时 K 取 1，3 台以上时 K 取 0.65，此时，I_{ca} 是几台电焊机总的计算电流。

（3）熔体选择实例

例1：请分别对如下 3 台三相异步电动机选择熔断器，$P_1=15\ kW$，重载启动，计算电流为 30.3 A；$P_2=5.5\ kW$，轻载启动，计算电流为 11.6 A；$P_3=22\ kW$，一般负荷启动，计算电流为 42.5 A。

解：重载启动取 $I_{fu}=2.5I_{ca}=2.5×30.3=75.75（A）$，可选熔体额定电流为 80 A 的熔断器。

轻载启动取 $I_{fu}=1.5I_{ca}=1.5×11.6=17.4（A）$，可选熔体额定电流为 20 A 的熔断器。

一般负荷启动取 $I_{fu}=2I_{ca}=2\times42.5=85(A)$，可选熔体额定电流为 80 A 的熔断器。

例 2：某照明供电线路，采用熔断器作短路保护，计算电流为 13.5 A，选择熔断器。

解：根据 $I_{fu}=I_{ca}$，可选用 RL1-15 型熔断器，它的额定电流为 15 A，熔体额定电流也为 15 A。

2. 熔断器的安装与更换

① 安装螺旋式熔断器时，应将电源线接至瓷底座的接线端，管式熔断器应垂直安装。

② 安装时应确保熔体接触良好，以免因接触不良熔体温度升高而误动作。熔体不能有机械损伤，以免减少熔体截面。

③ 拆换熔断器或熔体时，应切断电源，并且要检查新熔体的规格和形状是否与原熔体一致。

④ 对于封闭管式熔断器，装新熔体前，应清理管子内壁上的烟尘。装好后应拧紧端盖。

⑤ 在运行中应经常注意熔断器的指示器，以便及时发现单相运转情况。若发现瓷底座有沥青流出，则说明温升过高，可能是接触不良，应及时处理。如发现熔体氧化腐蚀或损伤时，应及时更换新熔体。

⑥ 插入或拔出熔断器，一定要用规定的把手，不能用手直接操作或用其他工具代替。

三、熔断器的检修

1. 熔断器的运行维护

（1）检查熔丝管外观有无破损或变形现象，瓷绝缘部分有无破损或闪络放电痕迹。

（2）检查熔丝管接触处有无过热或接触不良情况。

（3）检查实际负荷情况以及与熔断器和熔体的额定值是否相配。

（4）有熔断信号指示器的熔断器，要查看其指示是否处于正常状态。

虽然熔丝不能用来作为电器设备的过负荷保护，而只能起短路保护的作用，但运行中却存在由于电器设备的过负载，导致熔断器熔断的现象。判断熔断器是过载还是短路所引起的熔断，其方法为：

（1）因过负荷引起熔断时，一般在熔体变截面处熔断，且其熔断长度较短。因为过载所产生的热量在小截面积聚较快，故易产生上述现象。

（2）由于短路导致熔体熔断，则其熔断部位较大，甚至熔体（片）的大截面部位也会熔断，这是由于较大的短路电流在极短时间内产生大量热量而使熔体熔断。

2. 熔断器的检测 熔断器的好坏可用万用表的电阻挡进行检测。

（1）检测熔丝管 检测时，将万用表置于"$R\times1$"挡或"$R\times10$"挡，两表笔（不分正、负）分别与被测熔丝管的两端金属帽相接，其阻值应为 $0\,\Omega$。如阻值为∞（表针不动），说明该熔丝管已熔断；如有较大阻值或表针指示不稳定，说明该熔丝管性能不良。

（2）检测熔断器结构 主要是检测熔断器的各个连接接点是否接触良好、两端接点间是否有短路现象，检查熔断器底座和上盖（安装架、瓷帽）等有无裂缝等缺陷、熔丝管装入熔断器后有无松动现象。

（3）检测熔断指示电路 检测熔断指示电路的方法是用万用表分别检测降压电阻 R 和氖泡。测量降压电阻 R 的阻值应为 $100\sim200\,k\Omega$，测量氖泡的阻值应为∞（表针不动）。

3. 熔断器的常见故障诊断与排除 熔断器的常见故障诊断与排除方法见表 2-2。

表 2-2 熔断器的常见故障诊断与排除方法

故障现象	故障原因	排除方法
电动机启动瞬间熔体即熔断	① 熔体规格选择过小 ② 负载侧有短路或接地 ③ 熔体安装时损伤	① 调换合适的熔体 ② 检修短路或接地故障 ③ 调换熔体
熔体未熔断但电路不通	① 熔体接线端接触不良 ② 螺旋式熔断器的螺帽未旋紧	① 旋紧接线端 ② 旋紧瓷性螺帽

第二节 刀开关（低压开关）的使用与检修

一、刀开关的类型与结构

1. 刀开关的功用 刀开关是手动电器中结构最简单的一种，主要用于配电设备中隔离电源，也可作为不频繁通断容量不大的低压配电线路。在农村和小型工厂，则经常用于直接启动电流在其额定电流以下的负载，如小功率电动机等。主要由刀开关的操作方式或者是否具有灭弧装置以及负载条件等来决定。转换开关是刀开关的一种，主要用于转换电路，如电源的转换、电动机的反转、测量回路中的电压、电流的换相等。在控制电路和测量线路中使用转换开关，可使操作简单化，避免操作失误和差错。

必须注意：刀开关不能切断故障电流，只能承受故障电流引起的电动力和热效应。

2. 刀开关的类型 根据工作条件和用途的不同可分为开启式刀开关、封闭式负荷开关（铁壳开关）、开启式负荷开关（瓷底胶盖开关）、熔断器式刀开关等。按极数可分为单极、2 极、3 极和 4 极刀开关。

（1）开启式刀开关 开启式刀开关一般用做额定电压 AC380 V、DC440 V，额定电流至 1 500 A 的配电设备中作电源隔离之用。带有各种杠杆操作机构及灭弧室的开关，可按其分断能力不频繁地切断负荷电路，如图 2-9 所示。其中中央手柄式分单投、双投两种，有板前接线和板后接线之分；侧方正面杠杆操作机构式分单投、双投两种；中央正面杠杆操作机构式分单投、双投两种。

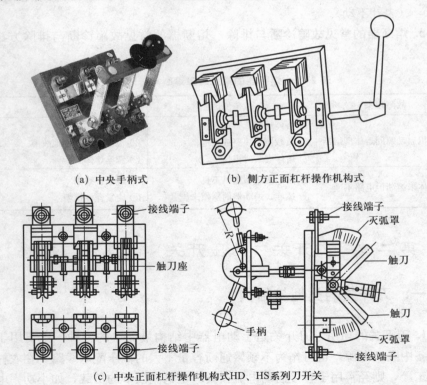

(a) 中央手柄式　　　　(b) 侧方正面杠杆操作机构式

(c) 中央正面杠杆操作机构式HD、HS系列刀开关

图 2-9　开启式刀开关

（2）开启式负荷开关　开启式负荷开关又称为闸刀开关，是一种结构简单的开启式低压开关，由瓷底座、胶木盖、静触头、动触头、熔丝和接线座等构成，如图 2-10 所示（图中胶木盖已移开）。

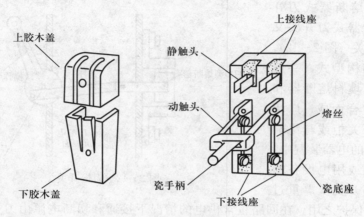

图 2-10　开启式负荷开关（闸刀开关）

安装时，必须竖直安装，上接线座为进线端接电源进线，下接线座为出线端接负载电路，以保证用电安全。当将瓷手柄推至上方时，动触头与静触头连通接通电源；当将瓷手柄拉至下方时，动触头与静触头分离切断电源。闸刀开关分为单相（双极单位）、三相（三极单位）等，主要应用在 220 V 或 380 V、负荷不太大的配电电路中，作为不频繁开、关的总闸使用。

（3）封闭式负荷开关　封闭式负荷开关是对简单的闸刀开关的改进品种，它将闸刀开关封闭在一铁制外壳中，因此也称为铁壳开关。封闭式负荷开关结构如图 2-11 所示。其特点是开关内闸刀的动作通过铁壳外面的手柄进行操作，在手柄转轴与底座之间装有速断弹簧，大大加快了开关的切断速度，提高了开关的灭弧性能。封闭式负荷开关还设有机械连锁机构，使得开关铁壳盖子打

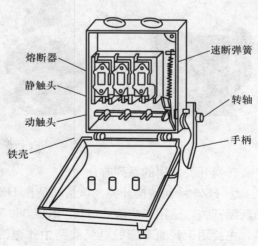

图 2-11　封闭式负荷开关（铁壳开关）

开时手柄不能合闸，在合闸状态时铁壳盖子不能打开，确保了操作使用的安全。封闭式负荷开关主要应用在电动机、机床等电器设备控制以及较大容量的配电系统中。

（4）熔断器式刀开关　熔断器式刀开关又称刀熔开关（图2-12），有多种结构型式，一般多采用有填料熔断器和刀开关组合而成，广泛应用于开关柜或与终端电器配套的电器装置中，作为线路或用电设备的电源隔离开关及严重过载和短路保护之用。

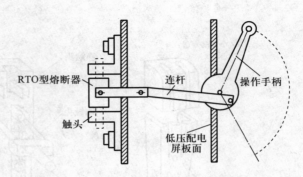

图2-12　刀熔开关

在回路正常供电的情况下接通和切断电源由刀开关来承担，当线路或用电设备过载或短路时，熔断器的熔体熔断，及时切断故障电流。

（5）转换开关　转换开关（图2-13）实质上也是一种刀开关，它与一般刀开关在操作上的区别是其操作手柄是在平行于安装面的平面内左右转动。一般供两种或两种以上电源以及负载的转换之用。

图2-13　转换开关

转换开关常用的系列有：

① HZ5系列转换开关。该系列是在HZ1、HZ2、HZ3系列的基础上生产的新型开关，适用于交流50 Hz、电压380 V或直流220 V、电流至60 A的电路，主要用于普通车床的电气线路中作电源引入开关，也常用于电动机的启动、停止、换向、变速、星-三角转换以及控制线路转换等，其额定电流分为

10 A、20 A、40 A、60 A4 个等级。

选用 HZ5 系列开关时，要按照产品说明和接线图以及开关的定位特征进行选用。

② HZ10 系列转换开关。该系列开关采用了弹簧储能，使开关能快速闭合和分断，其闭合和分断的速度与手柄的旋转速度无关，从而提高了开关的电气性能。HZ10 系列开关适用于交流 50 Hz、380 V 或直流电压 220 V 的电气线路中，主要用作接通或分断电路、换接电源或负载、调节电热装置、控制小型异步电动机的正反转等，但不宜频繁操作。其额定电流有 10 A、25 A 两个等级，可控制电动机最大容量分别为 3 kW 和 5.5 kW。

该系列开关的派生产品 HZ10M 系列是将 HZ10 系列开关装入密封壳内，适用于粉尘和污染、凝露等环境。其有关分类、技术数据和接线图等均可参照 HZ10 系列。

③ HZ3 系列转换开关。该系列开关结构简单、体积小、操作方便、价格低廉，常用于 380 V、4.5 kW 以下三相交流异步电动机的直接启动、停止、反转控制或其他控制线路中。这种开关在额定电流下可用于长期工作制，并可安装于方便操作的位置。但该系列开关不宜频繁操作，以免造成触头的过快磨损或磨损的金属粉末残留于触头之间，影响其绝缘。

转换开关根据其动触头形式以及叠合层数的不同，可有几十种接线方式，这些不同的接线方式可以按开关的型号来识别。

3. 刀开关的基本结构　最简单的刀开关由主闸刀、灭弧闸刀和支座等组成，其典型结构如图 2 - 14 所示。支座由导电材料和弹性材料制成，底板为绝缘材料。主闸刀与其刀架铰链连接，连接处靠弹簧增加接触压力，其手柄与主闸刀直接固定。灭弧闸刀靠弹簧拉力增加断开速度以利灭弧。

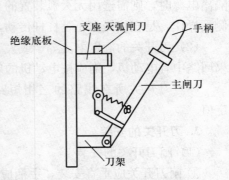

图 2 - 14　刀开关的典型结构

在常用的刀开关中，HD14 系列刀开关和 HS13 系列刀形转换开关都是由刀开关加装去离子栅灭弧室构成，可以迅速灭弧。因此，这两个系列的刀开关都有较高的分断电流的能力。

4. 刀开关的型号　刀开关的型号如下所示：

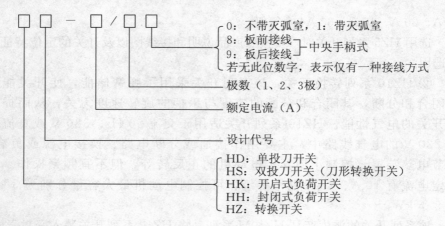

例如：

（1）HK1-15/2：额定电流为 15 A、2 极、HK1 系列开启式负荷开关。

（2）HH3-60/3：额定电流为 60 A、3 极、HH3 系列封闭式负荷开关。

二、刀开关的使用

1. 刀开关的选用

（1）根据刀开关在线路中的作用和在成套配电装置中的安装位置来确定其结构型式。如用来分断负荷时，就应先选用有灭弧装置的刀开关，如仅仅用来隔离电源时，则需选用无灭弧装置的刀开关。此外，还应根据是正面操作还是侧面操作，是直接操作还是杠杆传动，是板前接线还是板后接线等来选择。

（2）刀开关的额定电流等于或大于所控制的支路负载额定电流的总和，如果回路中有电动机，则应按电动机的启动电流来计算。

（3）刀开关所在线路的三相短路电流不应超过制造厂规定的动、热稳定值。

2. 刀开关的安装

（1）闸刀开关的安装

① 闸刀开关应垂直安装，手柄应向上合闸，即夹座接电源引线并位于上方（图 2-15）。若夹座位于下方，则当闸刀开关断开时，如果支座松动，闸刀在受到震动或其自重作用下易向下掉落而引起误合闸、引发事故。

② 闸刀开关作隔离开关使用时，合闸顺序是先合上刀开关，再合上其他用以控制负载的开关，分闸顺序则相反。

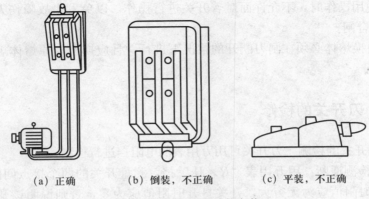

(a) 正确　　　　(b) 倒装，不正确　　　(c) 平装，不正确

图 2-15　闸刀开关的安装

③ 无灭弧罩的闸刀开关一般不允许分断负载，否则很有可能导致持续燃弧，使闸刀开关使用寿命缩短，严重的还会造成电源短路、开关烧坏等现象。

④ 闸刀开关在合闸时，应保证三相同时合闸，而且接触良好，如接触不良，常会造成断路，若负载是三相异步电动机，还会发生电动机缺相运行。

（2）铁壳开关的安装

① 铁壳开关必须垂直安装，安装高度以操作方便和安全为原则，一般安装在离地面 1.3～1.5 m 处。安装形式如图 2-16 所示。

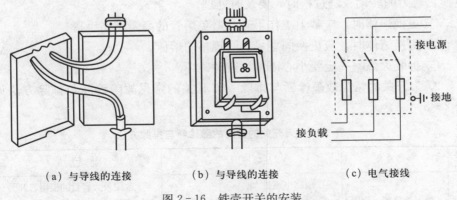

（a）与导线的连接　　　（b）与导线的连接　　　（c）电气接线

图 2-16　铁壳开关的安装

② 铁壳开关的外壳接地螺钉必须可靠接地或接零。

③ 电源线和电动机的进线都必须穿过开关的进出线孔，并在进出线孔处加装橡皮圈。

④ 使用操作时,不允许面对着开关进行操作,以免发生故障伤人,应用左手操作合闸。

⑤ 更换熔体必须在闸刀断开的情况下进行,且应换上与原熔体规格相同的新熔体。

三、刀开关的检修

1. 刀开关的检测 刀开关可用万用表的电阻挡进行检测。

(1)检测通断 用万用表"$R \times 1k$"挡,测量开关的两个接点间的通断。开关关断时阻值应为无穷大,开关打开时阻值应为零,否则说明该开关已损坏。对于多极或多位开关,应分别检测各对接点间的通断情况。

(2)检测绝缘性 对于多极开关,用万用表"$R \times 1k$"或"$R \times 10k$"挡,测量不同极的任意两个接点间的绝缘电阻,均应为无穷大。如果是金属外壳的开关,还应测量每个接点与外壳之间的绝缘电阻,也均应为无穷大。否则说明该开关绝缘性能太差,不能使用。

2. 刀开关的运行维护 刀开关的维护主要注意以下几点:

① 当刀开关损坏进行维修,或在定期检修时,应清除灰尘,以保证良好的绝缘。

② 应经常检查触头,清除触头上的油污等,发现触刀烧蚀严重时应及时更换,触刀的转动铰链过松时,要及时处理。

③ 更换熔体时,应戴上工作手套,避免熔管的高温烫伤手指。

④ 更换熔体时,应更换同型号、同规格的熔体。

⑤ 拆装灭弧室一定要小心谨慎,避免碰坏。

3. 刀开关的常见故障诊断与排除 刀开关的常见故障诊断与排除方法见表 2-3。

表 2-3　刀开关的常见故障诊断与排除方法

类型	故障现象	故障原因	排除方法
板用刀开关	触刀过热甚至烧毁	① 电路电流过大 ② 触刀和静触座接触歪扭 ③ 触刀表面被电弧烧毛	① 改用较大容量的板用刀开关 ② 调整触刀和静触座的位置 ③ 磨掉毛刺和凸起点
	开关手柄转动失灵	① 定位机构损坏 ② 触刀固定螺钉松脱	① 修理或调换定位机构 ② 旋紧固定螺钉

（续）

类型	故障现象	故障原因	排除方法
胶瓷闸刀开关	合闸后一相或两相没电	① 静触头弹性消失，开口过大，使静触头与动触头不能接触 ② 熔丝熔断或虚连 ③ 静触头或动触头氧化或有尘污 ④ 电源进线或出线接线端氧化后接触不良	① 调换静触头 ② 更换熔丝或重新连接 ③ 清洁触头 ④ 检修进出线的接线端
	闸刀短路	① 外接负载短路，熔丝熔断 ② 金属异物落入开关或连接铜丝引起相间短路	① 排除短路故障后更换熔丝 ② 检修开关，取出金属异物或连接铜丝
	动触头或静触头烧坏	① 开关容量较小 ② 断、合闸时动作太慢造成电弧过大，烧坏触头	① 调换较大容量的开关 ② 改善操作方法
铁壳开关	操作手柄带电	① 外壳未接入保护接地或保护接零 ② 保护接地或保护接零线接触不良 ③ 电源绝缘线绝缘损坏碰壳	① 加装保护接地线或保护接零线 ② 检修保护接地线或保护接零线 ③ 处理绝缘或调换导线
	夹座过热或烧坏	① 夹座表面烧毛 ② 闸刀与夹座压力不足 ③ 严重过负载	① 用细锉修整 ② 调整夹座压力 ③ 减轻负载或调换较大容量开关
转换开关	手柄转动90°后，内部触头未转动	① 手柄上的三角形或半圆形口过度磨损变成圆形 ② 操作机构损坏 ③ 绝缘杆变形，由方形磨成圆形 ④ 轴与绝缘杆装配不紧	① 调换手柄 ② 修理操作机构 ③ 调换绝缘杆 ④ 紧固轴与绝缘杆
	手柄转动后，三副静触头和动触头不能同时接通和断开	① 开关型号不符 ② 修理后触头角度装配不正确 ③ 触头失去弹性或有尘污	① 调换开关 ② 重新装配 ③ 调换触头或清理尘污
	开关接线柱短路	由于长期不清扫，铁屑或油污附在接线柱间，形成导电层将胶木烧焦，绝缘破坏形成短路	清除开关油污或调换开关

第三节　断路器（自动开关）的使用与检修

一、断路器的类型与结构原理

1. 断路器的作用　断路器又称为自动开关，或自动空气开关。主要用于交直流电路中操作或转换电路。当电路中发生过载、短路和欠电压等不正常情况时，断路器自动分断电路，达到保护电路之目的，所以它是一种重要的保护电器。它也可用于照明及正常情况下不频繁启动电动机。

断路器具有过载、短路、失压等多种保护功能，其保护动作值可以调整，动作过后不需要更换零部件而能继续使用，电流通断能力较强。

由于断路器具有刀开关所没有的许多功能和特点，所以在农村得到广泛应用。

2. 断路器的类型　断路器的种类较多，常用的有塑料外壳式和万能框架式两大类。

（1）塑料外壳式断路器　塑料外壳式断路器又称为装置式，即 DE 系列断路器。

塑料外壳式断路器的主要特征是有一个采用聚酯绝缘材料模压而成的外壳，所有部件都装在这个封闭型外壳中，如图 2-17 所示。大容量产品的操作机构采用储能式，小容量（50 A 以下）常采用非储能式，操作方式多为手柄扳动式。塑料外壳式断路器多为非选择型，按不同用途，分为配电用断路器、电动机保护用断路器和其他负载（如照明）用断路器等。常用于低压配电开关柜（箱）中，作配电线路、电动机、照明电路及电热器等设备的电源控制开关及保护。在正常情况下，断路器可作为线路的不频繁转换或电动机的不频繁启动之用，线路或设备故障时断路器通过跳闸起到保护作用。国产的主要型号有 DZX10、DZ5、DZ20 等，引进技术生产的有 H、T、3VE、3WE、NZM、C45N、NS、S 等型，此外还有智能型塑料外壳式断路器如 DZ40 等型。

（2）万能框架式断路器　万能框架式断路器是 DW 系列断路器。

万能框架式断路器一般有一个带绝缘衬垫的钢制框架，所有部件均安装在这个框架底座内，如图 2-18 所示。有固定式、抽屉式两种安装方式，手动和电动两种操作方式，具有多段式保护特性，主要用于配电网络的总开关和保护。万能式断路器容量较大，可装设较多的脱扣器，辅助触头的数量也较多。

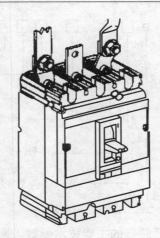

图 2-17 塑料外壳式断路器

有选择型或非选择型配电用断路器及有反时限动作特性的电动机保护用断路器。容量较小（如 600 A 以下）的万能式断路器多用电磁机构传动，容量较大（如 1 000 A 以上）的万能式断路器则多用电动机机构传动。无论采用何种传动机构，都装有手柄，以备检修或传动机构故障时用。极限通断能力较高的万能式断路器还采用储能操作机构以提高通断速度。常用万能框架式断路器的型号有 DW16（一般型）、DW15、DW15HH（多功能、高性能）、DW45（智能型），另外还有 ME、AE（高性能型）和 M（智能型）等系列。

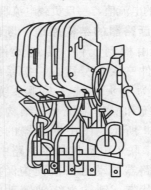

图 2-18 万能框架式断路器

3. 断路器的型号 断路器的型号命名一般由 7 部分组成：

例如：DZ5-20/330 表示塑壳式、额定电流为 20 A、三极复式脱扣器式、无辅助触头的低压断路器。

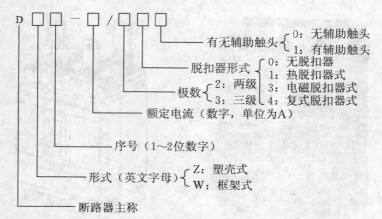

4. 断路器的主要技术参数　断路器的主要技术参数有额定电压、主触头额定电流、热脱扣器额定电流、电磁脱扣器瞬时动作电流。

（1）额定电压　额定电压是指低压断路器长期安全运行所允许的最高工作电压，例如：220 V、380 V等。

（2）主触头额定电流　主触头额定电流是指低压断路器在长期正常工作条件下允许通过主触头的最大工作电流，例如：20 A、100 A等。

（3）热脱扣器额定电流　热脱扣器额定电流是指热脱扣器不动作所允许的最大负载电流。如果电路负载电流超过此值，热脱扣器将动作。

（4）电磁脱扣器瞬时动作电流　电磁脱扣器瞬时动作电流是指导致电磁脱扣器动作的电流值，一旦负载电流瞬间达到此值，电磁脱扣器将迅速动作切断电路。

5. 断路器的结构原理　断路器主要由检测元件、传递元件、执行元件三大部分组成。按系统分可分为触头系统、灭弧系统、脱扣系统和操作系统，其结构如图2-19所示。图中断路器的三对触头串联于电动机的主电路中。此时断路器的动触头被锁钩保持在闭合状态，锁钩由绕轴转动的搭钩钩住，若搭钩被顶杆顶开，动触头即在弹簧的作用下，将电路断开。过流脱扣器（又叫电磁脱扣器）作为短路保护用，它的

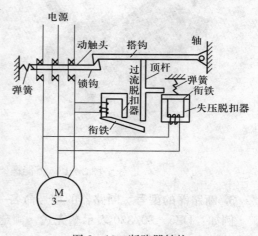

图2-19　断路器结构

线圈串联于主电路中。在正常工作时，过流脱扣器不动作，当经断路器供电的负荷电路中（如电动机）发生短路时过电流脱扣器的线圈中流过很大的短路电流，衔铁在电磁力吸引下向上运动，推动顶杆将搭钩顶开，使断路器自动跳闸。在正常工作电压下先压脱扣器将其衔铁牢牢吸住，当电压下降至某一数值以下时（或电压消失时）由于电磁力减小，失压脱扣器的衔铁器在弹簧的作用下返回，通过顶杆将搭钩顶开，使断路器跳闸，起失压保护的作用。在一些小容量塑壳断路器里，除装有短路保护外，还装有用双金属片制成的脱扣器，当电路发生过载时，双金属片弯曲，将锁扣顶开使触头分断电路。

二、断路器的使用

1. 断路器的选用　在选用自动空气断路器时，除根据用途选择型式和极数、根据最大工作电流选择额定电流外，还要根据需要选择脱扣器的类型、附件的种类和规格。

（1）选用断路器的基本原则　选择断路器时，一般应遵循以下原则：

① 断路器的额定工作电压大于或等于线路额定电压。

② 断路器的额定电流大于或等于线路计算负荷电流。

③ 断路器的额定短路通断能力大于或等于线路中可能出现的最大短路电流。

④ 线路末端单相对地短路电流大于或等于 1.25 倍断路器瞬时（或短延时）脱扣器的整定电流。

⑤ 断路器欠电压脱扣器额定电压等于线路额定电压。

⑥ 具有短延时的断路器，若带欠电压脱扣器，则欠压脱扣器必须是带延时的，其延时时间应大于或等于短路延时时间。

⑦ 断路器的分励脱扣器额定电压等于控制电源电压。

（2）配电用断路器的选用　配电用断路器是指在低压电网中专门用于分配电能的断路器，包括电源总开关和配电支路开关。除考虑上述一般选用原则外，还需考虑把系统的故障限制在最小范围内，防止扩大停电区域，为此，还需注意以下几点：

① 断路器的长延时动作电流整定值小于或等于导线的允许载流量。对于采用电线电缆的情况，可取电线电缆容许载流量的 80%。

② 3 倍长延时动作电流整定值的可返回时间不小于线路中启动电流最大的电动机的启动时间。

③ 短延时动作电流整定值为

$$I_整 \geqslant 1.1 \times (I_{ca} + 1.35K_{st} \times I_N)$$

式中　　I_{ca}——线路计算负荷电流；

　　　　K_{st}——电动机的启动电流倍数；

　　　　I_N——电动机额定电流。

④ 无短延时时，瞬时动作电流的整定值为

$$I_整 \geqslant 1.1 \times (I_{ca} + K_1 K_{st} I_{NM})$$

式中　　K_1——电动机启动电流的冲击系数，一般取 1.7～2.0；

　　　　I_{NM}——最大一台电动机的额定电流。

有短延时时，则瞬时动作电流的整定值不小于 1.1 倍的下级开关进线端的计算短路电流。

⑤ 配电变压器低压侧断路器应具有长延时和瞬时动作特性，其瞬时动作电流一般为变压器低压侧额定电流的 6～10 倍。

长延时的动作电流可根据变压器低压侧允许的过负荷电流确定。

（3）电动机控制保护用断路器的选用　作为电动控制保护用自动空气断路器应参照以下原则：

① 当用于单台电动机时，自动空气断路器瞬时脱扣器动作电流为

$$I_动 = K_2 \times I_启$$

式中　　K_2——电流系数，DW 型自动空气断路器取 1.35，DZ 型自动空气
　　　　　　　断路器取 1.7；

　　　　$I_启$——电动机的启动电流。

② 当用于多台电动机时，自动空气瞬时脱扣器动作电流为

$$I_动 = 1.3 \times I_{启max} + \sum I_工$$

式中　　$I_{启max}$——最大一台电动机的启动电流；

　　　　$\sum I_工$——其余电动机的工作电流之和。

热脱扣器的额定电流一般按电动机的最大工作电流选择，但应躲过电动机的启动电流，即在电动机启动时间内不动作。

（4）照明回路断路器的选用　作为照明用自动空气断路器应按以下原则选择：

① 断路器长延时动作电流的整定值为

$$I_整 \geqslant K_3 \times I_{ca}$$

式中　　K_3——系数，白炽灯、荧光灯、卤钨灯、高压钠灯取 $K=1$，高压
　　　　　　汞灯取 $K=1.1$。

② 断路器瞬时动作电流的整定值为

$$I_整 \geqslant 6I_{ca}。$$

（5）电焊机回路断路器的选用

① 断路器长延时动作电流整定值为

$$I_整 \geqslant K_4 I_N \sqrt{\varepsilon_N} = K_4 \sqrt{\varepsilon_N} \frac{S}{U_N}$$

式中　K_4——计算系数，交流弧焊机与整流弧焊机可取 1.3，电阻焊机可取 1.1；

　　　I_N——电焊机一次侧额定输入电流；

　　　S——电焊机额定视在功率；

　　　U_N——电焊机一次侧额定电压；

　　　ε_N——电焊机额定暂载率。

② 断路器瞬时动作电流整定值为

$$I_整 \geqslant K_5 I_N$$

式中　K_5——计算系数，对于动作时间 $\leqslant 0.02S$ 的 DZ 型断路器，取值方法为：交流弧焊机、动圈式整流弧焊机可取 3.7，闪光对焊机取 4.4，电阻焊机取 2.2。

（6）断路器的选用实例

例 1：某风机拟用断路器兼作保护和不频繁操作用，已知风机电动机为 7.5 kW，额定电流 $I_N=15.4$ A，电动机启动电流是额定电流的 7.0 倍，试选择断路器。

解：因为 $I_N=15.4$ A，故选择断路器脱扣器的额定电流应 $\geqslant 15.4$ A；又因为，电动机启动电流是额定电流的 7.0 倍，故断路器脱扣器的瞬时整定电流应 $>7I_N$。

可选用 DZ5-20/330 型塑料外壳式断路器，热脱扣器额定电流为 20 A，整定电流调节范围为 15~20 A，电磁脱扣器整定电流调节范围为 $(8～12)I_N$。

例 2：已知搅拌机电机型号为 Y160L-4，额定功率为 15 kW，额定电流为 30.3 A，启动电流是额定电流的 7.0 倍，试选择带漏电保护型的断路器。

解：

① 确定热脱扣器整定电流。已知设备计算电流为

$$I_{ca}=I_N=30.3 \text{ A}$$

应使选择的断路器热脱扣器的额定电流 $\geqslant 30.3$ A，取 $1.2I_N=1.2 \times 30.3$ A $=36.36$ A >30.3 A。

考虑开关脱扣器额定电流等级中有 50 A、40 A、32 A 等，故选取热脱扣器整定电流为 40 A 的。

② 确定脱扣器瞬动整定电流。应使瞬时动作电流整定值等于（8～15）倍的电动机额定电流，取 13 倍，则 $13 \times 30.3 \text{ A} = 393.9 \text{ A}$。

查产品样本选用 DZ47L - 60 型断路器，其额定电压 $U_N = 380 \text{ V}$，且额定电流 $I_N = 40 \text{ A} > 30.3 \text{ A}$。

整定电流取 $12I_N = 12 \times 40 \text{ A} = 480 > 393.9 \text{ A}$，漏电动作电流为 30 mA，符合本题要求。

例 3：已知电焊机型号为 BX2 - 500，额定功率为 42 kVA，$U = 380 \text{ V}$，$\varepsilon_N = 60\%$，$\cos \varphi = 0.62$，试选择电焊机配电断路器。

解：

① 热脱扣器动作电流确定为

$$I_N = S_N / U = 42/0.38 = 110.5 (\text{A})$$

热脱扣器动作电流整定值为

$$I_{整} \geqslant K_4 I_N \sqrt{\varepsilon_N} = 1.3 \times 110.5 \times \sqrt{0.6} = 111.3 (\text{A})$$

② 断路器瞬动电流确定

断路器瞬动电流 $\geqslant K_5 I_N = 3.7 \times 110.5 = 409 (\text{A})$，对于交流弧焊机 K_2 取 3.7。

查产品样本选用 DZL25 - 200/3902 型是带漏电保护电机型断路器，它的瞬动倍数为 $8I_N$ 或 $12I_N$，其额定电流 $I_N = 125 \text{ A} > 111.3 \text{ A}$；取瞬动电流为 $8I_N = 1\,000 \text{ A} > 409 \text{ A}$；漏电动作电流为 50 mA。

2. 断路器的安装 按以下步骤进行安装检查：

(1) 安装前检查断路器是否完好无损，并用 500 V 摇表测量开关导电部分对底座和相间绝缘性，要求 $\geqslant 10 \text{ M}\Omega$，否则应烘干。

(2) 安装时应垂直，倾斜度不超过 $\pm 5°$。

(3) 断路器安装位置应按厂家规定选定，并考虑灭弧罩上方或相邻电器导电部位的飞弧距离（如 DW10～600 为 300 mm），还要便于母线的配制或引线对地距离。安装母线时，需取下灭弧罩，对灭弧罩要保管好。

(4) 承受断路器的支架要有足够的机械强度。断路器与支架间加装 5～8 mm厚胶皮垫，以便缓冲操作时冲击力。

(5) 检查脱扣器和操作机构的额定电压，使其与实际回路相符，以防烧坏设备或妨碍正常工作。

(6) 断路器的手柄位置，主触头和辅助触头的位置要互相对应，不对应的必须加以处理。

（7）灭弧罩的位置要摆正确，不得影响触头的动作。

（8）断路器安装好后必须先进行手动操作，合适后才允许电动操作，各部机械动作必须灵活、可靠，不然应做调整。

（9）脱扣器应整定合适，对厂家整定好的脱扣器不得乱调，对于不投入使用的脱扣器应将其拆下，以防产生误动作。

（10）断路器在通电前，应将各接触面，铁芯工作面防锈油擦干净。各机械传动部分和摩擦部分注入润滑油。

（11）检查触头接触的不同期性，不应＞0.5 mm，否则加以调整。

三、断路器的检修

1. 断路器的运行维护

（1）自动空气断路器在安装前应先检查脱扣器的额定电流是否与被保护线路或电动机等的额定电流相符，核实有关参数后再安装。

（2）使用前认真清除灰尘，擦净工作极面防锈油脂，检查各固定螺钉是否有松脱现象，若有松脱需拧紧。

（3）自动空气断路器的脱扣器整定电流及其他选择特性参数一般均在出厂前调好，不宜轻易变动，以免误动作。

（4）操作机构在使用一定次数后（如机械寿命的20%），在其转动机构部分均应添加润滑油，以保持机构动作灵活。

（5）在进行定期检修时（每半年至少一次）应清除自动空气断路器上的灰尘及油污等，以保证断路器有良好的绝缘。

（6）自动空气断路器经长期使用或分断一次短路电流后，应清除灭弧室内壁和栅片上的灰尘及金属颗粒。

（7）在控制设备中若长期不用，再投入使用前应清除灰尘并做绝缘测量，若发现灭弧装置吸潮应进行干燥处理，待合乎要求后方能使用。

（8）自动空气断路器使用一定次数后，若发现触头表面粗糙或粘有金属熔化后产生的颗粒应仔细清理，以确保接触良好。

（9）定期检查各脱扣器的电流整定值和延时时限，特别是半导体式脱扣器，应定期用试验按钮检查其动作情况。

2. 断路器的检测　低压断路器可用万用表的电阻挡进行简单检测。

（1）检测主触头　将万用表置于"$R×100$"或"$R×1k$"挡，两表笔不分正、负分别接低压断路器进出线相对应的两个接线端（图 2-20 中的 $A—A$、$B—B$、$C—C$），测量主触头的通断是否良好。当接通按钮被按下时，$A—A$、$B—B$、$C—C$ 之间阻值应为零，当切断按钮被按下时，$A—A$、$B—B$、$C—C$ 之间阻值应为无穷大，否则说明该低压断路器已损坏。有些低压断路器除主触头外还有辅助触头，可用同样方法对辅助触头进行检测。

（2）检测绝缘性　对于多极低压断路器，用万用表"$R×1k$"或"$R×10k$"挡，测量不同极的任意两个接线端间的绝缘电阻（接通状态和切断状态分别测量），均应为无穷大。如果被测

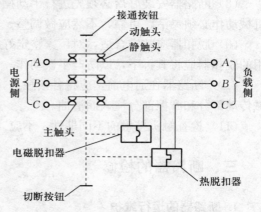

图 2-20　检测断路器主触头

低压断路器是金属外壳或外壳上有金属部分，还应测量每个接线端与外壳之间的绝缘电阻，也均应为无穷大。否则说明该低压断路器绝缘性能太差，不能使用。

3. 断路器的常见故障诊断与排除　断路器的常见故障诊断与排除方法见表 2-4。

表 2-4　断路器的常见故障诊断与排除方法

故障现象	故障原因	排除方法
手动操作自动开关触头不能闭合	① 电源电压过低或与线圈电压不符 ② 热脱扣的双金属片尚未冷却复原 ③ 欠电压脱扣器无电压或线圈损坏 ④ 储能弹簧变形，导致闭合力减小 ⑤ 反作用弹簧的弹力过大 ⑥ 锁键和搭钩长期使用而磨损过大造成触头不能复位再扣	① 检查线路并调高电源电压 ② 待双金属片冷却后再合闸 ③ 检查线路，施加电压或调换线圈 ④ 调换储能弹簧 ⑤ 重新调整弹簧的反作用力 ⑥ 调换锁键或搭钩，使再扣接触面达到规定值
分励脱扣器的自动开关不能分断	① 线圈短路或线圈电压不符 ② 电源电压过低 ③ 再扣接触面过大 ④ 螺丝松动	① 调换线圈 ② 检修线路，调整电源电压 ③ 调整接触面 ④ 拧紧螺丝

（续）

故障现象	故障原因	排除方法
电动操作自动开关不能闭合	① 操作电源电压不符 ② 操作电源容量不够 ③ 电磁铁拉杆行程不够 ④ 电动机操作定位开关失灵 ⑤ 控制器整流管或电容器损坏	① 调换电源 ② 增大操作电源容量 ③ 调整或调换拉杆 ④ 重新调整定位开关 ⑤ 调换损坏元件
开关中有一相触头不能闭合	① 开关中该相的连杆断裂 ② 限流开关斥力开机构的可折连杆之间角度变大	① 更换连杆 ② 调整至符合规定
欠电压脱扣器不能使自动开关分断	① 反力弹簧的弹力变小 ② 储能弹簧断裂或弹力变小 ③ 机构生锈卡死	① 调整弹簧或更换 ② 调换或调整储能弹簧 ③ 清除锈污
自动开关闭合后经一定时间自行分断	① 过电流脱扣器长延时整定值不符 ② 热元件或半导体延时电路元件变化 ③ 半导体脱扣器误动作	① 调整长延时整定值 ② 调换元件 ③ 查明误动作的原因并清除
自动开关触头温升过高	① 触头压力过小 ② 触头表面过分磨损或接触不良 ③ 导电零件连接螺钉松动	① 调整触头压力或调换弹簧 ② 调换触头或清理接触面，或调换自动开关 ③ 旋紧螺钉
电动机启动时自动开关立即分断	① 过电流脱扣器瞬时整定值过小 ② 脱扣器某些零件损坏，如半导体器件、橡皮膜等损坏 ③ 脱扣器反力弹簧断裂或落下	① 调整瞬动整定值 ② 调换脱扣器损坏的零部件 ③ 调整弹簧或重新装好弹簧
欠电压脱扣器噪声大或振动	① 反作用弹簧的弹力过大 ② 铁芯工作面有油污 ③ 短路环断裂 ④ 线圈电压不符	① 调整反作用弹簧或更换 ② 清除铁芯油污 ③ 调换短路环 ④ 更换线圈
带半导体脱扣器的自动开关误动作	① 半导体脱扣器元件损坏 ② 外界电磁干扰	① 调换损坏元件 ② 消除或隔离外界干扰或调换线路
辅助开关不闭合	① 辅助开关的动触桥卡死或脱落 ② 辅助开关传动杆断裂或滚轮脱落 ③ 辅助触头接触不良	① 拨正或重新装好触桥 ② 调换传动杆或调换辅助开关 ③ 清理触头氧化膜

第四节　交流接触器的使用与检修

一、交流接触器的类型与结构原理

1. 交流接触器的功用　交流接触器是电力拖动和自动控制系统中使用最广泛的一种电器元件。它作为执行元件，可以远距离频繁地自动控制电动机的启动、反转和停止，并对电动机实施失压和欠压保护；也可以控制电焊机、电热装置、照明设备和电容器组等其他负载。它能短时接通和断开数倍额定电流的过负载，具有功能多、操作频率高（每分钟可操作几百次，最高可达 2 000 次）、使用安全、维护检修方便、价格低廉等优点。因此，被广泛地应用于工矿企业、农业、交通运输业等国民经济各行业。

2. 交流接触器的类型　交流接触器的品种繁多，大致可按以下方式分类。

（1）按主触头极数分为单极、2 极、3 极、4 极、5 极，单极用于控制单相负载，如照明等；2 极用于电动机的动力制动或绕线式电动机转子回路；3 极控制交流电动机定子电路；4 极、5 极组成自耦补偿启动器或控制双速电机，变换绕组接法等。

（2）按灭弧方式分为无灭弧室和有灭弧室或隔离板的；按灭弧介质分为空气式和真空式。空气式的为一般用途，真空式的一般用于煤矿、石油化工等行业。

（3）按有无触头分为有触头和无触头的。上述几类都是有触头的。无触头的为由晶闸管电路组成的通断元件，主要适用于频繁操作和要求无噪声等特殊场合。

（4）按操动的方式分为电磁接触器、气动接触器和电磁气动接触器。

3. 交流接触器的结构　交流接触器主要由电磁系统、触头系统、灭弧罩和其他部分组成。

（1）电磁系统　电磁系统由吸引线圈、静铁芯和衔铁所组成。

（2）触头系统　接触器的触头有主触头和辅助触头两种。主触头用于接通和断开主电路；辅助触头的体积较小，用于接通和断开电流较小的控制电路和信号电路。主触头一般是 3 对动合（常开）的，而辅助触头有动合（常开）触头，也有动断（常闭）触头，可根据不同要求加以组合。CJ10 系列交流接触器有 4 对辅助触头；CJ12 系列有 6 对辅助触头。

（3）灭弧罩　由于切断强电流电路时要产生电弧，而电弧熄灭得越慢，对触头的烧伤越严重，为了加速电弧的熄灭，在接触器的主触头上设有灭弧罩。

（4）其他部分 除以上主要组成部分外，交流接触器上还有反作用弹簧、缓冲弹簧、触头压力弹簧片、接线螺钉以及底座等。

交流接触器的结构示意如图 2-21 所示。

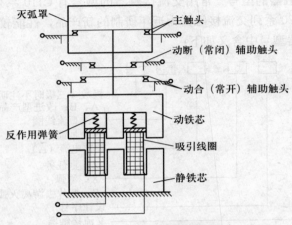

图 2-21 交流接触器的结构示意

4. 交流接触器的工作原理 交流接触器的基本工作原理是由套在磁轭（或铁芯）上的电磁线圈通过电流产生磁势吸引活动的衔铁使动触头与静触头接触，从而接通电路。线圈失电后，靠弹簧的反力使动触头恢复原位，从而分断电路。

当吸引线圈的端子上加上交流电压时，线圈中将有电流流过，产生磁场，将铁芯磁化成为电磁铁，电磁力将衔铁（动铁芯）吸合，衔铁带动动触头，使其与静触头闭合，从而将外电路接通，并一直保持在吸合状态。当吸引线圈断电或加在线圈上的电压降低到一定程度时，在反作用弹簧的作用下，衔铁返回原位，动静触头断开。除了主触头外，还有一对常开辅助触头和一对常闭辅助触头，它们与主触头同时进行切换。辅助触头用于控制回路和信号回路。

交流接触器主要应用在交流电动机等设备的主电路和交流供电系统，作间接或远距离控制用。图 2-22 所示为运用交流接触器远距离控制三相电动机的示意，开关 S 可置于远离电

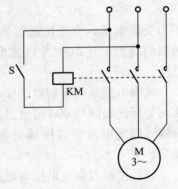

图 2-22 交流接触器控制三相电动机的原理

动机的地方。当 S 闭合时，交流接触器 KM 得电吸合，接通电动机的三相电源使其工作。当 S 断开时，交流接触器 KM 失电释放，切断电动机的三相电源使其停止工作。

5. 交流接触器的型号　常用交流接触器的型号有 CJ10 系列、CJ12 系列、CJ20 系列，CJ20 系列交流接触器为近年研制的新产品，性能较优。

交流接触器型号中含义如下：

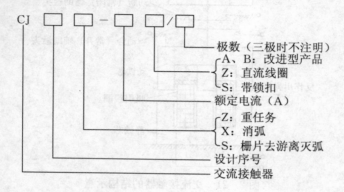

例如：

(1) CJ10 - 20：对主触点、额定电流为 20 A、CJ10 系列的交流接触器。

(2) CJ12 - 150：对主触点、额定电流为 150 A、CJ12 系列的交流接触器。

6. 交流接触器的主要参数　接触器的主要参数包括线圈电压与电流、主触点额定电压与电流、辅助触点额定电压与电流等。

(1) 线圈电压与电流　线圈电压是指接触器正常工作时线圈所需要的工作电压，同一型号的接触器往往有多种线圈工作电压供选择，常见的有 36 V、110 V、220 V、380 V 等。大多数情况下，交流接触器的线圈工作电压为交流电压，直流接触器的线圈工作电压为直流电压。但也有部分交流接触器的线圈工作电压为直流电压，部分直流接触器的线圈工作电压为交流电压。

线圈电流是指接触器动作时通过线圈的额定电流，有时不直接标注线圈电流而是标注线圈功率，可通过公式 $I = VA/V$（交流）或 $I = W/V$（直流）求得线圈额定电流。选用接触器时必须保证其线圈工作电压和工作电流得到满足。

(2) 主触点额定电压与电流　主触点额定电压与电流是指在接触器长期正常工作的前提下，主触点所能接通和切断的最高负载电压和最大负载电流。对于交流接触器是指交流电压与电流，对于直流接触器是指直流电压与电流。选用接触器时应使该项参数不小于负载电路的最高电压和最大电流。

（3）辅助触点额定电压与电流　辅助触点额定电压与电流是指辅助触点所能承受的最高电压和最大电流。使用辅助触点时不应超过该项参数。

目前常用的交流接触器有 CJ 系列、3TB、3TF 系列（国内型号为 CJX3 系列）、B 系列、6C 系列等。CJ10、CJ12、CJ20 技术参数见表 2-5。

表 2-5　接触器技术参数

型号	主触头额定电流（A）	辅助触头额定电流（A）	可控制 380 V 电动机的最大功率（kW）	吸引线圈电压（V）	额定操作频率（次/h）
CJ10-10	10	5	4	—	600
CJ10-20	20	5	10	—	600
CJ10-40	40	5	20	36	600
CJ10-60	60	5	30	110	600
CJ10-100	100	5	50	220	600
CJ10-150	150	5	75	380	600
CJ12-100	100	10	50	—	600
CJ12-150	150	10	75	36	600
CJ12-250	250	10	125	110	600
CJ12-400	400	10	200	220	600
CJ12-600	600	10	300	380	300
CJ20-10	10	6	4	36	1 200（有反转、反接制动 600）
CJ20-16	16	6	7.5	36	
CJ20-25	25	6	11	36	
CJ20-40	40	6	22	36	
CJ20-63	63	6	30	36	
CJ20-100	100	10	50	110	600（有反转、反接制动 120）
CJ20-160	160	10	85	220	
CJ20-250	250	10	132	380	
CJ20-400	400	10	200	380	
CJ20-630	630	10	300	380	

二、交流接触器的使用

1. 交流接触器的选用

（1）选用交流接触器的基本原则　交流接触器的型式、种类较多，使用时需要针对不同的负荷情况，选择适当型式的接触器，交流接触器的选择应考虑以下几点：

① 根据被控制设备的运行状况来选择。被控制设备的运行状况可分为持续运行、间断持续运行和反复短时工作（即暂载率在 40％及以下时）三种。暂载率系指反复短时工作制中，设备带有负荷的时间占一个工作周期时间的比例。

② 对于持续运行的设备，交流接触器的额定容量应大于被控设备长时间运行的最大负荷电流值。一般只按实际最大负荷占交流接触器额定容量的67％～75％这个范围选用交流接触器的额定电流。

③ 对于间断持续运行的用电设备，选用交流接触器的容量时，也应大于实际长时间运行最大负荷电流值，使最大负荷电流占接触器额定容量的 80％为宜。

④ 选用交流接触器，还应考虑它的安装环境。例如：当交流接触器为开启式安装时，可允许适当地超过②、③条中规定的百分值。但是，如果装于开关柜内，通风条件较差时，则应控制交流接触器的运行电流，使其不超过②、③条中规定的数值。

⑤ 交流接触器工作时的暂载率不超过 40％时，它的短时工作能力可以超过它的额定值的 16％～20％。

⑥ 根据设备运行要求（如可逆、加速、降压启动等）来选择接触器的结构型式（如三极、四极、五极）。

⑦ 被控制电路的额定电压不应超过接触器的正常工作电压，一般为 380 V 或 500 V。

⑧ 当用于控制电动机时，电动机的最大功率应不超过表 2-5 所列的数据。对于频繁启动或正反转的电动机，CJ10 型交流接触器要降低一、二级容量使用。

⑨ 吸引线圈的额定电压，应与所控制电路的额定电压一致，通常采用380 V 或 220 V。

（2）选择交流接触器的计算

① 用于电动机类负载时交流接触器的选用计算。主触头额定电流由下面经验公式计算：

$$I_C \geqslant P_N \times 10^3 / K U_N$$

式中 I_C——主触头额定电流（A）；

P_N——被控制的电动机额定功率（kW）；

K——常数，一般取 $1\sim1.4$；

U_N——电动机的额定电压（V）。

② 用于电热设备时交流接触器的选用计算。电流波动最大值不超过 $1.4I_N$ 时，可按下式选用：

$$I_{tc}\geqslant1.2I_N$$

式中　I_{tc}——接触器额定发热电流，如接触器铭牌上未标明 I_{tc} 值，可按工作电流选用；

I_N——被控电热设备额定电流。

③ 用于电容器时交流接触器的选用计算。用接触器控制电容器时，应考虑电容器的合闸电流、持续电流和在负载下的电寿命。应使通过的最大负荷电流值不超过接触器额定工作电流的 80%。

④ 用于照明设备时交流接触器的选用计算。由于电压增加使得工作电流增大，故选用时不得超过额定工作电流的 90%，同时应考虑照明装置的类型、启动电流（有的启动电流很大）、长期工作电流等因素。

（3）选择交流接触器的计算实例

例 1：有一台三相笼型异步电动机，$P_N=20\ kW$，$U_N=380\ V$，试选择控制该电动机的交流接触器。

解：由 $I_c\geqslant P_N\times10^3/KU_N$，取 $K=1.2$，则

$$I_c=20\times10^3/(1.2\times380)=43.86(A)$$

故可选 CJ10-60 型、CJ20-63 型或 B65 型接触器。

例 2：有一台三相电阻炉，与其配置的三相交流电动机的额定功率 $P_N=50\ kW$，作丫连接，电压为 $380\ V$，试选择控制接触器。

解：对于三相交流电动机，当采用丫连接时，其额定电流的计算为：

$$I_N=\frac{P_N}{\sqrt{3}U_N}=\frac{50\times1\,000}{\sqrt{3}\times380}=75.97(A)$$

当三相电阻炉与三相交流电动机配置时，其电流波动最大值 I_{tc} 为：$I_{tc}=1.2I_N=1.2\times75.97=91.16(A)$，故可选 CJ10-100 型、CJ20-100 型或 B85 型接触器。

2. 交流接触器的安装

（1）安装前应先检查接触器线圈的电压是否与控制电源的电压相符，然后检查接触器各触头接触是否良好，有否卡住现象。最后将铁芯极面上的防锈油

擦净，以免油垢黏滞造成断电不能释放的事故。

（2）接触器安装时，其底面应与地面垂直，倾斜度应小于 5°。

（3）CJ10 系列交流接触器安装时，应使有孔面放在上、下位置，以利于散热。

（4）安装时切勿使螺钉、垫圈等零件落入接触器内，以免造成机械卡阻和短路故障。

（5）接触器触头表面应经常保持清洁，不允许涂油。当触头表面因电弧作用而形成金属小珠时，应及时铲除，但银及银合金触头表面产生的氧化膜，由于接触电阻很小，不必锉修，否则将缩短触头的使用寿命。

三、交流接触器的检修

1. 交流接触器的运行维护　运行中的交流接触器应定期检查，检查周期应视具体的工作条件而定。检查的项目如下：

（1）消除接触器表面的污垢，尤其是进线端相间的污垢，以防因绝缘强度降低而造成三相电源短路。

（2）消除灭弧罩内的碳化物和金属颗粒，以保持其良好的灭弧性能。

（3）清除触头表面及四周的污物，但不要修锉触头。一般情况下如果触头有所烧损或发黑可不清理；当触头烧蚀严重以至不能正常工作时，则应更换触头。

（4）拧紧所有紧固件。

（5）接触器检修时，应切断电源，且进线端应有明显的断开点。

（6）如需要更换接触器，应检查所换接触器与线圈是否符合要求，接触器外观应无损伤，其活动部分要动作灵活，无卡住现象，并用汽油擦净铁芯极面上的防锈油脂。

（7）带灭弧室的接触器不允许不带灭弧室使用，以防发生短路事故。陶土灭弧室易碎应避免碰撞，如有碎裂，应及时更换。

（8）对于转轴的动作，应注意其灵活性，必要时可加一点润滑油。

2. 交流接触器的检测　交接触器可以用万用表进行检测。

（1）检测接触器线圈　将万用表置于"$R \times 100$"或"$R \times 1k$"挡，两表笔（不分正、负）接接触器线圈的两接线端，万用表应有阻值指示。如阻值为"0"，说明线圈短路。如阻值为无穷大，说明线圈已断路。以上两种情况均说明该接触器已损坏。

（2）检测触点　给接触器线圈接上规定的工作电压，用万用表"$R \times 1k$"挡分别检测各对触点的通断情况。未加上工作电压时，常开触点应不通，常闭触点应导通。当加上工作电压时，应能听到接触器吸合声，这时，常开触点应导通，常闭触点应不通。否则说明该接触器损坏。

对于主触点完好、部分辅助触点损坏的接触器，如果在电路中不使用已损坏的辅助触点，该接触器仍可使用。

（3）检测绝缘性　用万用表"$R \times 1k$"或"$R \times 10k$"挡，测量接触器各对触点间的绝缘电阻（接通状态和切断状态分别测量），以及各触点与线圈接线端间的绝缘电阻，均应为无穷大。如果被测接触器具有金属外壳或外壳上有金属部分，还应测量每个接线端与外壳之间的绝缘电阻，也均应为无穷大。否则说明该接触器绝缘性能太差，不能使用。

3. 交流接触器的常见故障诊断与排除　交流接触器的常见故障诊断与排除方法见表 2-6。

表 2-6　交流接触器的常见故障诊断与排除方法

故障现象	故障原因	排除方法
通电后不吸合或不能完全吸合	① 操作回路的电源电压过低、容量不足或发生断线、配线错误及控制接触不良 ② 线圈内部断线或烧毁，接线头松动或表面有漆膜 ③ 线圈规格与使用条件不符 ④ 机械可动部件有卡住现象（如转轴轴颈生锈、零件变形歪斜等） ⑤ 触头弹簧压力或超程过大 ⑥ 错装或漏装有关零件	① 调高电源电压、增加电源容量、检查线路及修复控制触头 ② 修复或更换线圈，紧固接线头或刮除接线头表面漆膜 ③ 更换合适线圈 ④ 去除锈垢，加润滑油，修复或更换受损零件、调整装配位置 ⑤ 按技术条件调整或更换弹簧 ⑥ 检修时，拆下零件应妥善保管，发现错误及时更正
断电不释放或释放缓慢	① 触头弹簧或反力弹簧压力过小 ② 触头熔焊 ③ 铁芯极面附着油污或尘埃 ④ 铁芯剩磁较大：交流电磁系统因 E 形铁芯过分磨损，去磁气隙消失；直流电磁系统因非磁性垫片漏装或过薄 ⑤ 机械可动部位被卡住	① 更换弹簧 ② 排除熔焊原因，修锉触头表面或更换触头 ③ 清理铁芯极面 ④ 在交流 E 形铁芯极面上磨去约 0.15 mm，加大去磁气隙，或者更换新铁芯；对直流铁芯应加装或加厚非磁性垫片 ⑤ 排除机械卡住现象

（续）

故障现象	故障原因	排除方法
线圈过热或烧坏	① 电源电压过高或过低 ② 线圈技术参数与实际使用不符，操作频率过高 ③ 线圈制造不良或机械损伤导致绝缘损坏，甚至匝间短路 ④ 交流铁芯极面不平或中肢去磁气隙过大 ⑤ 运动部分卡住，铁芯吸力不足 ⑥ 使用环境特殊（如潮湿、含腐蚀性气体或环境温度过高） ⑦ 交流接触器派生直流操作的双线圈，因常闭连锁触头熔焊不释放而使启动线圈过热烧坏	① 调整电源电压 ② 按实际使用条件调换线圈或操作频率过高时加大线圈线径 ③ 更换线圈或消除引起机械损伤的故障 ④ 磨平或更换铁芯 ⑤ 排除卡住现象 ⑥ 选用特殊设计线圈（如湿热型线圈等） ⑦ 调整连锁触头参数，消除熔焊故障，并更换受损线圈
触头过度磨损	① 用于反接制动、点动、频繁操作时，触头容量不够 ② 三相触头动作不同步，磨损不均匀 ③ 负载侧短路	① 应降低容量使用或改用重任务接触器 ② 调整至同步 ③ 排除短路原因，更换触头
触头熔焊	① 过载或操作频率过高 ② 负载侧短路	① 选用较大容量的接触器 ② 排除短路故障，更接触头
触头熔焊	① 闭合过程中触头跳动时间过长或释放过程中有反弹现象 ② 触头弹簧压力不足或超程过小 ③ 触头表面有异物或金属颗粒 ④ 触头严重退火，硬度降低 ⑤ 操作回路电压过低或机械卡住，使触头停顿在刚接触位置而熔焊	① 查明原因，排除故障因素（如线圈供电电压过高，打开位置限位的缓冲垫块失效） ② 更换弹簧或触头 ③ 清理与修锉触头表面 ④ 检查电流大小，消除退火起因并更换触头 ⑤ 提高操作电源电压或排除机械卡住现象，使触头可靠吸合
触头过热与灼伤	① 操作频率过高或工作电流过大 ② 环境温度过高（超过 40 ℃），或用于密封控制柜中 ③ 触头弹簧压力不足或超程过小 ④ 触头表面接触不良或严重烧损 ⑤ 铜触头用于长期工作制	① 查明负载过重的原因，并采取适当的限制措施或更换较大容量的接触器 ② 接触器应降低容量使用 ③ 调换弹簧或触头 ④ 清理与修锉触头表面，过于严重者，应更接触头 ⑤ 长期工作时应降低容量使用或改用银、银基合金触头

（续）

故障现象	故障原因	排除方法
交流电磁噪声大，振动明显	① 铁芯极面生锈，有污垢、毛刺或过度磨损而极面不平	① 清理极面，去除毛刺，磨平极面或更换铁芯
	② 短路环松脱或断裂	② 装紧短路环或将断裂处焊牢
	③ 可动部件有卡住现象，使铁芯无法吸平	③ 排除卡住现象
	④ 触头弹簧压力过大	④ 更换弹簧
	⑤ 零件装配不当（如夹紧螺钉松动，漏装缓冲弹簧）	⑤ 正确装配有关零件
	⑥ 电源电压偏低	⑥ 调整电源电压
相间短路	① 尘埃堆积或沾有水汽、油污，使绝缘变坏	① 经常清理，保持清洁
	② 灭弧罩破裂或其他零部件损坏	② 更换灭弧罩或其他损坏零件
	③ 可逆转换的接触器连锁不可靠，致使两台接触器同时投入运行；或因燃弧时间长，转换时间短而在转换过程中发生电弧短路	③ 检查辅助触头与机械连锁；在控制回路上加装中间环节或调换动作时间长的接触器

第五节　热继电器的使用与检修

一、热继电器的类型与结构原理

1. 热继电器的功用　热继电器是一种自动保护电器。当负载电流超过允许值时，发热元件产生的热量，使动作机构动作。它常与接触器配合用于电动机的过载保护、断相保护、电流不平衡运行保护等。

2. 热继电器的类型　常用的热继电器按极数分为双极和三极两种，其中三极的又分为带断相保护和不带断相保护的；按复位方式分为能自动复位和手动复位的；按其结构和动作原理分为双金属片式和热敏电阻式的。

目前，应用最多的是双金属片式的热继电器。该型式的热继电器有双金属片及加热元件、触头动作机构和复位机构 3 部分组成。双金属片是这种热继电器的关键部件。它是由两种不同热膨胀系数的金属片以机械碾压方式使之结合为一体。在常温下，双金属片为平板状。当温度升高时，由于两种金属的热膨胀系数不同，热膨胀系数大的金属受热后要伸长，但受到热膨胀系数小的双金属片的制约。就形成双金属片受热弯曲，经过一定时间并产生了足够的弯曲位移之后，迫使热继电器的执行元件（常闭触头）动作。

双金属片的加热方式有直接加热、间接加热和复式加热 3 种。直接加热是把双金属片当作热元件，电流直接通过双金属片，使金属片发热，这种加热方式结构简单、体积小，反映温度变化迅速。间接加热是在加热元件与双金属片之间无电的联系，加热元件为丝状或带状，缠绕在双金属片上。电流只通过加热元件，使之发热，通过空气将热量传递给双金属片，其特点是发热时间常数大，反映温度变化速度慢。复式加热是将带状或丝状热元件与双金属片串联或并联，具有直接加热和间接加热两种方式的特点，成为目前应用最多的一种方式。

热继电器的加热元件是串联在电动机主电路中的，而其常闭触头则是串接于控制电动机的接触器线圈回路中的。当热继电器因电动机过载使双金属片弯曲，迫使其常闭触头动作而断开时，接触器线圈便会失电，使电动机的主电路断开，电动机得到过载保护。

3. 热继电器的结构原理　双金属片式热继电器的结构原理如图 2 - 23 所示。其元件除图中的几个部分之外，另外还有外壳、电流整定机构和温度补偿双金属片等部件。

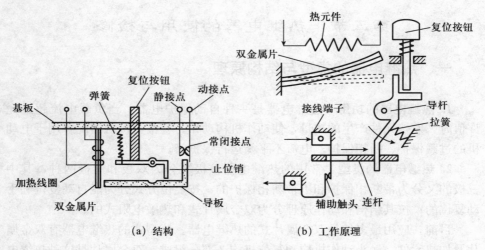

（a）结构　　　　　　　　（b）工作原理

图 2 - 23　双金属片式热继电器

热元件是一种电阻材料，中小容量热继电器的热元件大多绕在条状双金属片上，大容量热继电器的热元件一般制成各种条形并紧贴在条形双金属片上。

热元件（电路中用 FR 表示）串接于电机的定子电路中，如图 2 - 24 所示，通过热元件的电流就是电动机的工作电流，大容量的热继电器装有速饱和互感器，热元件串接在其二次回路中。当电动机正常运行时，其工作电流通过热元件产生的热量不足以使双金属片因受热而产生变形，热继电器不会动作。当电动机发生过电流且超过整定值时，双金属片获得了超过整定值的热量而发生弯曲，使其自由端上翘。经过一定时间后，双金属片的自由端脱离导杆的顶端（称为脱扣）。导杆在拉簧的作用下偏转，带动连杆使常闭触头打开（常闭触头通常串接在电动机控制电路中的相应接触器线圈回路中），并断开接触器的线圈电源，从而切断电动机的工作电源。同时，热元件也因失电而逐渐降温，热量减少，经过一段时间的冷却，双金属片恢复到原来状态。若经自动或手动复位，双金属片的自由端返回到原来状态，为下次动作做好了准备。

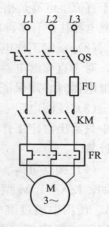

图 2-24　热元件在电路中的联结

使用时，热继电器动作电流的调节是借助旋转热继电器面板上的旋钮于不同位置来实现的。热继电器复位方式有自动复位和手动复位两挡，在手动位置时，热继电器动作后，经过一段时间才能按动手动复位按钮复位，在自动复位位置时，热继电器可自行复位。

4. 热继电器的型号　热继电器的型号如下：

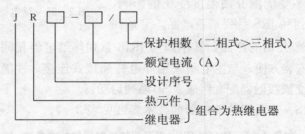

例如：JR15-10/2 表示设计序号为 15、额定电流为 10 A、二相保护式热继电器。

JRO-40/3 表示设计序号为 0、额定电流为 40 A、三相保护式热继电器。

5. 热继电器的主要技术参数　热继电器的主要技术参数有额定工作电压、额定工作电流、线圈电阻、接点负荷等。

（1）额定工作电压　额定工作电压是指继电器正常工作时线圈需要的电压，

对于直流继电器是指直流电压，对于交流继电器则是指交流电压。同一种型号的继电器往往有多种额定工作电压供选择，并在型号后面加上规格号来区别。

（2）额定工作电流　额定工作电流是指继电器正常工作时线圈需要的电流值，对于直流继电器是指直流电流值，对于交流继电器则是指交流电流值。选用继电器时必须保证其额定工作电压和额定工作电流符合要求。

（3）线圈电阻　线圈电阻是指继电器线圈的直流电阻。有些继电器的说明书中只给出额定工作电压或额定工作电流以及线圈电阻，可以根据欧姆定律进行计算。

（4）接点负荷　接点负荷是指继电器接点的负载能力，也称为接点容量。例如，JZX - 10M 型继电器的接点负荷为：直流 28 V×2 A 或交流 115 V×1 A。使用中通过继电器接点的电压、电流均不应超过规定值，否则会烧坏接点，造成继电器损坏。一个继电器的多组接点的负荷一般都是一样的。密封继电器通常将型号和引出端示意图标示在继电器上，如图 2 - 25 所示。继电器各技术参数可通过查看说明书或手册得知。

常用的热继电器有 JR16、JRS、T 等系列。

JR16 系列具有补偿双金属片，补偿双金属片能使热继电器的动作性能在 −30～+40 ℃ 的范围内基本上不受周围介质温度变化的影响。其中 JR16B 系列和 JRS 系列是新产品。T 系列

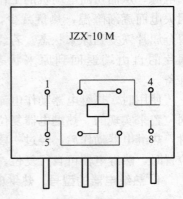

图 2 - 25　继电器的接点负荷

是引进德国 BBC 公司的产品，其用途与 JR16 系列热继电器相同，但是它体积小、重量轻、安装方便，与主电路采用导电杆插接式连接，性能较稳定，可与引进的 B 系列交流接触器配套组成 MSB 系列启动器。

JR16、JRS、T 系列热继电器的技术参数见表 2 - 7。

表 2 - 7　JR16、JRS、T 系列热继电器的技术参数

型号	额定电压（V）	额定电流（A）	热元件			断相保护	温度补偿	复位方式
			最小规格（A）	最大规格（A）	挡数			
JR16	380	20	0.25～0.35	14～22	12	有	有	自动或手动
		60	14～22	40～63	4			
		150	40～63	100～160	4			

（续）

型号	额定电压（V）	额定电流（A）	热元件			断相保护	温度补偿	复位方式
			最小规格（A）	最大规格（A）	挡数			
JRS	660	12	0.11～0.15	9.0～12.5	13	有	有	自动或手动
		15	9.0～12.5	18～25	3			
T	660	16	0.11～0.16	12.0～17.6	22	有	有	自动或手动
		25	0.17～0.25	26～35	22			
		45	0.25～0.40	28～45	22			
		85	6～10	60～100	8			
		105	36～52	80～115	5			
		170	90～130	140～200	3			
		250	100～160	250～400	3			
		370	100～160	310～500	4			

JR16 系列热继电器热元件的技术参数见表 2-8。

表 2-8　JR16 系列热继电器热元件的技术参数

型号	热元件编号	热元件额定电流（A）	热元件整定电流调节范围（A）
JR16-20/3 JR16-20/3D	1	0.35	0.25～0.30～0.35
	2	0.5	0.32～0.40～0.50
	3	0.72	0.45～0.60～0.72
	4	1.1	0.68～0.90～1.10
	5	1.6	1.0～1.3～1.6
	6	2.4	1.5～2.0～2.4
	7	3.5	2.2～2.8～3.5
	8	5.0	3.2～4.0～5.0
	9	7.2	4.6～6.0～7.2
	10	11.0	6.8～9.0～11.0
	11	16.0	10.0～13.0～16.0
	12	22.0	14.0～18.0～22.0
JR16-60/3 JR16-60/3D	13	22.0	14.0～18.0～22.0
	14	32.0	20.0～26.0～32.0
	15	45.0	28.0～36.0～45.0
	16	63.0	40.0～50.0～63.0

（续）

型号	热元件编号	热元件额定电流（A）	热元件整定电流调节范围（A）
	17	63.0	40.0～50.0～63.0
JR16 - 150/3	18	85.0	53.0～70.0～85.0
JR16 - 150/3D	19	120.0	75.0～100.0～120.0
	20	160.0	100.0～130.0～160.0

JR16B 系列热继电器的技术参数见表 2 - 9。

表 2 - 9　JR16B 系列热继电器的技术参数

型号	额定电流（A）	热元件等级	
		热元件额定电流（A）	热元件整定电流调节范围（A）
	20	0.35	0.25～0.35
	20	0.5	0.32～0.50
	20	0.72	0.45～0.72
	20	1.1	0.68～1.10
	20	1.6	1.0～1.6
JR16B - 20/3	20	2.4	1.5～2.4
JR16B - 20	20	3.5	2.2～3.5
	20	5	3.2～5.0
	20	7.2	4.5～7.2
	20	11	6.8～11.0
	20	16	10～16
	20	22	14～22
	60	22	14～22
JR16B - 60/3	60	32	20～32
JR16B - 60/3D	60	45	28～45
	60	63	40～63
	150	63	40～63
JR16B - 150/3	150	85	53～85
JR16B - 150/3D	150	120	75～120
	150	160	100～160

二、热继电器的使用

1. 热继电器的选用

（1）选用热继电器的基本原则　热继电器主要根据电动机的额定电流来选

择。在一般情况下，可选用两相或三相结构的热继电器，对于三角形接线的电动机，应选用带差动断相保护装置的热继电器。

热继电器的额定电流应大于或等于电动机的额定电流，热元件的整定电流应选择大于电动机的额定电流，而额定电流通常调整到与电动机额定电流相等。如电动机拖动冲击性负载，或启动时间较长，则热元件的整定电流可比电动机额定电流高一些。

热继电器用于异步电动机的过载保护，有各种额定电压和额定电流等级，同一额定电流等级的热继电器可配用若干电流等级的热元件。如 JR0-40 型热继电器，其额定电压为 500 V，额定电流为 40 A，它可以配用的热元件有0.64 A、1 A、1.6 A、2.5 A、4 A、6.4 A、10 A、16 A、25 A、40 A 等 10种，各等级热元件的工作电流，又可在一定范围内调节。

选择热继电器时应注意：

① 先根据电动机的额定电压和电流计算出热元件的电流范围，然后选定热继电器的型号和热元件的电流等级。如电动机的额定电流为 14.7 A，可选用 JR0-40 型的热继电器，其热元件的额定电流为 16 A，工作时可将热元件的电流整定为 14.7 A。

② 热继电器与电动机的安装条件不同，周围环境温度不同，热元件的电流要适当地调整。通风条件差，环境温度高的场合，热元件的电流可整定为1.05～1.20 倍的电动机额定电流。

③ 热继电器应该尽量远离发热电器元件（如电阻、电阻片等），以免电器的热量影响热继电器的正常工作。

④ 通过热继电器的电流与整定电流之比称为整定电流倍数。其比值越大，发热越快，动作时间越短。

（2）热继电器的选用实例

例1：有一水泵电动机，已知额定电流为 8.2 A，试选择参数合适的热继电器。

解：$I_{set} = (0.95 \sim 1.05) I_N = 7.79 \sim 8.61 (A)$

查表 2-8，可选用 JR16-20/3-11 热继电器，整定电流为 6.8～11 A。

例2：有一电动机，$P_N = 15$ kW，额定电流为 30.3 A，选择合适的热继电器。

解：$I_{set} = (0.95 \sim 1.05) \times I_N = 28.78 \sim 31.81 (A)$

查表 2-8，可选用 JR16-60/3-15 热继电器，整定电流为 28～45 A。

2. 热继电器的安装

（1）热继电器的安装方向、连接线规格应符合产品说明书要求。安装的倾斜度一般不得超过 5°，同时应尽可能装在与它组装的其他电器下面，以免受到其他电器发热影响。

（2）热继电器出线端的连接导线应按照规定选用。这是因为导线的材料和粗细均能影响到热元件端触电传导到外部热量的多少。导线过细，轴向导热差，热继电器可能提前动作；反之，导线过粗，轴向导热快，热继电器可能滞后动作。热继电器出线端的连接（铜芯）导线可按表 2-10 选择。若采用铝芯导线，导线的截面积应增大约 1.8 倍，且端头应镀锡。

表 2-10　热继电器出线端的连接导线

热继电器额定电流（A）	连接导线截面（mm²）	连接导线种类
10	2.5	单股铜芯塑料线
20	4	
60	16	多股铜芯塑料线
150	35	

三、热继电器的检修

1. 热继电器的维护

（1）使用中要定期用布擦净热继电器上的灰尘或积污。双金属片要保持原有光泽，若有锈迹，可用布蘸些汽油轻轻擦拭，注意禁止用砂纸打磨。

（2）用手拨动 4～5 次观察其动作机构应正常可靠，再接复位接钮应灵活，调整部件不得松动（已松动时必须加以紧固并重新进行调整试验）。

（3）检查热元件是否良好时，只可打开盖子从旁观看而不准将热元件拆下。确需拆下查看时，则装好后一定要重新进行通电动作试验。

（4）使用中每年进行一次通电试验。在设备发生短路故障后，应检查热元件和双金属片有无明显变形，若因变形使动作不准时，只可调整其可调部件，绝不许弯曲双金属片。

（5）在必须更换热元件时，应换上与原热元件产品型号、编号、额定电流及制造厂相同的新元件。

2. 热继电器的检测　一般继电器可以用万用表进行检测。

（1）检测线圈　将万用表置于"R×100"或"R×1k"挡，两表笔（不分正、负）接继电器线圈的两引脚，万用表指示应与该继电器的线圈电阻基本相符。如阻值明显偏小，说明线圈局部短路；如阻值为零，说明两线圈引脚间短路；如阻值为无穷大，说明线圈已断路。以上 3 种情况均说明该继电器已损坏。

（2）检测接点　给继电器线圈接上规定的工作电压，用万用表"$R \times 1k$"挡检测接点的通断情况。未加上工作电压时，常开接点应不通，常闭接点应导通。当加上工作电压时，应能听到继电器吸合声，这时，常开接点应导通，常闭接点应不通，转换接点应随之转换，否则说明该继电器损坏。对于多组接点继电器，如果部分接点损坏，其余接点动作正常，则仍可使用。

3. 热继电器的常见故障诊断与排除　热继电器的常见故障诊断与排除方法见表 2-11。

表 2-11　热继电器的常见故障诊断与排除方法

故障现象	故障原因	排除方法
热继电器误动作	① 整定值偏小 ② 电动机启动时间过长 ③ 操作频率过高 ④ 强烈的冲击振动 ⑤ 可逆运转及密集通断 ⑥ 环境温度变化过大	① 合理调整整定值，如热继电器额定电流不符合要求，应予更换 ② 按启动时间要求，选择具有合适的可返回时间级数的热继电器或在启动过程中将热继电器的常闭点临时短接 ③ 合理选用并限定操作频率 ④ 对有强烈冲击振动的场合，应选用带防冲击振动装置的专用热继电器，或采取防振措施 ⑤ 不宜选用双金属片-热元件式热继电器，可改用其他保护方式 ⑥ 改善使用环境，使符合周围介质温度不高于 $+40 \, ℃$ 及不低于 $-30 \, ℃$
热继电器不动作	① 整定值偏大 ② 触头接触不良 ③ 热元件烧坏或脱焊 ④ 动作机构卡住 ⑤ 导板脱出	① 重新调整整定值 ② 清除触头表面灰尘或氧化物等 ③ 更换已坏继电器 ④ 进行维修调整，但应注意维修后不使特性发生变化 ⑤ 重新放入，并试验动作是否灵活
热元件烧断	① 负载侧短路或电流过大 ② 反复短时工作操作频率过高	① 排除短路故障，更换热元件 ② 合理选用并限定操作频率
热继电器控制电路不通	① 调整旋钮旋至不合适位置，将常闭触头顶开 ② 触头烧坏，使常闭触头不能闭合	① 重新调整旋钮 ② 修理触头或更换新的

第六节　其他低压电器的使用与检修

一、启动器的使用与检修

1. 启动器的功用　启动器是一种供控制电动机启动与停止用的电器，除少数手动启动器外，大多由通用的接触器、热继电器、按钮等元件按一定方式组合而成，并具有过载、失压保护性能。各种启动器中，以电磁启动器应用最广。

2. 启动器的类型　启动器的品种很多，一般可按启动方式及结构型式分类，见表 2 - 12。

表 2 - 12　启动器的用途与分类

分类名称		用　途
全压直接启动器	电磁	供远距离频繁控制三相笼型异步电动机的直接启动、停止及可逆转换，并具有过载、断相及失压保护作用
	手动	供不频繁控制三相笼型异步电动机的直接启动、停止，并具有过载、断相及失压保护作用。由于结构简单、价廉、操作不受电网电压波动影响，故特别适于广大农村使用
减压启动器	星-三角启动器 自动	供三相笼型异步电动机作星-三角启动及停止用，并具有过载、断相及失压保护作用。在启动过程中，时间继电器能自动地将电动机定子绕组由星形转换为三角形连接
	星-三角启动器 手动	供三相笼型异步电动机作星-三角启动及停止用
	自耦减压启动器 自动	供三相笼型异步电动机作不频繁地减压启动及停止用，并具有过载、断相及失压保护作用
	自耦减压启动器 手动	
	电抗减压启动器	供三相笼型异步电动机的减压启动用，启动时利用电抗线圈来降压，以限制启动电流。由于这类启动器在制造和使用中技术经济效果均较差，故应用较少
	电阻减压启动器	供三相笼型异步电动机或小容量直流电动机的减压启动用，启动时利用电阻元件来降压，以限制启动电流。缺点是在启动过程中能量损耗大，故应用较少
无触点启动器		供三相笼型异步电动机启动、停止和可逆转换，并具有过载、断相、短路、电流不平衡和防止停电自启动等保护。也可用来控制其他三相负载（如电炉控制等），特别适用于操作频率高和要求频繁可逆转换的场合，有易燃、易爆气体的场所和要求组成自动控制的系统中

3. 启动器的结构 对于 $10 \sim 75$ kW 电动机直接启动，经常使用如图 2-26a、b 所示的磁力启动器。磁力启动器的主触头接触后，电源接通。主触头的合、断是靠启动器内部的单相铁磁线圈产生的磁力吸、放衔铁完成的。

为防止电磁铁的嗡嗡声，在铁芯槽口端面的一侧套有短路铜环，如图 2-26c 所示。刀闸吸合后铜环上便感应出电流，这个电流又产生新磁场，阻碍铁芯中原来磁场的变化，使电磁铁吸合后的磁场力不再出现零值，即消除了嗡声。

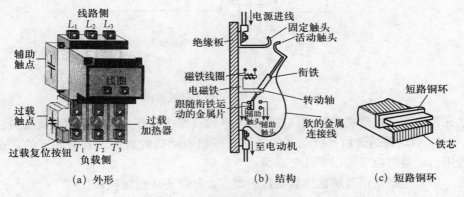

(a) 外形   (b) 结构   (c) 短路铜环

图 2-26 磁力启动器

有的磁力启动器还装有石棉纸做的灭弧罩，罩内分成许多小格子，将电弧切割成一个个小段而迅速熄灭。

4. 启动器的接线原理 磁力启动器的接线原理如图 2-27 所示。图中，虚线框内是磁力启动器部分。启动时，按下启动按钮 SB_1，交流接触的线圈接通电源，吸引衔铁 2，主触头闭合。定子绕组接通电源，电动机启动运转。如果需要停机，则按下停止按钮 SB_2，切断接触器线圈电路，衔铁释放，主触头断开，电源切断，电动机停止运转。

当电动机过载时，如果电流达到了热继电器的动作值，热继电器触头就会断开，切断接触器线圈的电路，衔铁释放，电动机停止运转，实现过载保护。

当电源电压降低到一定值时，交流接触器的衔铁释放，电动机停止运转。由于辅助触头已断开，即使电源电压恢复，电动机也不能自行启动，这就是欠电压保护。

磁力启动器的选择使用等条件同交流接触器，所不同的是将热继电器的发

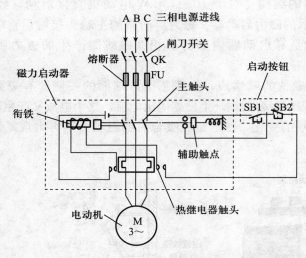

图 2-27　磁力启动器的接线原理

热元件串入了电动机的两相（或三相）电源线路中，作为电动机的过载保护。

5. 启动器的选用　启动器的选用是根据电动机的启动方式来确定的，在选用启动器时应考虑以下几个方面：

（1）根据使用环境选择启动器的型式，开启式还是保护式。

（2）根据线路要求选择启动方式，可逆式或不可逆式，有热保护或无热保护。

（3）根据控制电动机的容量，选择直接启动或降压启动。

（4）启动器在长期工作制、间断工作制、反复短时工作制使用时，其操作频率受到不同限制。对于带热继电器的启动器操作频率不应超过 60 次/h，不带热继电器的启动器，当通电持续率小于 40％时，在额定负载下可达 600 次/h，如降容使用，可增加到 1 200 次/h。

（5）启动器有无断相保护作用，取决于所配用的热继电器是否具有断相保护功能。

6. 启动器的安装

（1）安装前检查

① 对启动器内各元件进行全面检查和调整，保证各参数符合要求。

② 清理元件上的灰尘及油污，并在可转动部分加注适量的润滑油，使各部分动作灵活，无卡住和损坏现象。

③ 如果自装启动设备，要求各元件的布局合理，如热继电器宜放在其他

元件下方，以免受其他元件的发热影响。

④ 当采用开启式安装方式时，应留有足够的飞弧距离。

⑤ 必须按规定的导线截面进行连接。

（2）安装与调试

① 按规定的安装方式进行安装，必须紧固所有的安装与接线螺钉，防止零件脱落，导致短路或机械卡住事故。

② 启动器外壳应可靠接地，以免发生触电事故。

③ 对自耦减压启动器，一般先接在 65％抽头上，如发现启动困难、启动时间过长，可改接到 80％抽头上。

④ 按电动机实际启动时间调节继电器的动作时间，应保证在电动机启动完毕后及时地换接线路。

⑤ 按电动机的额定电流调整热继电器电流的动作值，并做动作试验，应使电动机不仅能正常启动，而且能最大限度地利用电动机的过载能力，还能防止电动机因超过极限容许过载能力而烧毁。

⑥ 无触点启动器应安装在通风散热良好的场合，以保证冷却效果。

7. 启动器的维护

① 检查负荷电流是否在允许范围之内，各导线连接点有无过热现象。

② 检查灭弧罩有无损伤，附件是否齐全，如有损坏，应及时修复或更换。

③ 主触头有无烧毛、熔焊或过热现象。

④ 检查主触头的接触压力和三相触头接触是否同步。

⑤ 触头压力弹簧长度是否一致，有无过热失效和氧化锈蚀现象。

⑥ 检查并调整触头断开后的距离，不得超过（10±2）mm。

⑦ 触头表面应光洁、平整、接触良好。

⑧ 辅助触头应无氧化、烧毛、熔焊等现象。

⑨ 磁铁应无过大噪声，铁芯和线圈有无过热，短路环有无损坏。

⑩ 磁铁接触面有无错位，固定螺钉是否有松动、位移等现象。

⑪ 保护元件有无损伤、失灵现象。

⑫ 检修后用 500 V 兆欧表测量电磁线圈的绝缘电阻，不得低于 0.5 MΩ。

二、漏电保护器的使用与检修

1. 漏电保护器的作用　为防止低压触电伤亡事故的发生，较为理想的办法莫过于当有人可能受到电击且程度足以危及生命之前，在电路上能及时准确地发出信息，并在能使停电范围缩至最小，又能使可能触电者免受伤害的情况下，有选择地切断电源。能实现这种功能的较为理想的保护电器是漏电保护器，即剩余电流动作保护器（RCD）。

装设漏电保护器的主要目的是：

（1）防止人身触电（直接触电、间接触电）伤亡事故。

（2）防止因漏电而引起的电气火灾和电器设备损坏事故。

当线路发生接地，如架空导线断落在地上、绝缘导线断落线头触地、地埋线路绝缘破坏、电机绕组绝缘破坏触及外壳（外壳接地）时，漏电电流较大，若未装设漏电保护器，则导线因载流过大，时间一长发热严重可能引起绝缘层着火，继而燃及周围易燃物引起火灾或可能烧毁电机绕组，甚至烧毁配电变压器等。若装设了漏电保护器，则这时较大的剩余电流必引起漏电保护器动作，切断电源防止事故。

导致电气火灾发生的最主要的元凶是相线对地电弧放电（或叫接地电弧短路、单相对地短路）。当相线接地时，由于故障回路阻抗大，故电流很小，往往以电弧或电火花的形式出现，电弧本身呈较大的阻抗特性，它进一步限制故障电流，因此其他保护电器如断路器或熔丝不会动作或熔断，不能切断电源，而电弧放电的局部温度可达上千摄氏度，足以引起易燃物质着火，所以接地故障是个危险的火源。为此在建筑物电源进线处装设漏电保护器，在发生接地故障时切断电源或报警，引导我们及时排除故障，是十分必要的。因为 500 mA 以上的电弧能量才能引燃起火，故国际电工委员会 IEC 标准规定，专门用于防止建筑物电气火灾的漏电保护器的额定漏电动作电流不宜大于 500 mA。

此外，装设漏电保护器可防止因漏电而引起的电能损失，降低低压线损，因此，装设漏电保护器不仅与安全用电有关，还与经济效益有关。

2. 漏电保护器的结构原理　当电器设备漏电时，可出现两种漏电现象：一是三相电流的平衡遭到破坏，出现零序电流或单相时出现电网相线对地泄漏电流（正常泄漏电流除外）；二是某些正常时不带电的金属部分出现对地电压。

漏电保护装置就是通过检测机构取得这两种异常信号，经过中间机构的变换和传递，然后促使执行机构动作，并且通过开关设备断开电源。因此，对应的有电压型漏电保护装置、零序电流型漏电保护装置和泄漏电流型漏电保护装置，比较常用的是零序电流型漏电保护装置。

在装设漏电保护器的低压电网中，正常情况下，电网相线对地泄漏电流（对于三相电网则是不平衡泄漏电流）和设备外壳对地电压较小，达不到漏电保护器的动作电流值（或电压值），因此漏电保护器不动作。当被保护电网内发生漏电或人身触电等故障时，通过漏电保护器检测元件的电流或电压达到其漏电或触电动作电流值（或电压值）时，则漏电保护器就会发出动作跳闸的指令，使其所控制的主电路开关动作跳闸，切断电源，从而完成漏电或触电保护的任务。

漏电保护器有不带过载、短路保护，仅有漏电保护的保护器，即漏电开关；有带过载、短路和漏电三种保护的保护器，即漏电断路器；也有无过载、短路保护功能，也不直接合分电路，仅有漏电报警作用的保护器，即漏电继电器。

漏电保护器中的拼装式产品的触、漏电保护部分可以和一般小型导线保护开关（低压断路器）组合，并且根据需要可以任意组合成单极、二极、三极、四极，非常方便。这种拼装式漏电保护器可以简化配电箱的线路和结构，具有体积小、灵敏度高，断流能力强、安装方便、经济等优点。

3. 漏电保护器的安装　安装接线按设计或所购买保护装置的说明书进行。相线与零线不能接错。保护装置本身所用的交流电源应从零序电流互感器的同一侧取得，并接于交流接触器或自动开关的电源侧，零序电流互感器应尽量远离外磁场。

（1）安装时必须严格区分中性线（N）与保护线（PE、PEN），使用三极四线式或四极四线式漏电保护器时应将中性线（N）接入漏电保护器；经过漏电保护器的中性线不得作为保护线，不得重复接地或接设备外露之可导电部分；保护线（PE、PEN）不得接入漏电保护器。TN-C系统，由于要进行重复接地，因此无法使用漏电保护器。

（2）用500V绝缘电阻表摇测低压线路和电器设备的绝缘，看其是否符合规定（即不应小于0.5 MΩ）。若不合要求时，漏电保护器禁止投入运行。

（3）检查照明等单相用电负荷，看三相分配是否基本平衡。若很不平衡便容易引起漏电保护器误动作，此时应对单相负荷的分配重新进行适当调整。

（4）注意漏电保护器进出线的方向，不可接反，否则，会烧毁漏电保护器。

（5）漏电保护器安装点后的零线与相线，均不得与其他回路共用，也不准混有一线一地用电。

（6）漏电保护器应安装在无腐蚀性气体、无爆炸危险的场所，并应注意防潮、防尘、防震动及防止阳光直晒。此外，还要避开邻近导线或电器设备的磁场干扰。

（7）组合式保护器安装穿心式零序电流互感器时，主回路导线宜并拢、绞合穿过互感器，并在两端适当距离处分开。以防在正常工作条件下，不平衡磁通引起误动作。

（8）荧光灯、气体放电灯、微波炉等家用电器使用中有高频谐波。频率越高，容抗越低，负荷的高频充电电流（对地充电电流，即泄漏电流）越大，漏电保护器越容易误动作。为防止误动作，需限制气体放电灯、荧光灯的数量，如 65 W 灯管不超过 12 个，40 W 灯管不超过 20 个。另外，气体放电灯、荧光灯与镇流器之间的距离尽量短，以减少对地电容即减小泄漏电流。

安装完毕，经核对无误后方可进行通电试验。保护装置送电合闸后，按下试验按钮应动作，再根据整定的启动电流大小，用灯泡法分相进行试跳，均应动作。启动大容量负载时，应无误动作现象，如此试验合格之后才能正式投入运行。

灯泡试跳方法是用一只额定电压为 220 V、实际电流比保护装置启动电流稍大的灯泡，分别将各相线通过灯泡对地跳试。

在使用漏电保护器的电路中，无论什么原因产生对地电流，都会使开关动作。人触及带电体，电流经人体入地，开关要动作；设备绝缘老化，出现轻微漏电，这时虽然做了接零保护，但漏电电流很小，漏电保护器不会动作，会造成设备外壳长时间带电，引起触电，但使用漏电保护器后，这样小的漏电电流也会使开关动作，切断电源，避免触电事故的发生。现在使用的漏电保护器，大都是电流型漏电保护器，一般动作灵敏度在 30 mA 以上，也就是漏电电流大于 30 mA 开关就会动作；高灵敏度型，动作灵敏度为 10 mA。使用时，可以根据使用条件来选用，有时由于线路老化，导线绝缘程度下降，整个线路的正常漏电电流可能大于 30 mA，这时要么选用灵敏度较低的漏电保护器如 50 mA 或 100 mA 的，要么就更换整个供电系统的导线，减小供电系统线路的对地泄漏电流。

采用漏电保护器是确保用电安全的措施之一，在直接触电的防护措施中，只是附加保护（后备性保护）；在间接触电的防护中也只是安全措施之一。漏电保护器装置在安全防护中有其优越性，但也存在不足，所以漏电保护器的采用，不能代替其他各项防护措施。在安装电气线路和使用电器设备时，要严格按有关国家标准、法规要求，根据实际情况，采取相应的安全防护措施确保供用电安全。

三、控制按钮的使用与检修

1. 控制按钮的功用　控制按钮是主令电器中的一种，用于在控制电路中作发布指令或接通和分断接触器、磁力启动器、继电器及自动空气断路器等的控制线圈回路，以实行集中、远距离控制，或用于发出信号及电气连锁的线路

中。图 2-28 所示为电动机控制线路，
所用的控制按钮，其中 SB1 为启动按
钮，SB2 为停止按钮。当需要启动电
动机时，只要将启动按钮 SB1 按下，
线圈自电源 a 经串联在控制回路的热
继电器动断（常闭）触点、停止按钮
SB2 构成回路至电源 b 端。接触器 SB1
主触点闭合后，其动合（常开）辅助
触点 S3 闭合，使接触器线圈保持带
电。此时启动按钮 SB1 复位，电动机
运转。当需要停止电动机时，将停止
按钮 SB2 按下，使控制回路断电，电
动机停转。

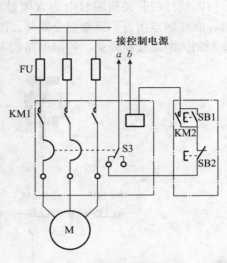

图 2-28　电动机控制线路

2. 控制按钮对电路的控制　图
2-29 所示为几种常用的按钮开关符
号。缩写 N.O.（常开）和 N.C.（常闭）表示当开关未被触发时开关触点状
态。常开按钮（N.O.）在按钮被按下时形成通路，一旦按钮被释放，开关恢
复断开状态。常闭按钮（N.C.）在按钮被按下时形成开路，一旦按钮被释放，
开关恢复闭合状态。

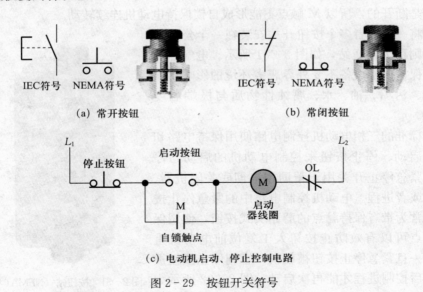

图 2-29　按钮开关符号

断续按钮开关顶端触电为常闭触点，底端触点为常开触点。当按下按钮时，底端触点闭合，顶端触点断开。图2-30所示为用于电动机点动-启动-停止控制的断续按钮开关。控制电路的工作原理如下：

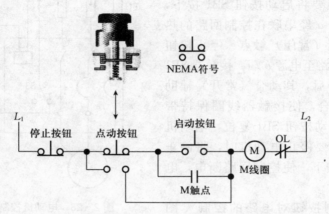

图2-30　断续按钮开关与典型的电动机控制电路

① 按下启动按钮，M线圈加电，电动机启动，M线圈触点形成自锁保持M线圈通电。

② 在M线圈断电时，按下点动按钮，将形成绕过M触点的M线圈供电回路，M线圈通电使得电动机转动。尽管M触点闭合，但由于点动按钮常闭触点是断开的，所以M触点不能形成自锁保持电动机连续转动。

将一个或者多个按钮开关安装在一个公共外壳内则称为按钮站，如图2-31所示。电气外壳用来保护内部设备不受外界恶劣环境的影响，如灰尘、污垢、油、水、腐蚀性物质与极端温度变化。

标准的三相电动机控制电路使用保持电路和瞬时启动、停止按钮来控制电动机的启动与停止。紧急停止开关用于帮助用户彻底关闭机器、系统或者进程。电动机控制电路中的紧急停止按钮通常为带有保持触点的蘑菇头式按钮，使用保持触点可以有效防止按钮人工复位前电动机重启。一旦紧急停止按钮被触发，直到停止按钮被复位后控制进程才能再次启动。图2-32所示为

图2-31　按钮站（NEMA1型）

典型的带有紧急停止按钮的电动机控制电路。当按钮被按下后，紧急停止按钮的常闭保持触点会在人工复位前始终保持断开状态，所以即使此时再次按下启动按钮，电动机也不会启动，要想重新启动电动机，必须先复位紧急停止按钮，然后再按下启动开关。

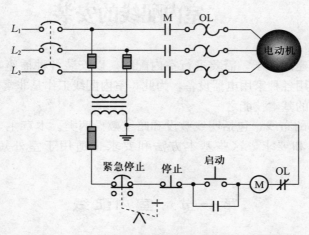

图 2-32　带有紧急停止按钮的电动机控制电路

3. 控制按钮的选用　选用按钮时应符合下列要求：

（1）额定电压和额定电流应不小于被接入电路的额定电压和额定电流。

（2）根据实际需要选择与触点对数相适应的按钮。

（3）根据安装用途、安装条件、所需触点的类型和数量、按钮颜色来选用按钮。如：安装固定在开关板上的，应选用面板安装式按钮；为防止偶然触及带电部分，应选用保护式按钮；为防止误操作，可选用钥匙式按钮；用于发布操作命令并兼作信号指示的，应选用带灯按钮；比较潮湿的工作环境，应选用防水式按钮；腐蚀较严重的场所，应选用防腐式按钮；有易爆气体场所应选用防爆按钮；一般工作场所，选用开启式按钮。一般启动按钮用绿色，停止按钮用红色。

第三章

室内配线的安装

在农村新建的房子，需要进行室内配线，以安装各种插座，使人们能便利、安全地使用各种家用电器设备，为此，室内配线工作是非常重要，也是农村电工需掌握的基本技能之一。

低压线路的布线，包括明线敷设和暗线敷设两类。本章主要介绍室内布线的基本方法和要求，这些基本方法和要求也适用于室外短距离沿墙壁布线。

第一节　室内配线

一、室内配线的方式

室内配线方式有很多，通常采用瓷夹布线、绝缘子布线、槽板布线、管内布线、瓷珠布线等方式，如图 3-1 所示。

（1）瓷夹布线　用于用电负荷较小的干燥场所，导线截面积不宜大于 6 mm²，如办公室、住宅等。

（2）绝缘子布线　用于用电负荷较大，线路较长的干燥或潮湿场所，如生产厂房、浴室、洗衣房等。

（3）木槽板（或塑料槽板）布线　用于负荷较小，要求美观整洁的干燥场所。

（4）管内布线　可分为两种，一种是钢管布线，适用于容易损伤的导线，容易发生水浸或有爆炸危险的场所。另一种是塑料管布线，适用于有腐蚀性但没有爆炸性和机械损伤的场所。管内布线根据不同的环境和要求，敷设方式又分为明管布线和暗管布线。

（5）瓷珠布线　用于用电负荷较大的干燥或较潮湿场所，如公共场所、生产车间、厨房等。

另外，还有钢筋索布线、铝皮线布线、直敷布线等方式。

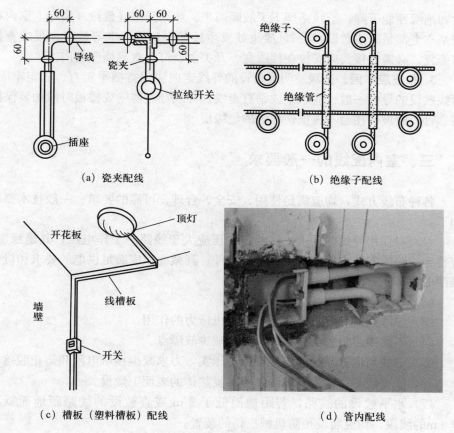

（a）瓷夹配线　　　　　　　　　　（b）绝缘子配线

（c）槽板（塑料槽板）配线　　　　　　（d）管内配线

图 3-1　室内配线的几种方式（单位：mm）

二、室内配线的基本原则

布线应根据线路要求、负载类型、场所环境等具体情况，设计相应的布线方案，采用适合的布线方式和方法，同时应遵循以下一般原则。

1. 选用符合要求的导线　对导线的要求包括电气性能和机械性能两方面。导线的载流量应符合线路负载的要求，并留有一定的余量。导线应有足够的耐压性能和绝缘性能，同时具有足够的机械强度。一般室内布线常采用塑料护套导线。

2. 尽量避免布线中的接头　布线时，应使用绝缘层完好的整根导线一次布放到头，尽量避免布线中的导线接头。因为导线的接头往往造成接触电阻增大和绝缘性能下降，给线路埋下了故障隐患。如果是暗线敷设（实际上室内布线基本上都是暗线敷设），一旦接头处发生接触不良或漏电等故障，很难查找与修复。必需的接头应安排在接线盒、开关盒、灯头盒或插座盒内。

3. 布线应牢固、美观　明线敷设的导线走向应保持横平竖直、固定牢固。暗线敷设的导线一般也应水平或垂直走线。导线穿过墙壁或楼板时应加装保护用套管。敷设中注意不得损伤导线的绝缘层。

三、室内配线的一般要求

各种布线方式，均应满足使用、安全、合理、可靠的要求。一般技术要求如下：

（1）对使用导线的要求，其额定电压应大于线路的工作电压；其绝缘层，应符合线路的安装方式和敷设环境的条件；其截面积应满足供电的要求和机械强度的要求。

（2）导线应能更换。

（3）导线连接和分支处，不应受到机械力的作用。

（4）线路中尽量减少导线接头，以减少故障点。

（5）导线与电器端子的连接要紧密压实，力求减少接触电阻和防止脱落。

（6）线路应尽可能避开热源，不在发热体的表面上敷设。

（7）水平敷设的线路，若距地面低于 2 m 或直敷设的线路距地面低于 1.8 m 的线段，均应装设预防机械损伤的装置。

（8）布线的位置，应便于检查和维修。

（9）为防止漏电，线路的对地电阻不应小于 $0.5\ \text{M}\Omega$。

（10）导线穿墙时，应装过墙管（铁管、瓷管、硬质塑料管等），过墙管两端伸出墙壁不小于 10 mm。

（11）室内布线一律采用绝缘导线。在一般情况下，导线截面积可按允许载流量选择，但铝芯线不得小于 $1.5\ \text{mm}^2$，铜芯线不得小于 $0.5\ \text{mm}^2$。

第二节　导线的连接

一、导线的型号

室内、外布线均应采用绝缘电线。常见绝缘电线的种类很多，按电线的线芯材料不同，可分为铜芯电线和铝芯电线；按电线的绝缘材料分，可分为橡皮绝缘电线和塑料绝缘电线；按线芯的根数分，可分为单股电线和多股绞合电线；按有无保护层分，可分为无护套电线及有护套电线；按软硬程度分，可分为硬线和软线等。

绝缘电线的型号用汉语拼音字母来表示，其型号含义为：

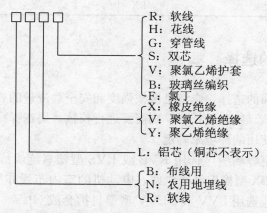

例如：BLX 绝缘电线，其含义为布线用、铝芯、橡皮绝缘电线；又如：BXR 绝缘电线，其含义为布线用、铜芯、橡皮绝缘软线；再如：NLVV 绝缘电线，其含义为农用地埋、铝芯、聚氯乙烯绝缘、聚氯乙烯护套线。

橡皮绝缘电线既可用于室内敷线，也可用于室外敷设；塑料绝缘导线，用于室内布线，不宜外敷，单股绝缘线用于固定敷设，绝缘绞线适用于移动敷设。常用绝缘导线的型号及用途见表 3-1。

表 3-1　常用绝缘导线的型号及主要用途

名称	型号		主要用途
	铜芯	铝芯	
棉纱编织橡皮绝缘电线	BX	BXF	固定敷设用
氯丁橡皮绝缘电线	BXF	BLXF	
聚氯乙烯绝缘电线	BV	BLV	室内外电器、动力及照明固定敷设用
农用地下直埋铝芯聚氯乙烯绝缘电线	—	NLV	地下直埋用
农用地下直埋铝芯聚氯乙烯绝缘和护套电线	—	NLVV	地下直埋用
棉纱编织橡皮绝缘软线	BXR	—	室内敷，安装要求较柔软时用

（续）

名称	型号		主要用途
	铜芯	铝芯	
聚氯乙烯软电线	BVR	—	同 BV 型，安装要求较柔软时用
棉纱编织橡皮绝缘双绞软线	RXS	—	室内干燥场所，日用电器用
棉纱总编织橡皮绝缘软线	RX	—	

二、导线的选择

绝缘导线截面的选择，应满足机械强度和安全载流量的要求，一般不需对电压损失进行校核。线路过长时，则需要进行校核。要选择哪一种导线，需根据负荷的性质和使用的环境来确定。

室内、办公室等场所可选用 RVB 或 RVS 型塑料绝缘线；农村磨房、水泵房等，可选用 BX 型橡皮绝缘电线；电动机的室内布线亦用橡皮绝缘电线，其靠近地面部分应选用 BVV 或 BLVV 型塑料护套或 NLV、NLVV 型铝芯地埋线；打谷场等户外动力用线及临时照明线路，宜用橡皮护套电缆或橡皮绝缘电线。

导线截面的选择原则：室内配线导线截面的选择应根据导线连续允许通过的电流（即允许载流量）、导线的机械强度、允许电压损失值等条件来确定。一般先按导线的允许载流量来选择其导线截面，再以其他条件校验。

1. 导线允许的载流量　导线长期允许通过的最大电流称为导线允许的载流量（也称导线的安全电流）。绝缘导线明敷时，长期允许通过的电流见表 3 - 2。

表 3 - 2　500 V 单芯橡皮、塑料绝缘导线明线敷设允许载流量

截面积（mm²）	BX、BLX、BXF、BLXF、BXR 型橡皮线允许载流量（A）		BV、BLV、BVR 型塑料线允许载流量（A）	
	铜芯	铝芯	铜芯	铝芯
0.75	18	—	16	—
1	21	—	19	—
1.5	27	19	24	18

（续）

截面积（mm²）	BX、BLX、BXF、BLXF、BXR 型橡皮线允许载流量（A）		BV、BLV、BVR 型塑料线允许载流量（A）	
	铜芯	铝芯	铜芯	铝芯
2.5	35	27	32	25
4	45	35	42	32
6	58	45	55	42
10	85	65	75	59
16	110	85	105	80
25	145	110	138	105
35	180	138	170	130
50	230	175	215	165
70	285	220	265	205
95	345	265	325	250

2. 线路允许的电压损失 由于导线具有一定的阻抗，因此电流流经导线时，要产生电压损失，线路越长，电压损失越大。规定自变压器二次侧出口至线路末端的允许电压损失不超过额定电压的 7％，照明线路不超过 10％。

对于三相四线制电路可按下式进行校验其电压损失。

铝线：$\Delta U(\%) = \dfrac{PL}{46S}$

铜线：$\Delta U(\%) = \dfrac{PL}{77S}$

式中 $\Delta U(\%)$ ——电压损失百分数；

L——线路长度（m）；

P——负荷功率（kW）；

S——导线截面（mm²）。

计算出室内线路的电压损失后，还要加上室外架空线路的电压损失，才能得出由负荷至配电变压器二次侧出口处的总电压损失。室内配线的电压损失，不宜大于额定电压的 5％。

3. 导线的机械强度 为保证导线的机械强度，各种配线方式所允许使用的最小导线截面积见表 3-3。

表 3-3 室内、外布线线芯最小允许截面积

配线方式		线芯最小允许截面积（mm²）		
		多股铜芯软线	铜 芯	铝 芯
灯头下引线		室内：0.4 室外：1.0	室内：0.5 室外：1.0	室内：1.5 室外：2.5
移动式用电 设备引线		生活用：0.2 生产用：1.0	不宜使用	
固定敷设的导线， 支持点间距离	1 m 以内	不宜使用	室内：1.0 室外：1.5	室内：1.5 室外：2.5
	2 m 以内			
	6 m 以内		室内：1.0 室外：1.5	室内：1.5 室外：4.0
	12 m 以内			
管内穿线			1.0	2.5

4. 实例 某学校有一条 220 V 照明供电线路，欲在 10 间教室里装电灯，每间教室装 60 W 的灯泡 4 个，线路进线端装有 RC1 A 型熔断器，环境温度为 25 ℃，试选择导线截面积。

解：

① 首先根据电线的允许载流量选择导线的截面。10 间教室的电灯总功率为：

$$P = 10 \times 60 \times 4 = 2\ 400\ (\text{W})$$

导线的工作电流：$I = \dfrac{P}{U} = \dfrac{2\ 400}{220} = 10.9\ (\text{A})$

查表 3-2，选择允许载流量为 18 A 的铝芯塑料线，相应导线截面积为 1.5 mm²。

② 按机械强度进行校核。由表 3-3 可知，采用铝芯电线进行室内照明布线时，为满足机械强度的要求，导线的最小允许截面积为 1.5 mm²，故所选电线符合机械强度要求。

③ 按线路允许电压损失进行校核，由于本题为室内布线，线路不长，故电压损失不大，无需校核。

④ 所选导线截面积与熔断器的配合，按导线工作电流为 10.9 A，应选择额定电流大于 10.9 A 的熔体。查有关要求，应选择额定电流为 15 A 的熔体和 RC1 A 型的熔断器。

三、导线连接的基本要求与规定

1. 导线连接的基本要求　导线与导线的连接处称为接头。接头处往往容易发生事故，在配电系统中，导线连接点是故障率较高的部位，轻者会使连接点发热烧坏绝缘和设备，重者可能引发火灾事故。因此，对导线连接和封端的基本要求是：

(1) 接触紧密，不得增加电阻。

(2) 接头处的绝缘强度不应低于导线原有的绝缘强度。

(3) 接头处的机械强度不应小于导线原有机械强度的 80%。

在配线过程中，由于导线的类型及敷设地点的不同，导线的连接方法有绞接、焊接、压接和螺栓连接等。

2. 导线连接的规定　根据导线连接的基本要求，对导线连接有如下规定：

(1) 铜（铝）芯导线的中间连接和分支连接应使用熔焊、锻焊、线夹、瓷接头或压接法连接。

(2) 截面为 $10\ mm^2$ 及以下的单股铜芯线、截面为 $2.5\ mm^2$ 及以下的多股铜芯线和单股铜芯线与电器的端子可直接连接，但多股铜芯线的线芯应先拧紧，搪锡后再连接。

(3) 多股铝芯线和截面超过 $2.5\ mm^2$ 的多股铜芯线的终端，应焊接或压接端子后，再与电器的端子连接（设备自带插接式的端子除外）。

(4) 使用压接法连接铜（铝）芯导线时，连接管、连接端子、压模的规格应与线芯截面相符。

(5) 使用气焊法或电弧焊法连接铜（铝）芯导线时，焊缝的周围应有凸起呈半圆形的加强高度，并不应有裂缝、夹渣、断肢及根部未焊合的缺陷；导线焊接后，接头处的残余焊药和焊渣应清除干净。

(6) 使用锡焊法连接铜芯导线时，焊锡应灌得饱满，不应使用酸性焊剂。

(7) 绝缘导线的中间和分支接头处，应用绝缘带包缠均匀、严密，并不低于原有的绝缘强度；在接线端子的端部与导线绝缘层的空隙处，应用绝缘带包缠严密。

四、导线绝缘层的剥切方法

1. 剥切基本方法　导线绝缘层的剥切方法有单层剥法、分段剥法和斜剥法三种（图 3 - 2）。对于单层绝缘导线如塑料绝缘线，应采用单层剥法；对绝缘层较多的，要采用分段剥法。无论哪种剥切方法，应注意剥切时都不得损伤线芯。

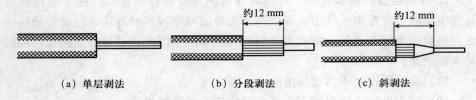

（a）单层剥法　　　　　（b）分段剥法　　　　　（c）斜剥法

图 3 - 2　导线绝缘层的剥切方法

2. 采用不同剥切工具剥除导线绝缘层

（1）小剪刀剥除　用小剪刀轻轻剪入导线的绝缘层，同时旋转导线半周以上，使其绝缘层被环切一周，剪切过程中应注意不可伤及芯线，然后用手拉掉线头上的绝缘层即可。对于护套线或电缆，应先剖开并剪去线头部分最外部的保护层，露出导线，再剥除线头的绝缘层。如图 3 - 3 所示。

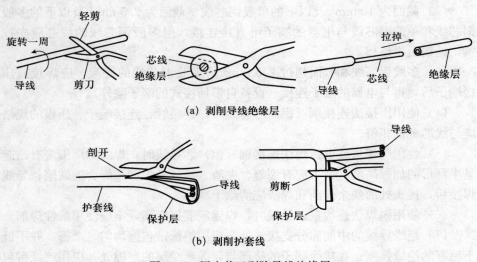

（a）剥削导线绝缘层

（b）剥削护套线

图 3 - 3　用小剪刀剥除导线绝缘层

（2）钢丝钳剥除　如图 3 - 4 所示，用钢丝钳的刃口轻轻切入导线的绝缘层，然后向线头方向拉开，即可拉掉线头部分的绝缘层。钢丝钳剥除法适用于芯线截面较小的绝缘导线。剥除过程中应注意掌握钢丝钳握紧的力度，力度过小不易剥除绝缘层，力度过大则会损伤甚至钳断芯线。

（3）电工刀剥除 用电工刀（或其他小刀）在导线需要的部位以45°斜角切入绝缘层，然后转动电工刀刀面以平行于芯线的方向向前推削，将导线绝缘层需剥除部分的上面削去，再将绝缘层的下面部分扳离芯线，用电工刀齐根切去即可，如图3-5所示。切削过程中应注意不可损伤芯线。

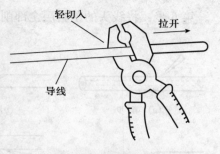

图3-4 用钢丝钳剥除导线绝缘层

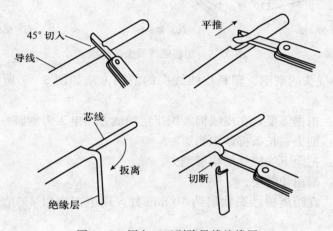

图3-5 用电工刀剥除导线绝缘层

3. 不同材料导线的剥削

（1）塑料硬线线头的剖削和皮线线头的剥削 线头剥削的长度，应根据连接时的需要而定，太长则浪费线，太短则影响连接质量。剥削时，应使刀口向外，以45°倾斜切入绝缘层，不可垂直切入，以免损伤芯线。

① 塑料硬线线头的剖削。塑料硬线线头的剖削方法如图3-6所示，其步骤如下。

第1步：电工刀以45°角倾斜切入塑料层。

第2步：当刀口将要切到芯线时，即应减小刀面与芯线间的夹角，然后把刀口向线端剥削。

第3步：削去一部分塑料层。

第4步：把另一部分塑料层翻下。

第5步：切去这部分塑料层。

第 6 步：将线头的塑料层全部削去，漏出芯线。

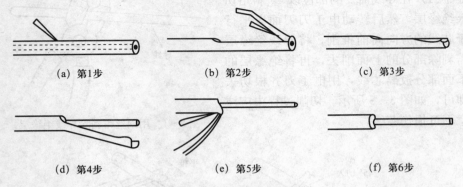

(a) 第1步　　　　　(b) 第2步　　　　　(c) 第3步

(d) 第4步　　　　　(e) 第5步　　　　　(f) 第6步

图 3-6　塑料硬线线头的剖削

② 皮线线头的剖削。塑料皮线线头的剖削方法如图 3-7 所示，其步骤如下。

第 1 步：根据需要，在皮线棉纱织指定的地方用电工刀划破一圈。

第 2 步：削去一长条棉纱织物层。

第 3 步：把余下的棉纱织物层剥去。

第 4 步：漏出橡胶层。

第 5 步：在距离棉纱织物层约 10 mm 处，用电工刀以 45°角倾斜切入橡胶层。

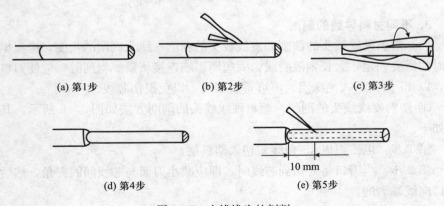

(a) 第1步　　　　　(b) 第2步　　　　　(c) 第3步

10 mm

(d) 第4步　　　　　(e) 第5步

图 3-7　皮线线头的剖削

皮线橡胶层的剥削方法同"塑料硬线线头的剖削"。

（2）塑料软线线头绝缘层的剖削　塑料软线线头的绝缘层宜采用钢丝钳的

刃口来剖削，如图3-8所示，其步骤如下。

　　第1步：按所需长度，用左手拿住电线。

　　第2步：根据线头所需长短用钢丝钳刃口切割绝缘层，但不可完全切破绝缘层，以免损伤芯线。

　　第3步：紧接上一动作，右手即应改变钢丝钳的握法，将握位移到钳头部分，向外勒出线头的绝缘层。

　　第4步：剥削出的线芯应保持完整无损，如果出现较多断股，应重新剥削。

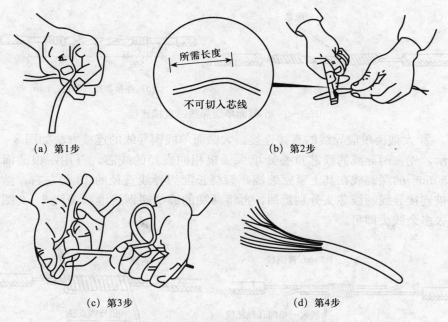

图3-8　塑料软线线头绝缘层的剖削

五、导线的连接方法

导线连接方法主要有：绞接法、压接法、焊接法等。

1. 导线的绞接法连接

（1）单股导线的绞接

① 小截面单股导线的直接连接。小截面单股铜导线的连接方法如图3-9所示，先将两导线的线芯线头作X形交叉，再将它们相互缠绕2～3圈后扳直

两线头，然后将每个线头在另一线芯上紧贴密绕 5～6 圈后剪去多余线头即可。

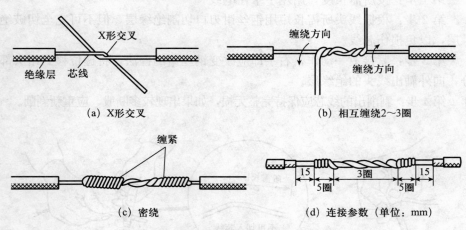

（a）X形交叉

（b）相互缠绕2～3圈

（c）密绕

（d）连接参数（单位：mm）

图 3-9　小截面单股导线的直接连接

②　大截面单股导线的直接连接。大截面单股铜导线的连接方法如图 3-10 所示，先在两导线的线芯重叠处填入一根相同直径的线芯，再用一根截面约 1.5 mm² 的裸铜线在其上紧密缠绕，缠绕长度为导线直径的 10 倍左右，然后将被连接导线的线芯头分别折回，再将两端的缠绕裸铜线继续缠绕 5～6 圈后剪去多余线头即可。

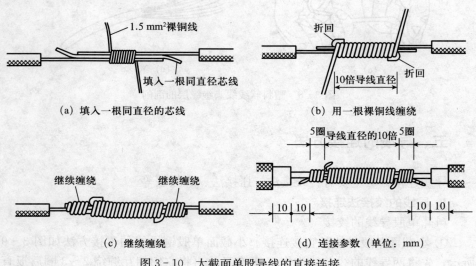

（a）填入一根同直径的芯线

（b）用一根裸铜线缠绕

（c）继续缠绕

（d）连接参数（单位：mm）

图 3-10　大截面单股导线的直接连接

③ 不同截面单股导线的连接。不同截面单股铜导线的连接方法如图 3-11 所示，先将细导线的线芯在粗导线的线芯上紧密缠绕 5～6 圈，然后将粗导线线芯的线头折回紧压在缠绕层上，再用细导线线芯在其上继续缠绕 3～4 圈后剪去多余线头即可。

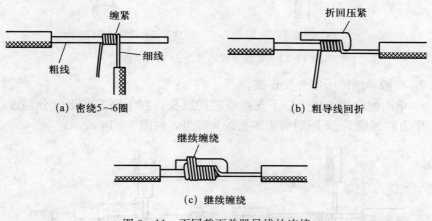

(a) 密绕5～6圈　　　　　(b) 粗导线回折

(c) 继续缠绕

图 3-11　不同截面单股导线的连接

④ 单股导线的 T 字分叉连接。

a. 直接连接。单股铜导线的 T 字分支连接如图 3-12 所示，将支路线芯的线头紧密缠绕在干路线芯上 5～8 圈后剪去多余线头即可。

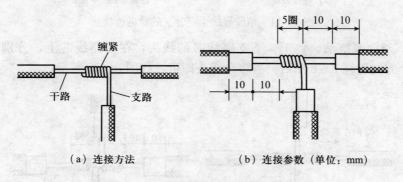

（a）连接方法　　　　　（b）连接参数（单位：mm）

图 3-12　单股导线的 T 字分叉直接连接

b. 打结连接。对于较小截面的线芯，可先将支路线芯的线头在干路线芯上打一个环绕结，再紧密缠绕 5～8 圈后剪去多余线头即可，如图 3-13 所示。

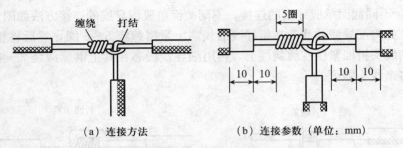

（a）连接方法   （b）连接参数（单位：mm）

图 3-13　单股导线的 T 字分叉打结连接

⑤ 单股导线的十字分支连接。

a. 单向缠绕法。将上、下支路线芯的线头，在干路芯线上，分别或合股沿一个方向缠绕 5~8 圈后剪去多余线头即可，如图 3-14 所示。

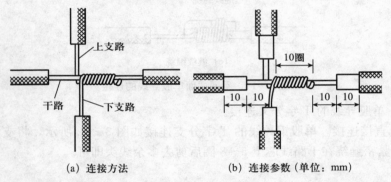

（a）连接方法   （b）连接参数（单位：mm）

图 3-14　单股导线十字分支的单向缠绕法

b. 双向缠绕法。将上、下支路线芯的线头，在干路线芯上，分别沿左、右两个方向缠绕 5~8 圈后剪去多余线头即可，如图 3-15 所示。

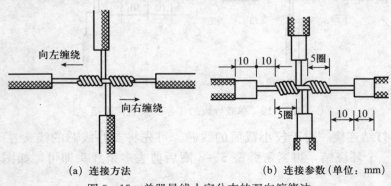

（a）连接方法   （b）连接参数（单位：mm）

图 3-15　单股导线十字分支的双向缠绕法

（2）多股导线的绞接

① 多股导线的直接连接。

a. 一次绞接法。首先把多股绞线的线芯顺次解开，剪去中间的一股，然后把两条绞线的每支线芯，顺次相互交错，再依次缠绕每股线芯即可，如图 3-16 所示。

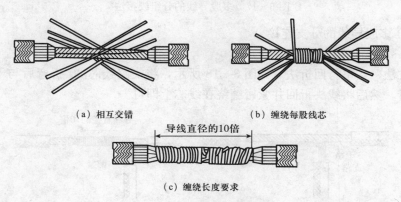

（a）相互交错　　　　　　　　（b）缠绕每股线芯

（c）缠绕长度要求

图 3-16　多股导线一次绞接法

b. 分组绞接法。分组绞接法如图 3-17 所示，先将剥去绝缘层的线芯头散开并拉直，接着把近绝缘层的 1/3 线段的线芯绞紧，然后把余下的 2/3 芯线头分散成伞状，并将每根线芯拉直；把两个伞状线芯头隔根对叉，并捏平两端线芯；接着把一端的 7 股线芯按 2 根、2 根、3 根分成 3 组，把第一组的 2 根线芯扳起，垂直于线芯，并按顺时针方向缠绕；缠绕 2 圈后，将余下的线芯向右扳直，再把第二组的 2 根线芯扳直，也按顺时针方向紧紧压住前两根扳直的线芯缠绕；缠绕两圈后，也将余下的线芯向右扳直，再把下边第三组的 3 根线芯扳直，按顺时针方向紧压前 4 根扳直的线芯向右缠绕；缠绕 3 圈后，切去每组多余线芯，钳平线端。用同样方法再缠绕另一边线芯。

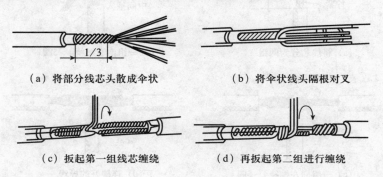

（a）将部分线芯头散成伞状　　　　（b）将伞状线头隔根对叉

（c）扳起第一组线芯缠绕　　　　（d）再扳起第二组进行缠绕

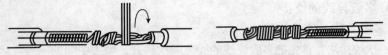

（e）缠绕第三组线芯　　　　　　（f）切去多余线芯并钳平

图 3 - 17　多股导线的分组绞接法

② 多股导线的分支连接。

a. T 形连接。

方法一：单行回折法。如图 3 - 18 所示，将支路线芯 90°折弯后与干路线芯并行，然后将线头折回并紧密缠绕在线芯上即可。

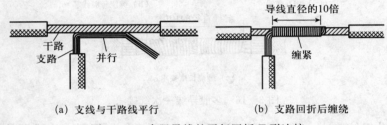

（a）支线与干路线平行　　　　　　（b）支路回折后缠绕

图 3 - 18　多股导线的平行回折 T 形连接

方法二：分组缠绕法。如图 3 - 19 所示，将支路线芯靠近绝缘层的约 1/8 线芯绞合拧紧，其余 7/8 线芯分为两组一组插入干路线芯当中，另一组放在干路线芯前面，并朝右边缠绕 4～5 圈，再将插入干路线芯当中的那一组朝左边缠绕 4～5 圈即可。

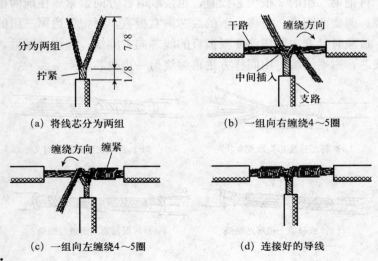

（a）将线芯分为两组　　　　　　（b）一组向右缠绕4～5圈

（c）一组向左缠绕4～5圈　　　　　　（d）连接好的导线

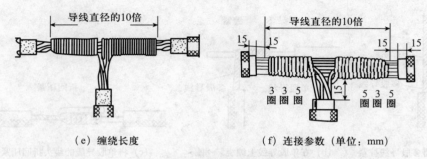

（e）缠绕长度　　　　　　　　（f）连接参数（单位：mm）

图 3 - 19　多股导线分组缠绕的 T 形连接

b. 倒人字形连接。多股导线可采用倒人字形连接，如图 3 - 20 所示。

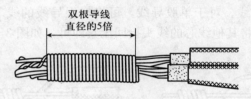

图 3 - 20　多股导线的倒人字形连接

c. 双线芯连接。双线芯连接如图 3 - 21 所示。

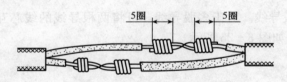

图 3 - 21　多股导线的双线芯连接

③ 分线连接。多股导线可采用分线连接，其连接方法如图 3 - 22 所示。

（3）其他情形的导线绞接

① 单股导线与多股导线的绞接。单股铜导线与多股铜导线的连接方法如图 3 - 23 所示，先将多股导线的线芯绞合拧紧成单股状，再将其紧密缠绕在单股导线的线芯上 5～8 圈，最后将单股线芯头折回并压紧在缠绕部位即可。

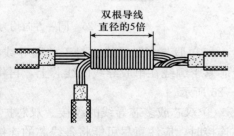

图 3 - 22　多股导线的分线连接

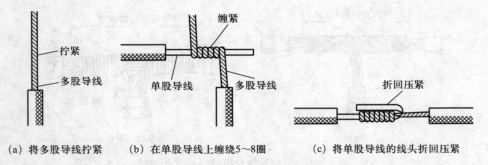

（a）将多股导线拧紧　　（b）在单股导线上缠绕5～8圈　　（c）将单股导线的线头折回压紧

图 3 - 23　单股导线与多股导线的绞接方法

② 同一方向导线的绞接。

a. 均为单股导线。对于单股导线，可将一根导线的线芯紧密缠绕在其他导线的线芯上，再将其他线芯的线头折回压紧即可，如图 3 - 24 所示。

图 3 - 24　同一方向均为单股导线的绞接方法

b. 均为多股导线。对于多股导线，可将两根导线的线芯互相交叉，然后绞合拧紧即可，如图 3 - 25 所示。

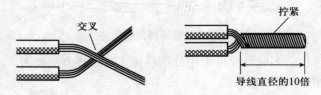

图 3 - 25　同一方向均为多股导线的绞接方法

c. 单股与多股导线。对于单股导线与多股导线的连接，可将多股导线的线芯紧密缠绕在单股导线的线芯上，再将单股线芯的线头折回压紧即可，如图 3 - 26 所示。

③ 双芯或多芯导线的绞接。双芯护套线、三芯护套线或电缆、多芯电缆在连接时，应注意尽可能将各线芯的连接点互相错开位置进行绞接，可以更好地防止线间漏电或短路。

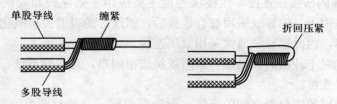

图 3-26　同一方向既有单股导线又有多股导线的绞接方法

各芯线的绞接方法与单股导线的绞接方法相同，如图 3-27 所示。

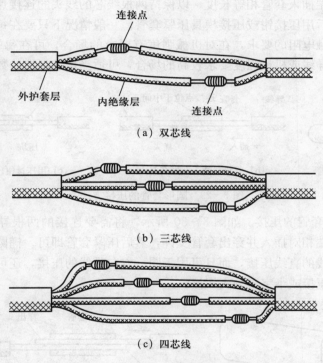

（a）双芯线

（b）三芯线

（c）四芯线

图 3-27　双芯或多芯导线的绞接方法

④ 软线与单股导线的绞接。首先将软线线芯在单股导线上缠绕 7～8 圈，再把单股导线的线芯向后弯曲压实，如图 3-28 所示。

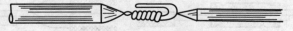

图 3-28　软线与单股导线的绞接方法

2. 导线的压接法连接 压接法连接主要应用于铝导线和较粗的铜导线的连接。这是因为：铝导线采用绞合连接后，铝线芯的表面极易氧化，日久将造成线路故障，因此铝导线通常采用紧压连接。

另外，对于较粗的铜导线，采用绞接法很困难，且接触不良，因此，也应采用压接法连接。

（1）相同导线材料之间的压接 对于两根同一导线材料之间的压接连接，可采用圆形套管和椭圆形套管进行压接。

① 圆形套管的压接。如图 3 - 29 所示，将需要连接的两根导线的线芯分别从左右两端插入套管相等长度，以保持两根线芯的线头的连接点位于套管内的中间，然后用压接钳或压接模具压紧套管，一般情况下只要在每端压一个坑即可满足接触电阻的要求，在对机械强度有要求的场合，可在每端压两个坑，对于较粗的导线或机械强度要求较高的场合，可适当增加压坑的数目。

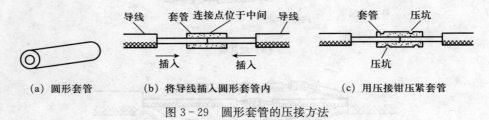

(a) 圆形套管　　　(b) 将导线插入圆形套管内　　　(c) 用压接钳压紧套管

图 3 - 29　圆形套管的压接方法

② 椭圆套管的压接。如图 3 - 30 所示，将需要连接的两根导线的线芯分别从左右两端相对插入并穿出套管少许，然后压紧套管即可。椭圆截面套管不仅可用于导线的直线压接，而且可用于同一方向导线的压接，还可用于导线的 T 字形分支压接或十字形分支压接。

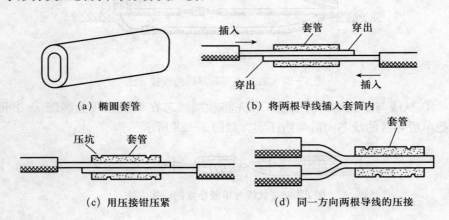

(a) 椭圆套管　　　　　　(b) 将两根导线插入套筒内

(c) 用压接钳压紧　　　　(d) 同一方向两根导线的压接

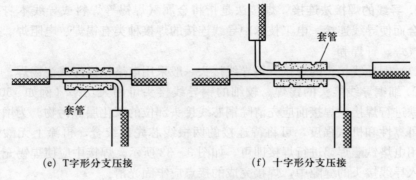

(e) T字形分支压接　　　　　　　　(f) 十字形分支压接

图 3 - 30　椭圆套管的压接方法

（2）不同导线材料之间的压接　当需要将铜导线与铝导线进行连接时，必须采取防止电化腐蚀的措施。因为铜和铝的标准电极电位不一样，如果将铜导线与铝导线直接绞接或压接，在其接触面将发生电化腐蚀，引起接触电阻增大而过热，造成线路故障。常用的防止电化腐蚀的连接方法有两种。

方法一：铜铝套管连接法。铜铝连接套管的一端是铜质，另一端是铝质，使用时将铜导线的线芯插入套管的铜端，将铝导线的线芯插入套管的铝端，然后压紧套管即可，如图 3 - 31 所示。

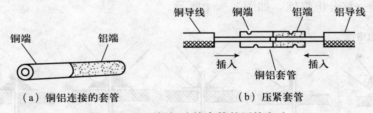

（a）铜铝连接的套管　　　　　　（b）压紧套管

图 3 - 31　用铜铝连接套管的压接方法

方法二：铜导线镀锡法。由于锡与铝的标准电极电位相差较小，在铜与铝之间夹垫一层锡也可以防止电化腐蚀。具体做法是先在铜导线的线芯上镀上一层锡，再将镀锡铜芯线插入铝套管的一端，铝导线的线芯插入该套管的另一端，最后压紧套管即可，如图 3 - 32 所示。

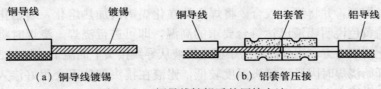

（a）铜导线镀锡　　　　　　　　（b）铝套管压接

图 3 - 32　铜导线镀锡后的压接方法

3. 导线的焊接法连接　焊接法是指将金属（焊锡等焊料或导线本身）熔化融合而使导线连接。电工技术中导线连接的焊接种类有锡焊、电阻焊、电弧焊、气焊、钎焊等。

（1）铜导线接头的焊接　铜导线接头一般采用电烙铁锡焊或浇锡焊。

① 细铜导线接头的锡焊。较细的铜导线接头可用大功率（例如 150 W）电烙铁进行焊接。焊接前应先清除铜芯线接头部位的氧化层和污物。为增加连接的可靠性和机械强度，可将待连接的两根线芯先行绞合，再涂上无酸助焊剂，用电烙铁蘸焊锡进行焊接即可，如图 3-33 所示。焊接中应使焊锡充分熔融渗入导线接头的缝隙中，焊接完成的接点应牢固光滑。

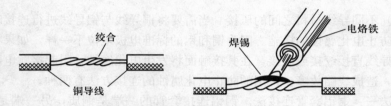

图 3-33　细铜导线接头的锡焊方法

手工焊接过程一般可分为 5 个步骤：准备焊接→加热焊件→熔化焊料→移开焊锡丝→移开电烙铁，如图 3-34 所示。

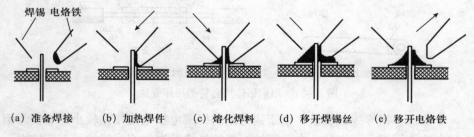

（a）准备焊接　（b）加热焊件　（c）熔化焊料　（d）移开焊锡丝　（e）移开电烙铁

图 3-34　手工焊接的 5 个步骤

② 较粗铜导线接头的浇锡焊。较粗（一般指截面 16 mm² 以上）的铜导线接头可用浇焊法连接。浇焊前同样应先清除铜芯线接头部位的氧化层和污物，涂上无酸助焊剂，并将线头绞合。将焊锡放在化锡锅内加热熔化，当熔化的焊锡表面呈磷黄色说明锡液已达符合要求的高温，即可进行浇焊。浇焊时将导线接头置于化锡锅上方，用耐高温勺子盛上锡液从导线接头上面浇下，如图 3-35 所示。刚开始浇焊时因导线接头温度较低，锡液在接头部位不会很好渗入，应反复浇焊，直至完全焊牢为止。浇焊的接头表面也应光洁平滑。

（2）铝导线接头的焊接　铝导线接头的焊接一般采用电阻焊或气焊。

① 铝导线接头的电阻焊。电阻焊是指用低电压大电流通过铝导线的连接处，利用其接触电阻产生的高温高热将导线的铝线芯熔接在一起。电阻焊应使用特殊的降压变压器（1 kVA、初级220 V、次级 6～12 V），配以专用焊钳和碳棒电极，如图 3-36 所示。

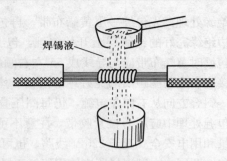

图 3-35　较粗铜导线接头的浇焊方法

② 铝导线接头的气焊。气焊是指利用气焊枪的高温火焰，将铝线芯的连接点加热，使待连接的铝线芯相互熔融连接。气焊前应将待连接的铝线芯绞合，或用铝丝或铁丝绑扎固定，如图 3-37 所示。

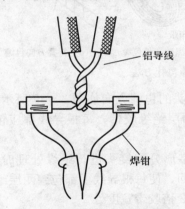

图 3-36　铝导线接头的电阻焊方法

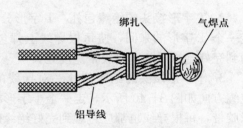

图 3-37　铝导线接头的气焊方法

六、导线绝缘层的恢复

导线接头连接以后，必须用绝缘带包扎，以恢复原来导线的绝缘强度。缠绕导线时应用力拉紧，粘紧可靠，防止潮气侵入。

绝缘带有橡胶带、黄蜡布带、黏性黑胶布带及黏性塑料带几种。在一般情况下，橡皮线的接头先用橡胶带缠绕一层，再用黑胶布带缠绕两层；塑料线的接头，用塑料带缠绕三层即可。缠绕时均用斜叠法，使每圈压叠带宽的一半，第一层缠绕完以后，再朝另一方向缠绕二层。

1. 一字形接头的绝缘包扎　一字形连接的导线接头可按图 3-38 所示进行

绝缘处理，先包缠一层黄蜡布带，再包缠一层黑胶布带。将黄蜡布带从接头左边绝缘完好的绝缘层上开始包缠，包缠两圈后进入剥除了绝缘层的线芯部分。包缠时黄蜡布带应与导线成55°左右倾斜角，每圈压叠带宽的1/2，直至包缠到接头右边两圈距离的完好绝缘层处。然后将黑胶布带接在黄蜡带的尾端，按另一斜叠方向从右向左包缠，仍每圈压叠带宽的1/2，直至将黄蜡带完全包缠住。包缠处理中应用力拉紧胶带，注意不可稀疏，更不能露出线芯，以确保绝缘质量和用电安全。对于220 V线路，也可不用黄蜡布带，只用黑胶布带或塑料胶带包缠两层。在潮湿场所应使用聚氯乙烯绝缘胶带或涤纶绝缘胶带。

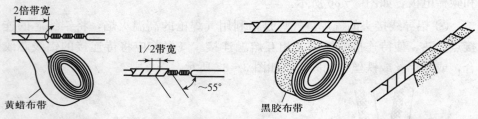

(a) 包缠黄蜡布带　(b) 与导线成55°夹角包缠　(c) 再用黑胶布带包缠　(d) 斜叠方向包缠

图 3 - 38　一字形接头的绝缘包扎方法

2. T 字形接头的绝缘包扎　T 字形分支接头的包缠方向如图 3 - 39 所示，走一个 T 字形的来回，使每根导线上都包缠两层绝缘胶带，每根导线都应包缠到完好绝缘层的 2 倍胶带宽度处。

3. 十字形接头的绝缘包扎　对导线的十字形分支接头进行绝缘处理时，包缠方向如图 3 - 40 所示，走一个十字形的来回，使每根导线上都包缠两层绝缘胶带，每根导线也都应包缠到完好绝缘层的 2 倍胶带宽度处。

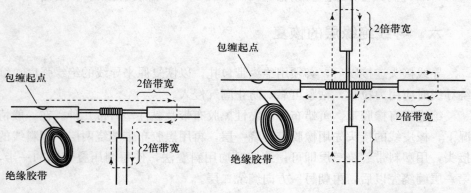

图 3 - 39　T 字形接头的绝缘包扎方法　　　图 3 - 40　十字形接头的绝缘包扎方法

4. 用压线帽封端 在现代电气照明线路安装及电器接线工作中，使用专用压线帽来恢复导线线头的绝缘已成为快捷的工艺，如图3-41所示。

图3-41 用压线帽封端

使用压线帽恢复绝缘时，压线帽要有足够的机械强度。采用压接钳压接后，可用手拉动压线帽检查压接情况，出现脱落和松动时应重新压接。

当接线盒内的导线采用压线帽连接时，应根据不同的导线和根数采用相应的压线帽。压线帽的裸露导线应不长于1 mm。

5. 绝缘层包扎的检验

（1）使用绝缘带包缠导线时，缠绕应紧密，不能露出导线的线芯。

（2）在380 V线路上恢复导线绝缘时，先包缠1～2层黄蜡布带，然后包缠1层黑胶布带。而在220 V线路上恢复导线绝缘时，先包缠1层黄蜡布带，再包缠1层黑胶布带或只包缠两层黑胶布带。当导线采用缠绕连接时，应采用锡焊并包扎两层绝缘胶布（一层为高压绝缘，一层为防水绝缘）。

（3）绝缘带存放时要避免高温，也不可接触油类物质。

第三节 室内明线敷设方法

室内明线敷设是指导线沿墙壁、天花板、顶棚、梁、柱子等表面进行安装，农村室内照明线路一般采用明线敷设。

明线通常采用单股绝缘硬导线或塑料护套硬导线，这样有利于固定和保持走线平直。

明线敷设一般采用塑料线卡、铝片线卡（钢精扎头）、瓷夹板、线槽、线管、瓷珠、绝缘子等方式进行固定安装。

一、铝片线卡布线

铝片线卡又称为钢精扎头。用铝片线卡进行导线布线的流程是：定位→划线→固定铝片线卡→敷设导线→夹持铝片线卡。

有塑料保护层的双芯或多芯绝缘导线，即称为塑料护套线或护套线，如图3-42所示。护套线具有防潮、耐酸、耐腐蚀等性能，且具有一定的硬度，可直接用铝片线卡敷设在建筑物的表面。

图3-42　塑料护套线（护套线）

1. 定位　按设计图样要求或现场情况，确定线路的走向，用粉线袋按确定的位置弹线。明配时，每隔150～300 mm画出固定铝片线卡的固定点，距开关、插座和灯具的木台50 mm处都须设置铝片线卡的固定点。

2. 画线　根据确定的位置和线路的走向用弹线袋或墨线画线。方法如下：在需要走线的路径上，将弹线袋的线拉紧绷直，弹出线条，要求横平竖直。垂直位置用吊铅垂线的方法画线，水平位置一般通过目测画线。

3. 固定铝片线卡

（1）铝片线卡的组成　钢精扎头由薄铝片冲轧制成，形状如图3-43所示。铝片线卡的型号由小到大依次为0号、1号、2号、3号、4号等，号码越大，长度越大。在室内外照明线路中，通常采用0号和1号铝片线卡。

（2）固定铝片线卡的方法　在木结构上和安装了木榫的墙上，可用铁钉固定铝片线卡；在抹灰浆的砖墙上，每隔3～4挡距及在进入木台和转角处，用铁钉在木榫上固定铝片线卡，其余可用小铁钉直接将铝片线卡钉在灰浆层中，但铁钉的长度要合适，太长会使铁钉打弯反而固定不牢，太短也会固定不牢。

在混凝土墙或没有灰浆层的楼板上，还可用环氧树脂粘接剂固定铝片线卡。如在楼板上用木榫固定铝片线卡时，必须寻找楼板缝隙打木榫孔，施工时，不能因打木榫而破坏楼板强度。

（3）铝片线卡的间距　铝片线卡的距离规定为：线卡与线卡之间的距离为 120～200 mm，弯角处线卡与弯角顶点的距离为 50～100 mm，线卡与开关、灯座的距离为 50 mm。

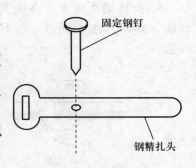

图 3-43　铝片线卡的组成

4. 敷设导线　护套线要敷设得平直。因此，在放线时就要注意保持导线平直，不能弯折。如已弯折，可用螺钉旋具木柄捋直。敷设时，可在直线部分的两端各装一副瓷夹，或用木螺钉固定的小型紧线器把护套线拉直，依次夹入铝片线卡中，最后将两端的导线捋直，以便进入木台或接线盒。

敷设导线工作是保证塑料护套线敷设质量的重要环节，不可使导线产生扭曲现象。

首先将护套线按需要放出一定的长度，用钢丝钳将其剪断，然后敷设。敷设时，一手持导线，另一手将导线固定在铝片线卡上。如需转弯时，弯曲半径不应小于护套线宽度的 3～6 倍，转弯前后应各用一个铝片线卡夹住。

如果线路较长，可一人放线，另一人敷设。注意放出的导线不得在地上拖拉，以免损伤导线的护套层。护套线的敷设必须横平竖直，以确保布线美观。

对于截面积较大的护套线，为了敷直，可在直线部分的两端各装一副瓷夹，敷线时先把护套线的一端同定在瓷夹内，然后勒直并在另一端收紧护套线，将其固定在另一副瓷夹中，最后按照每隔 150～200 mm 的相等间距依次把护套线夹入铝片线卡中，如图 3-44 所示。

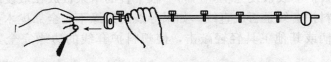

图 3-44　用瓷夹与铝片线卡配合敷设较粗的护套线

5. 夹持铝片线卡 在拉紧、拉直导线后，可将铝片线卡收紧并紧箍护套线，具体方法如图 3 - 45 所示，最后将末端的导线捋直，以便进入接线盒。

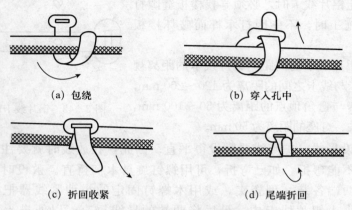

(a) 包绕　　　　　　　　　(b) 穿入孔中

(c) 折回收紧　　　　　　　(d) 尾端折回

图 3 - 45　夹持铝片线卡的操作方法

6. 布线安装注意要点

（1）室内使用塑料护套线配线时，其截面积：铜芯线不应小于 $1.0\ mm^2$，铝芯线不应小于 $1.5\ mm^2$；室外使用塑料护套线配线时，其截面积：铜芯线不应小于 $1\ mm^2$，铝芯线不应小于 $2.5\ mm^2$。

（2）护套线不可在线路上直接连接，放线时要特别注意长度；护套线的连接一般采用瓷接头、接线盒或借用其他电器的接线端头来完成。

（3）护套线转弯时，拐弯圆弧要大些，弧度半径不应小于导线外径的 6 倍，拐弯角度不应小于 90°，以免损伤导线；拐弯前后应各用一个铝片线卡夹住。

（4）要先固定好护套线后再安装固定木台，距木台 30～40 mm 应安装一个铝片线卡。

（5）用塑料护套线配线时，应尽量避免交叉，如在施工中两根导线必须交叉时，交叉处要用 4 个铝片线卡夹住，两线卡距交叉点在 30 mm 左右。

（6）塑料护套线敷设完毕，可将一根平直的木条板放在敷设线路的边缘上，验看塑料护套线是否成直线。如果导线的边缘不完全靠拢木条板时，可用螺钉旋具柄或其他工具轻轻敲击，使塑料护套线的边缘完全紧靠木条板为止。

（7）塑料护套线的离地距离不得小于 0.15 m，对穿越墙、楼板及离地低于 0.15 m 的一段护套线，应加电线管保护。

（8）塑料护套线不宜直接埋入抹灰层内暗配敷设，也不得在室外露天场所明配敷设。由于导线的截面积较小，大容量电路不能采用护套线配线。

图 3-46 所示为护套线配线实例。

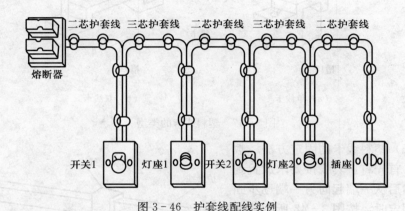

二芯护套线 三芯护套线 二芯护套线 三芯护套线 二芯护套线

熔断器

开关1 灯座1 开关2 灯座2 插座

图 3-46 护套线配线实例

二、塑料线卡布线

用塑料线卡进行导线敷设，主要适用于塑料护套线，其敷设工艺流程是：画线定位→敷设导线→固定塑料线卡。

1. 画线定位 按设计图样要求或现场情况，确定线路的走向，用粉线袋按确定的位置弹线。明配时，每隔 150～300 mm 画出固定塑料线卡的固定点，距开关、插座和灯具的木台 50 mm 处都须设置塑料线卡的固定点。

2. 敷设导线 护套线要敷设得平直。因此，在放线时就要注意保持导线平直，不能弯折。如已弯折，可用螺钉旋具木柄捋直。敷设时，可在直线部分的两端各装一副瓷夹，或用木螺钉固定的小型紧线器把护套线拉直，依次夹入塑料线卡中，最后将两端的导线捋直，以便进入木台或接线盒。

3. 固定塑料线卡

（1）塑料线卡的类型 塑料线卡由塑料线卡和固定钢钉组成。图 3-47a 为单线卡，用于固定单根护套线；图 3-47b 为双线卡，用于固定两根护套线。线卡的槽口宽度具有若干规格，以适用于不同粗细的护套线。

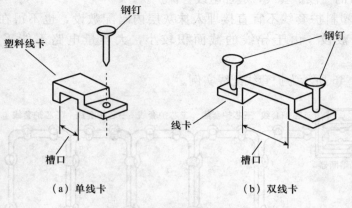

（a）单线卡　　　　　　　（b）双线卡

图 3-47　塑料线卡的类型

（2）塑料线卡的固定方法　敷
设时，首先将护套线按要求放置到
位，然后从一端起向另一端逐步固
定。固定时，按图 3-48 所示将塑
料线卡卡在需固定的护套线上，钉
牢固定钢钉即可。

（3）敷设技巧

① 一般直线可每间隔 20 cm
左右固定一个塑料线卡，并保持各
线卡间距一致。

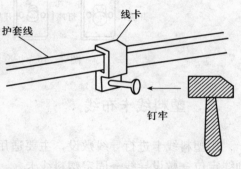

图 3-48　塑料线卡的固定

② 在护套线转角处、进入开关盒、插座盒或灯头时，应在相距 5～10 cm
处固定一个塑料线卡，如图 3-49 所示。

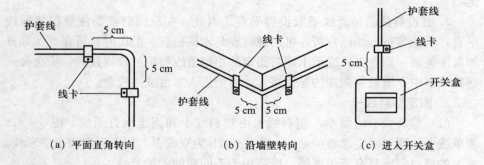

（a）平面直角转向　　　　　（b）沿墙壁转向　　　　　（c）进入开关盒

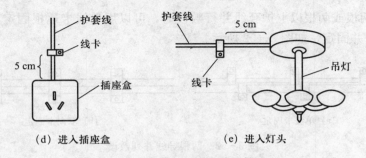

（d）进入插座盒　　　　　　　（e）进入灯头

图 3 - 49　转角与接头处的敷设

③ 走线应尽量沿墙角、墙壁与天花板夹角、墙壁与壁橱夹角敷设，并尽可能避免重叠交叉，既美观又便于日后维修，如图 3 - 50 所示。

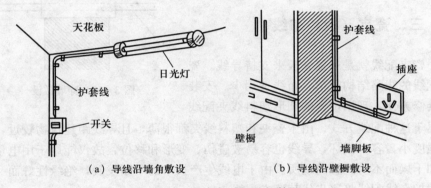

（a）导线沿墙角敷设　　　　　（b）导线沿壁橱敷设

图 3 - 50　墙角与壁橱处的敷设

④ 如果走线必须交叉，则应按图 3 - 51 所示用线卡固定牢固。

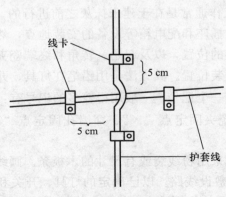

图 3 - 51　交叉敷设

⑤ 两根或两根以上护套线并行敷设时，可以用单线卡逐根固定，也可用双线卡一并固定，如图3-52所示。

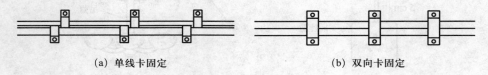

(a) 单线卡固定   (b) 双向卡固定

图3-52 两根导线并列敷设

⑥ 布线中如需穿越墙壁，应给护套线加套保护套管，如图3-53所示。保护套管可用硬塑料管，并将其端部内打磨圆滑。

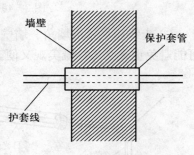

图3-53 穿墙敷设

三、瓷夹（板）布线

瓷夹配线就是用瓷夹板来支持导线。瓷夹配线的线路结构简单、布线费用少、安装和维修方便，现用市售的圆形塑料线夹配线也属于这种配线方式。由于瓷夹和塑料线夹都很薄，且导线距建筑物较近，拉伸强度小，容易损坏，导线也容易被碰伤、变形和移位，故仅能用于用电量较小和干燥而不易碰触的场所。由于电线生产技术的不断发展，绝缘性好而又经济的护套线配线将逐步代替瓷夹配线。

瓷夹布线的工艺流程是：定位→画线→凿木榫孔→钉入木榫→固定瓷夹→敷设导线

1. 定位 定位工作通常是在土建未抹灰之前进行的。首先按施工图样要求确定灯具、开关、插座和配电箱等设备的安装地点，然后再确定导线的敷设位置、穿墙和楼板的位置，以及起始、转角和终端瓷夹的固定位置，最后确定中间瓷夹板的安装位置。其方法是用铅笔在灯具、开关、插座及各瓷夹已确定的固定点上画一个记号。一般用得较多的记号有：插座固定点"人"、灯具固定点"⊗"、瓷夹固定点"×"、穿墙孔固定点"○"、配电箱固定点"□"。

2. 画线 画线可采用粉线袋或有尺寸的木板条。画线时，尽可能沿房屋线脚、墙角等处设计敷设线路。以已确定的灯具、开关和插座等固定点为一点，在该点由一人用手按住粉线，由另一人将粉袋拉过纱线，并按住另一头，用手指提起纱线后迅速松开，于是在墙上或楼板面上就弹出带颜色的线迹。画线时，如果室内已粉刷，要注意不要弄脏建筑物，否则墙面要重新粉刷。

用木条板画线可一人进行操作，但所用木条板不宜过长，以免在画线中因侧向力而移位。

在安排瓷夹位置时，要注意两夹板间的距离，排列要对称均匀。当导线截面积为 1～2.5 mm² 时，两夹板固定点间的最大允许距离为 0.6 m；当导线截面积为 4～10 mm² 时，因系大号夹板，两固定点间的最大允许距离为 0.8 m。

3. 凿木榫孔　在砖墙、水泥墙、水泥楼板上固定瓷夹之前，需要凿木榫孔以钉入木楔（榫）。

砖墙木榫孔的錾打，可用小扁凿或一头有齿的钢管凿进行錾打；水泥墙木榫孔的錾打，可用麻线錾；也可以用冲击钻在墙上直接钻孔。

凿木榫孔的要点如下：

（1）木榫孔应严格地錾打在标画的位置上，以保持支持点的间距均匀和高低一致。

（2）木榫孔径应略小于木榫 2～3 mm，孔深应大于木榫长度约 5 mm。

（3）木榫孔应錾打得与墙面保持垂直，不应出现左右或上下歪斜，同时保持孔径的口底一致，不应出现口大底小的喇叭口状。

4. 钉入木榫

（1）木榫的制作方法

① 砖墙木榫的削制。用圆盘锯或带锯将干燥的细皮松木锯成 12 mm×12 mm 的方木条，然后用电工刀将头部削成正八边形，再用锯割成所需长度，用于固定瓷夹板。如固定开关、插座和灯具木台，则木榫用截面边长为 2.5～4 cm 的方木条削成（图 3-54）。

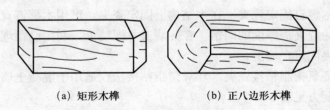

(a) 矩形木榫　　　　　(b) 正八边形木榫

图 3-54　木榫的形状

② 水泥墙木榫的削制。方法同上，但因水泥墙能承受较大的挤压力，故可将木榫尺寸放粗一点。

③ 用电工刀削制木榫时要注意安全，不要伤手，同时不能用锤子敲击电

工刀刀背，以免电工刀被损坏。

（2）木榫的安装方法 先把木榫的头部塞入木榫孔，用锤轻击几下，待木榫进入孔内约 1/3 后，检查木榫是否与墙面垂直，如不直应及时纠正；并检查木榫松紧是否适当，如过紧则会打烂榫尾，过松则打入的木榫松动不牢固。安装时，木榫尾部不应被打烂，且尾部应打得与墙齐平，不能凸起或陷进过多。

5. 固定瓷夹

（1）瓷夹的类型 瓷夹有双线式、三线式等形式，包括上瓷夹板、下瓷夹板和固定螺钉，如图 3-55 所示。双线式瓷夹具有两条线槽，用于固定两根导线。三线式瓷夹具有 3 条线槽，用于固定 3 根导线。

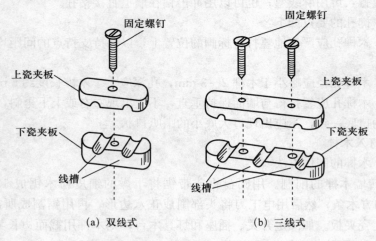

图 3-55 瓷夹的类型

（2）用木螺钉固定瓷夹 在木结构上固定瓷夹，可用木螺钉直接拧入，木螺钉的长度为瓷夹板厚度的两倍。在砖墙或水泥墙上，利用已预埋的木榫，用木螺钉将瓷夹固定在墙上。

（3）用环氧树脂粘接瓷夹 环氧树脂粘接法仅适用于混凝土墙面。环氧树脂粘接剂的配方见表 3-4。

表 3-4 环氧树脂粘接剂配比表（%）

粘接剂名称	粘接剂配比（质量分数）			
环氧树脂滑石粉 粘接剂	6101 环氧树脂	苯二甲酸二丁酯	二乙烯三胺	滑石粉
	100	20	6~8	100

（续）

粘接剂名称	粘接剂配比（质量分数）			
环氧树脂石棉粉粘接剂	6101 环氧树脂	苯二甲酸二丁酯	二乙烯三胺	石棉粉
	100	20	6~8	10
环氧树脂水泥粘接剂	6101 环氧树脂	苯二甲酸二丁酯	固化剂乙二胺	水泥
	100	30	13~15	300
	100	40	13~15	300
	100	50	13~15	400

用环氧树脂粘接时，先将瓷夹底部用钢丝刷刷干净，再用湿布揩净晾干，然后将粘接剂涂在瓷夹底部，涂料要均匀，不能太厚。粘接时用手边压边转，使粘接面有良好的接触，粘接后保持 1~2 天即可。

配制粘接剂时，先将环氧树脂与苯二甲酸二丁酯按配比调和；再按配比加入填料（水泥、滑石粉或石棉粉）搅拌均匀，最后按配比准确加入固化剂乙二胺（或二乙烯三胺）充分搅拌成糊状即可。调好后的粘接剂，必须在一小时内用完，因此，一次不要配得过多，以免凝固不能使用，造成浪费。固化剂乙二胺和乙二烯三胺均是有毒试剂，配料时不要用手直接接触，可戴橡胶手套操作；配制完毕可用丙酮将手擦净。夹板在粘接前要先穿上沉头螺钉，如图 3-56 所示。

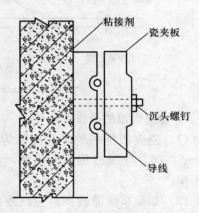

图 3-56 瓷夹板的粘接固定

6. 敷设导线 敷设导线前，将盘着的导线顺着缠绕方向放线，以免产生弯折或打结。先将导线的一端固定在瓷夹内，拧紧螺钉压牢导线，然后用抹布或螺钉旋具捋直导线，如图3-57所示。

直线敷设时，先将瓷夹板用木螺钉轻轻固定在木楔子上，木螺钉暂不要拧紧。然后将两根单股绝缘导线分别放入瓷夹板的两条线槽内，拧紧固定螺钉即可。固定时，应如图3-58所示，先拧紧一端的瓷夹板，拉直导线后再拧紧另端的瓷夹板，最后拧紧中间各个瓷夹板，这样可以保持走线平直美观。

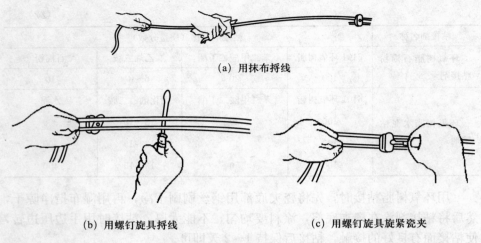

(a) 用抹布捋线

(b) 用螺钉旋具捋线　　　　　　　　(c) 用螺钉旋具旋紧瓷夹

图 3-57　瓷夹内导线的敷设方法

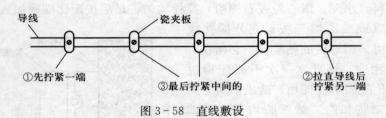

导线　　　　　　　　瓷夹板

①先拧紧一端　　③最后拧紧中间的　　②拉直导线后
　　　　　　　　　　　　　　　　　　　拧紧另一端

图 3-58　直线敷设

7. 瓷夹敷设的操作要点

（1）瓷夹板配线的导线截面应在 1～6 mm² 之间，导线过粗不能入槽，过细则夹不牢。

（2）如果布线需转向，应在距导线转角处 5～10 cm 用瓷夹板固定，如图 3-59所示。

（3）4 根导线平行敷设时，可以用双线式瓷夹板每两根分别固定，也可用三线式瓷夹板整体固定，如图 3-60所示。

导线在墙面上转弯时，应在转弯处装两副瓷夹；必须把导线弯成圆角，以防损伤导线。

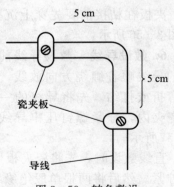

5 cm

5 cm

瓷夹板

导线

图 3-59　转角敷设

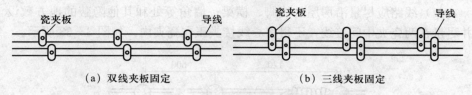

（a）双线夹板固定　　　　　　　　　　（b）三线夹板固定

图 3-60　双线与三线敷设

（4）导线绕过梁柱头时，必须适当加垫瓷夹，以保证导线与建筑物表面有一定的距离，如图 3-61 所示。

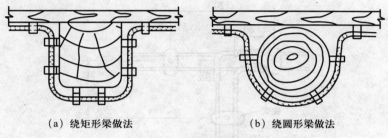

（a）绕矩形梁做法　　　　　　　　　　（b）绕圆形梁做法

图 3-61　绕梁柱敷设

（5）两条电路的 4 根导线相互交叉时，应在交叉处分装 4 副瓷夹，压在下面的两根导线上应各套一根塑料管或瓷管，管的两端导线都要用瓷夹夹住，如图 3-62a 所示。

（6）线路跨越水管、蒸汽管和其他金属部件时，应在跨越的导线上套管保护；在套管的两端导线处必须用瓷夹夹牢，防止套管移动；在跨越蒸汽管道时要用瓷管保护，瓷管与蒸汽管保温层外需有 2 cm 距离，如图 3-62b 所示。

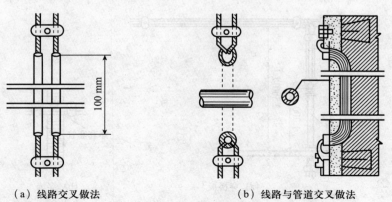

（a）线路交叉做法　　　　　　　　　　（b）线路与管道交叉做法

图 3-62　交叉敷设

（7）线路应尽量沿房屋的线脚、横梁、墙角等处和其他隐蔽的地方敷设，并尽量在两瓷夹中间接线，不得将导线接头压在瓷夹内，如图3-63所示。

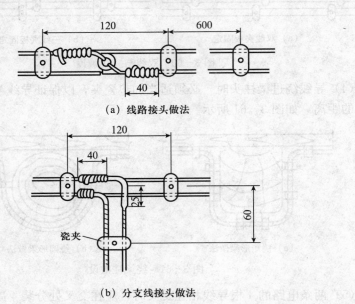

图3-63　线路接头的敷设（单位：mm）

（8）水平敷设线路距地面高度一般应在2.5 m以上；距开关、插座、灯具和接线盒以及导线转角的两边5 cm处均应安置瓷夹。开关、插座如设计无要求，一般与地面间的距离不应低于1.3 m。导线穿越楼板时，在离地1.3 m处的部分导线应套钢管保护，导线穿墙时，导线应穿套套管，如图3-64所示。

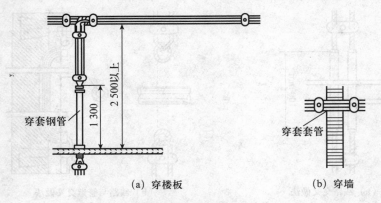

图3-64　导线穿墙和穿楼板（单位：mm）

四、槽板布线

线槽配线是将绝缘导线敷设在线槽内，上面用盖板盖住，可固定在建筑物或设备上的一种配线方式。

在室内不便于敷设暗线的任何地方，甚至包括屋檐、过道等，都可用线槽配线。线槽配线一般不影响房屋的美观，性价比高。

1. 槽板的结构

（1）槽板的类型

按材料不同，槽板可分为木槽板和塑料槽板。

按形状不同，槽板可分为矩形槽板、弧形槽板、隔栅形槽板等。

按布线方式不同，槽板可分为：一线、二线、三线、四线、五线和六线槽板。

常见的槽板如图 3-65 所示。

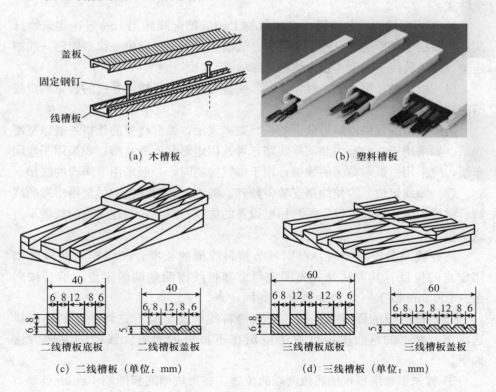

（a）木槽板　　　　　（b）塑料槽板

（c）二线槽板（单位：mm）　　　（d）三线槽板（单位：mm）

(e) 弧形槽板

(f) 矩形槽板

(g) 隔栅形槽板

图 3-65 槽板的类型

（2）槽板的结构 槽板由线槽板和盖板组成，盖板可以卡在线槽板上。采用塑料线槽板固定布线，是将导线放在线槽板内固定在墙壁或天花板表面，直接看到的是线槽板而不是导线，因此比直接敷设导线要美观一些。由于线槽板一般由阻燃材料制成，所以采用塑料线槽板布线还提高了线路的绝缘性能和安全性能。

2. 槽板配线的工艺流程 在建筑物上的线槽配线施工，一般在建筑物抹灰和粉刷层干燥后进行，施工步骤为：线槽选用→画线定位→线槽固定→线槽连接→槽内放线→固定盖板→线路绝缘检查。

（1）槽板的选用 施工时，根据导线直径及各段线槽中导线的数量确定线槽的规格。

矩形线槽的规格以矩形截面的长、宽来表示，弧形线槽的规格一般以宽度表示。如果用于一般室内照明等线路，可选用矩形截面的线槽；如果用于地面布线，应采用带弧形截面的线槽；用于电气控制时，一般采用带隔栅的线槽。

（2）画线定位 为使线路安装得整齐、美观，塑料线槽应尽量沿房屋的线脚、横梁、墙角等处敷设，并与用电设备的进线口对正，与建筑物的线条平行或垂直。

选好线路敷设路径后，根据每节塑料线槽的长度，测定塑料线槽底槽固定点的位置。其方法是：先测定每节塑料线槽两端的固定点，然后按间距（500 mm 以下）均匀地测定中间固定点。

（3）槽底板的固定与连接 安装塑料线槽前，应首先将平直的槽板挑选出来，剩下的弯曲槽板可设法应用在不显眼的地方。线槽的固定方法如下。

① 首先要考虑每根槽底板两端的位置，在每块槽底板两端 40 mm 处要有

一个固定点，其余各固定点间的距离在 500 mm 以内大致均匀固定。

如在大理石或瓷砖墙面等不易钉钉子的地方布线，则可用强力胶将线槽板粘牢在墙壁上。固定线槽板时要保持横平竖直，力求美观。

② 底板对接及盖板对接如图 3 - 66 所示。

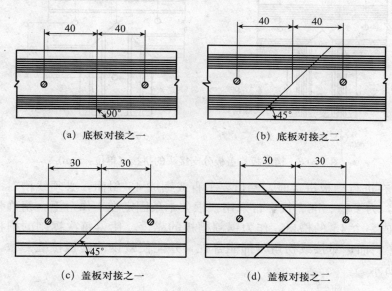

(a) 底板对接之一　　　　　　(b) 底板对接之二

(c) 盖板对接之一　　　　　　(d) 盖板对接之二

图 3 - 66　槽底板、盖板的对接（单位：mm）

③ 在导线 90°转向处，应将线槽板裁切成 45°角进行拼接，如图 3 - 67 所示。

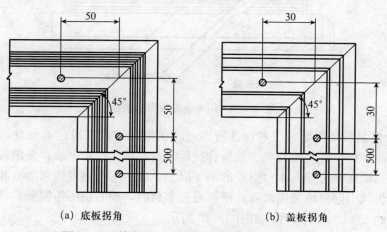

(a) 底板拐角　　　　　　　　(b) 盖板拐角

图 3 - 67　槽底板、盖板拐角的拼接（单位：mm）

④ 底板、盖板分支接头的拼接如图 3-68 所示。

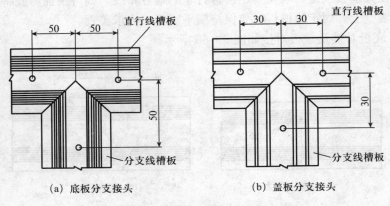

(a) 底板分支接头　　　　　　(b) 盖板分支接头

图 3-68　槽底板、盖板分支接头的拼接（单位：mm）

⑤ 在进行槽板拼接时，端口要平直或锯成 45°斜面，必须线槽对准。在施工中，为了稳、准、快，常采用一根方木条固定在工作台上，精确量好角度，锯成一个 45°的槽口，作为锯割槽板的靠模，使得每次锯割的槽板都能保持 45°斜面；对接或拐角时都能合拢，并能使敷设的槽板接缝一致，如图 3-69 所示。

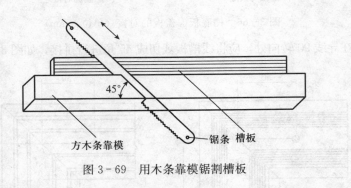

图 3-69　用木条靠模锯割槽板

⑥ 灯具和插座通常用木台进行固定。在槽板进入或通过木台处，应将木台在槽板进口位置，按其底、盖板合拢后的截面尺寸挖掉一块，使槽板一头进入木台。槽底板应伸入木台空腔的 2/3 以上，以免木台内导线与墙壁相碰或在潮湿的天气引起对地短路故障；槽板通过木台时，槽底板不需割断，槽盖板伸入木台约 5~10 mm 即可，如图 3-70 所示。

（4）槽内放线　敷设导线以一分路一条线槽为原则。塑料线槽内不允许有导线接头，以免隐患。如必须接头时要加装接线盒。导线敷设到灯具、开关、插座等接头处，要留出 100 mm 左右的线头，用作接线。在配电箱和集中控制的开关板等处，按实际需要留足长度，并在线段上做好统一标记，以便接线时识别。

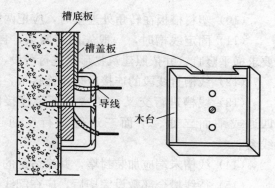

图 3-70　槽板伸入木台

（5）固定盖板　一般是边敷设导线边将盖板固定在槽底板上。木槽盖板可用铁钉直接钉在底板的木脊上，钉子钉入要直，且在槽脊梁中心线上，不能碰到导线；钉子与钉子之间的距离不应大于 300 mm，最末一只钉子离槽板端部 15～20 mm。盖板连接时，盖板接口与底板接口应错开，其间距应大于 400 mm。导线在槽内要放平直，放线时可边向槽内放入，边用抹布将导线捋直，中途不能将导线剪断，待敷到终端进入木台后还要再留 100 mm 出线头，以便连接灯具等。

3. 槽板配线注意要点

（1）槽板所敷设的导线应采用绝缘线，铜导线的线芯截面积不应小于 0.5 mm²，铝导线的线芯截面积不应小于 1.5 mm²。

（2）槽板在转角处连接时，应将底线槽内侧削成圆形，以免在敷设导线时碰伤导线绝缘。

（3）靠近暖气片的地方不应采用塑料槽板。

（4）塑料槽板在一平面转向另一平面时，应将朝内转折的槽底板、槽盖板都切成"A"形，而将朝外转折的槽底板、槽盖板都切成"V"形，并在沸水中加温，折成所需的角度。

（5）槽板在分支连接时，在连接处把底槽的筋用锯子锯掉，铲平，以便导线通过。

（6）槽板内的导线不应有接头，尽可能在开关、插座内接头或采用接线盒。在同一线槽内不得敷设不同相位的导线。

（7）两条电路的 4 根导线相互交叉时，在导线的交叉处应加强绝缘。

（8）固定槽底时要钻孔，以免线槽开裂。

（9）使用钢锯时，要小心锯片折断伤人。

（10）塑料槽板在转角处连接时，应把两根槽板端部各锯成45°斜角。

（11）固定线槽时，一般先固定两端，再固定中间；同时找正线槽底板，要求横平竖直，并依照建筑物形状进行敷设。

（12）线槽直线段的连接应采用连接板，接茬儿处的缝隙应严密平齐。

（13）线槽进行交叉、转弯、丁字连接时，应采用单通、二通、三通、四通或平面二通、平面三通等进行变通连接。在导线接头处应设置接线盒。

（14）线槽末端应加装封堵，并涂适量的密封胶进行粘接。

（15）待线槽全部敷设完毕后，应在配线之前进行调整检查，确认合格后，再进行槽内配线。

4. 槽板配线的常见问题与处理方法　安装线槽时的常见问题与处理方法见表 3 - 5。

表 3 - 5　安装线槽时的常见问题与处理方法

常见问题	处理方法
线槽内有灰尘和杂物	配线前应先将线槽内的灰尘和杂物清理干净
线槽盖板接口不严，缝隙过大并有错台	操作时应仔细地将盖板接口对好，避免出现错台
线槽内的导线放置杂乱	配线时，应将导线理顺，绑扎成束
不同电压等级的电路放置在同一线槽内	按照图纸及规范要求，将不同电压等级的线路分开敷设，同一电压等级的导线可放在同一线槽内
线槽内导线截面积和根数超出线槽的允许规定	按要求配线
接、焊、包扎不符合要求	按要求及时改正
线槽底板松动或有翘边现象，胀管或木砖固定不牢，螺钉未拧紧	固定底板时，应先将木砖或膨胀管固定牢，再将固定螺钉拧紧；如果系槽板本身的质量有问题，则应选用合格产品

五、线管明敷

把导线穿在管内的配线称线管配线。线管配线有耐湿、耐腐、导线不易受机械碰伤、容易更换导线和维修方便等优点，它适用于室内外照明和动力线路的配线。

线管配线有明配和暗配两种。明配是把线管敷设在墙上以及其他明露处，要求配得横平竖直、管路短、弯头少、美观大方和牢固。

线管有金属管和塑料管，管壁有厚薄之分，应按敷设环境进行选用。

线管明敷一般用于车间的动力或照明线路、高层建筑的线井以及导线的保护管等。

线管明敷时应采用管卡支持，管卡通常有两种，一种由扁钢制成，另一种由圆钢制成，如图 3-71 所示。

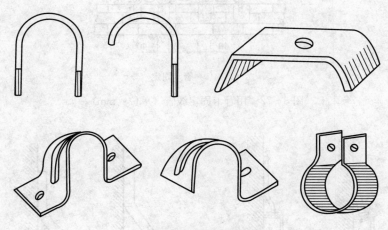

图 3-71 常用管卡

用扁钢制成的管卡固定线管时，线管直线部分的两管卡之间的距离不应大于表 3-6 所规定的距离。

表 3-6 线管直线部分管卡间最大允许距离 (mm)

线管直径		13～19	25～32	38～51	64～76
管壁厚度	2.5 以下	1.5	2.0	2.5	3.5
	2.5 以上	1.0	1.5	2.0	3

在线管进入开关、灯座、插座和接线盒孔之前 300 mm 处和线管弯头两边，均需用管卡固定，如图 3-72 所示。

明管配线进入接线盒不能使管子斜穿接线盒，应平行进入接线盒，如图 3-73a 所示；在弯曲处的做法，如图 3-73b 所示。

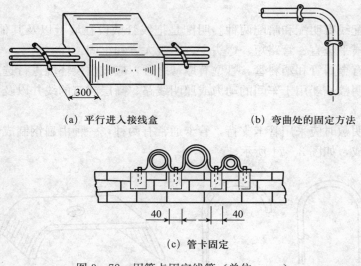

（a）平行进入接线盒　　　　（b）弯曲处的固定方法

（c）管卡固定

图 3 - 72　用管卡固定线管（单位：mm）

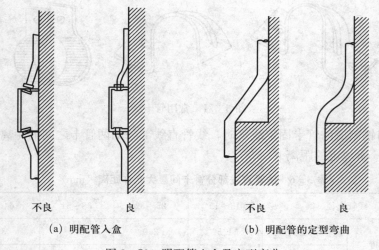

不良　　　　　良　　　　　　不良　　　　　良

（a）明配管入盒　　　　　　　（b）明配管的定型弯曲

图 3 - 73　明配管入盒及定型弯曲

六、鼓形绝缘子布线

　　鼓形绝缘子配线，就是利用瓷绝缘子支持导线的一种施工方式。瓷绝缘子的机械强度大，适用于用电量较大的工矿企业和比较潮湿的场所。照明用瓷绝缘子一般有鼓形瓷绝缘子（又称瓷柱）、蝶形瓷绝缘子（又称茶台），截面较小的导线一般用鼓形瓷绝缘子配线，截面较大的导线一般用蝶形瓷绝缘子配线。

瓷绝缘子配线墙上敷设的定位、画线、凿眼和埋设紧固件的方法与瓷夹配线方法相同。

1. 瓷绝缘子固定方法

（1）在木结构上固定瓷绝缘子可用木螺钉直接拧入。将瓷绝缘子放在预定的位置穿上木螺钉，用锤子轻轻敲击木螺钉，打入一部分，然后用螺钉旋具拧紧。

（2）在砖墙上固定瓷绝缘子，可利用预埋的木榫或缠有铅丝的木螺钉来进行固定；墙上角钢支架瓷绝缘子的安装方法，如图 3-74 所示。

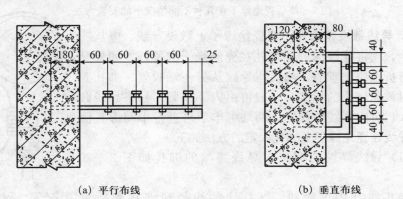

(a) 平行布线　　　　　　　　　　(b) 垂直布线

图 3-74　墙上角钢支架瓷绝缘子的安装方法

（3）导线的丁字形的安装方法、拐角的安装方法、交叉的安装方法、进入插座的安装方法如图 3-75 所示。

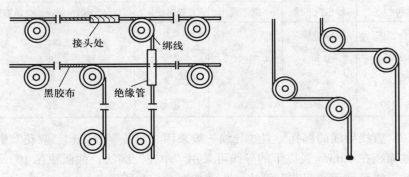

(a) 丁字形的安装方法　　　　　　(b) 拐角的安装方法

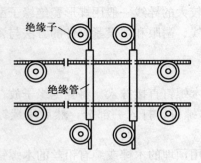

（c）交叉的安装方法　　　　（d）进入插座的安装方法

图 3-75　瓷绝缘子在几种不同情况下的安装方法

2. 导线敷设和绑扎　在瓷绝缘子上敷设导线，应从一端开始，先将导线的一端绑扎在瓷绝缘子的颈部。如果导线已弯折，应先理直，然后将导线从另一端收紧、绑扎固定。对截面较小的导线，一般可由人工拉紧；如果导线截面较大，可用紧线器拉紧。两端绑牢后再进行中间绑扎固定。导线在瓷绝缘子上绑扎固定的方法如下。

（1）导线终端的绑扎　导线终端的绑扎如图 3-76 所示。

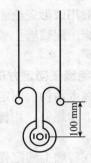

图 3-76　导线终端的绑扎

绑扎线宜用绝缘线，绑扎线的线径和绑扎圈数见表3-7。

表 3-7　绑扎线的线径和绑扎圈数

导线截面积	绑线直径（mm）			绑线圈数	
（mm²）	纱包铁芯线	铜芯线	铝芯线	公圈数	单圈数
1.5～10	0.80	1.0	2.0	10	5
10～35	0.89	1.4	2.0	12	5
50～70	1.20	2.0	2.6	16	5
95～120	1.24	2.6	3.0	20	5

（2）直线导线的绑扎　直线导线一般采用"单花"绑法和"双花"绑法两种。截面积在 6 mm² 及以下的导线可采用"单花"绑法；截面积在 10 mm² 及以上的导线可采用"双花"绑法，步骤如图 3-77 所示。

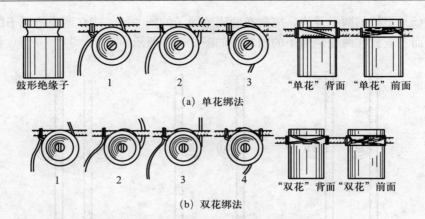

鼓形绝缘子　　1　　2　　3　　"单花"背面　"单花"前面

(a) 单花绑法

1　　2　　3　　4　　"双花"背面　"双花"前面

(b) 双花绑法

图 3 - 77　鼓形绝缘子的绑扎布线

3. 瓷绝缘子配线时的注意事项

（1）在建筑物的侧面或斜面施工时，必须将导线绑扎在瓷绝缘子的上方，如图 3 - 78 所示。

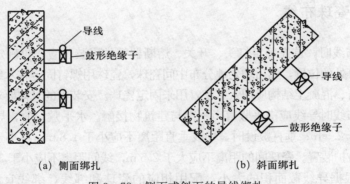

导线

鼓形绝缘子

导线

鼓形绝缘子

(a) 侧面绑扎　　　　　　　　　　　　(b) 斜面绑扎

图 3 - 78　侧面或斜面的导线绑扎

（2）导线在同一平面内如有曲折时，瓷绝缘子必须装设在导线曲折角的内侧。

（3）导线在不同的平面上曲折时，在凸角的两面上应各装设两个瓷绝缘子，如图 3 - 79所示。

（4）导线分支时，必须在分支点处设置瓷绝缘子，用以支持导线；导线互相交叉时，应在导线上套管保护。

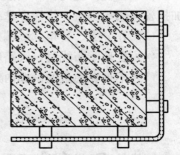

图 3 - 79　导线在不同平面上的曲折

（5）平行的两根导线，应放在两瓷绝缘子的同一侧，或在两瓷绝缘子的外侧，而不应放在两瓷绝缘子的内侧，如图3-80所示。

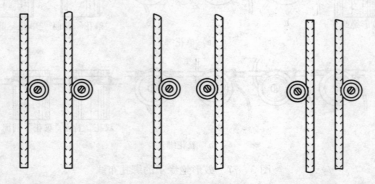

（a）导线在瓷绝缘子同一侧　　　（b）导线在瓷绝缘子外侧　　　（c）导线在瓷绝缘子内侧

图3-80　平行导线在瓷绝缘子上的绑扎位置

七、瓷珠布线

瓷珠布线时，首先确定灯头、开关、熔断器等的安装位置，再确定转角、穿墙、终端等处的位置，然后均匀地分布中间瓷珠，瓷珠用螺钉固定在木结构上。若遇到砖、石、混凝土结构应埋入木楔，用来固定瓷珠。安装中的具体要求是：

（1）布线时导线应横平竖直，不得与建筑物接触。水平敷设时，导线对地距离不应小于2.5 m；垂直敷设时，导线垂直距离不应小于1.8 m，在小于上述距离时，应加防护装置。瓷珠间的距离不应大于2.5 m，线间距离不应小于50 mm。

（2）根据导线截面积的大小，配用相应的瓷珠和绑线，绑线宜用绝缘线。如用裸线绑扎，应先在导线上用胶布带缠两层以后再绑。受力瓷珠用双绑法，加挡瓷珠用单绑法，终端瓷珠绑回头，导线应绑在瓷珠的同一侧。

（3）在分支、转角、终端处，导线间应加装绝缘套管隔离。

（4）瓷珠暗布线时，线路应便于检修和更换。

（5）不得在隐蔽的吊棚内敷设，不应把瓷珠拧在不坚固的物体上。

第四节　室内暗线敷设方法

暗线敷设是指将导线理设在墙内、天花板内或地板下面，表面上看不见电线，可更好地保持室内的整洁美观。暗线一般采用穿管敷设的方法，室内布线通常采用硬塑料管，少数也采用钢管。在一般居室墙面上短距离布线也可将无接头的护套线直接埋设。

穿管敷设暗线是指将钢管或硬塑料管埋设在墙体内，导线穿入在管子中进行布线。由于硬塑料管比钢管重量轻、价格低、易于加工，且具有耐酸碱、耐腐蚀和良好的绝缘性能等优点，在一般室内布线中得到越来越普遍的应用。敷设方式有两种：一种是在建筑墙体时将布线管预埋在墙内；另一种是在建好的墙壁表面开槽放入线管，再填平线槽恢复墙面。本节主要介绍后一种方式。

暗线敷设包括两个方面，即敷设管路和导线穿管。

一、PVC 管的敷设

敷设 PVC 管包括：选管、弯观、开凿线槽、铺管、连管等工艺。

1. PVC 管的选用　PVC 管的作用主要有两个：一是可保护导线和起绝缘作用，二是维修时方便更换电线。

阻燃 PVC 管广泛用于建筑工程混凝土、楼板或墙体内作为电线导管，亦可作为一般配线导管及其他信号线路用导管等。它具有耐腐蚀、阻燃、绝缘性能好等优点，还具有重量轻、易弯曲、安装方便、施工快捷等优势，使用寿命长达 50 年。

PVC 管根据形状的不同可分为圆管、槽管和波形管，根据管壁的薄厚不同可分为轻型管（主要用于挂顶）、中型管（用于明装或暗装）和重型管（主要用于埋藏在混凝土中）。

PVC 管的常规尺寸有 $\phi16$ mm、$\phi20$ mm 和 $\phi25$ mm。

针对 PVC 管不同的直径，应选择同口径的配件与之配套。根据布线的要求，配件的种类有三通、弯头、入盒接头、管卡、变径接头、明装弯头、分线盒等。

管壁厚度不小于 3 mm。管子的粗细根据所穿入导线的多少决定，一般要求穿入管中所有导线（含绝缘外皮层）的总截面不超过管子内截面的 40%，可依此确定布线管的管径。

2. PVC 管的弯曲　PVC 管通常用加热法进行弯曲。加热时要掌握好火候，既要使管子软化，又不得使管子烤伤、变色，或使管壁出现凸凹状。弯曲半径可作如下选择：明敷时不能小于管径的 1/6，暗敷时不能小于管径的 1/10。无论哪种情形，管的弯曲角度都不能小于 90°。

电线管的加热弯曲方法有直接加热和灌砂加热两种方法。

（1）直接加热弯曲法　将管需弯曲的部位靠近热源，旋转并前后移动烘烤，待管子略软后靠在木模上，两手握住两端向下施压进行弯曲（图 3-81）。没有木模时可将管子靠在较粗的木柱上弯曲（图 3-82），也可徒手进行弯曲。弯曲半径不宜过小，否则穿线困难。弯曲 PVC 管时还要防止将管子弯扁，可取一根直径略小于待弯管子内径的长弹簧（例如拉力器上的长弹簧），插入到硬塑料管内的待弯曲部位，然后再按前面方法弯管，弯好后抽出长弹簧即可。

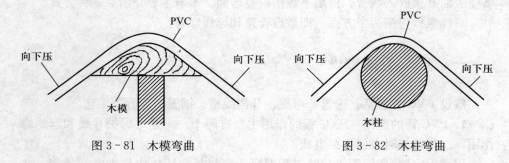

图 3-81　木模弯曲　　　　　　　　图 3-82　木柱弯曲

（2）灌沙加热弯曲法　灌沙加热弯曲法适用于管径在 25 mm 及以上的 PVC 管。对于这类内径较大的管子，如果直接加热弯曲，很容易使弯曲部分变瘪，为此，应先在管内灌入干燥的沙粒并捣紧，然后封住两端管口，再加热软化，弯管成型后再倒出沙粒。

3. PVC 管的连接　在敷设 PVC 管时，经常需要将两根 PVC 管连接在一起，其连接方法主要有：加热连接法、胀管连接法、套管粘接法等。

（1）加热连接法　首先将待连接的两根管子分别做倒角处理，然后将外接管准备插接的部分均匀加热烘烤，待其软化后，将内接管准备插入的部分涂上粘胶用力插入外接管内，插入部分的长度应为管子直径的 1.2～1.5 倍，以保证一定的牢固性，如图 3-83 所示。

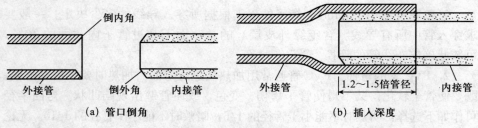

（a）管口倒角　　　　　　　　　　（b）插入深度

图 3-83　加热连接法

（2）胀管连接法　先按照直接加热连接法对接头部位进行倒角并清除油垢，然后采用电动胀管机（图 3-84）完成胀管工序。

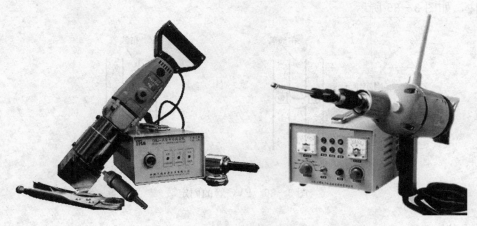

图 3-84　电动胀管机

在完成上述电线管插接工序后，如果条件具备，再用相应的塑料焊条在接口外侧焊接一圈，使接头成为一个整体，这样机械强度和防潮性能更好。

（3）套管粘接法　两根 PVC 管的连接可在接头部位加套管完成，套管内径以待插接的管子在热态下刚能插进为宜。插接前，仍需先对两管接头部位倒角、清洁。

将两根待接管子的连接部位涂上一层粘胶，分别从两端插入套管内即可，套管的内径应等于待接管子的外径，套管的长度应为待接管直径的 3 倍左右，A、B 两管的接口应位于套管的中间，如图 3-85 所示。

4. 开凿线槽　按照布线要求在墙面上开凿线槽，线槽应有一定的宽度和深度，以能够很好地容纳布线为准。线槽走向应横平竖直，在转向处应有一定的弧度，避免护套线 90°直角转向。在开关盒、插座盒、接线盒处，应开凿方形盒槽，其大小以能够容纳所装线盒为准。

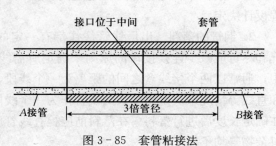

图 3-85　套管粘接法

5. 导线穿管铺设　将导线穿入布线管，再将穿有导线的布线管放入线槽并固定，最后用水泥或灰浆填平线槽恢复墙面。布线管在线槽内的固定可用固定卡子将布线管固定在线槽内，也可直接用两枚钢钉交叉钉牢将布线管固定住，如图3-86所示。

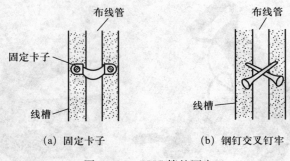

（a）固定卡子　　　　　（b）钢钉交叉钉牢

图3-86　PVC管的固定

二、钢管的敷设

1. 钢管的选用　配线用的钢管有厚壁和薄壁两种，后者又叫电线管。对干燥环境，可用薄壁钢管明敷和暗敷；对于潮湿、易燃、易爆场所和在地下埋设时，则必须采用厚壁钢管。

钢管的选择要注意不能有折扁、裂纹、砂眼，管内应无毛刺、铁屑，管内外不应有严重的锈蚀现象。

为了便于穿线，应根据导线截面积和根数选择不同规格的钢管，使管内导线的总截面积（含绝缘层）不超过内径截面积的40%。线管的选用通常由工程设计决定。

2. 钢管的落料　出厂线管往往都有一定的长度。使用时，要根据实际情况和尽可能减少连接接口的原则来确定所需线管的长度和弯曲部位。在施工中，通常以两个接线盒之间的距离为一个线段，而这又应根据线路弯曲、转角和直线等情况来决定由多长的线管作为一个线段。不能任意地把线管割断，应在确定长度后进行落料。在落料前应检查线管质量，有裂缝、瘪陷及管内有锋口杂物等均不能使用。

3. 钢管的弯曲　钢管弯曲一般有冷弯和热弯两种方法。

（1）钢管的冷弯

① 直接冷弯。小直径钢管，一般用弯管器直接进行冷弯，这是一种最

简便的弯管方法。这种弯管器适用于直径在 25 mm 以下钢管的弯曲。在使用这种弯管器弯曲钢管时，脚要用力踩着钢管，两手边移动边向下用力，一次移一点，逐渐移动弯管器，直到把管子弯成所需的弧度和角度，如图 3-87 所示。

管子弯曲的角度如图 3-88 所示。明管敷设时，管子曲率半径 $R \geqslant 4D$；暗管敷设时，管子曲率半径 $R \geqslant 6D$；且角度 $\theta \geqslant 90°$。

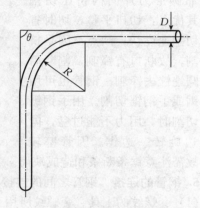

图 3-87　用弯管器弯管　　　　　　　图 3-88　线管的弯度

② 灌沙冷弯。凡管壁较薄而直径较大的线管，在弯曲前，管内要用干沙灌满，并在管口塞上木塞。

（2）钢管的热弯　弯曲有缝钢管时采用热弯法，并应将接缝处放在弯曲的侧边。热弯时，通常用自制焦炭炉进行加热，炉子的尺寸应根据管子大小和弯曲长度而定。砌好炉体后周围用回土填平。用木材引火，鼓风机鼓风；木材燃烧时加焦炭；待焦炭燃烧后，将钢管需弯曲的部位放在火上加热；加热时须在钢管上放些焦炭或盖一块铁板，使热量不易散失，并随时注意：不要将钢管烧熔！加热到钢管呈大红色，就可将钢管抬出进行弯管操作。弯曲的方法如图 3-89 所示，在地面上用钢管或圆钢打几个桩，将加热好的钢管放在钢桩之间，一头用钢绳拴住，另一头用人力或利用滑轮拉拽，同时，把不需要弯曲的部分用水冷却，使

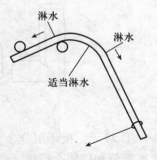

图 3-89　热弯钢管

之不能弯曲；弯曲圆弧的内圆也要适当淋水冷却，使外圆软而伸长。弯曲圆弧的好与坏，决定于淋水的技术。淋水部位和淋水量是根据曲率半径来确定的，这需要经过几次实际操作实践才能掌握。当钢管弯到所需尺寸后，进行淋水冷却定型。

4. 钢管的切割　钢管可用切管器进行切割（图 3 - 90）。切管器是靠圆形刀片向内挤压切割的，其优点：切口平整，切时省力，切割速度快；缺点：因是挤压切割，故断口有锋刺，割断后要用圆锉锉去锋刺。钢管也可用钢带锯或手钢锯切割。用手钢锯进行切割时，用力不能过猛，同时一边旋转一边锯。因管壁较薄，故需注意锯条断条和造成缺齿。

图 3 - 90　用切管器切割钢管

5. 钢管的连接　钢管之间的连接一般采用管口套螺纹进行连接。

（1）套螺纹的工具。套螺纹所用工具主要有：板牙、板牙架、直角尺、V形块、端部倒角工具、套螺纹时所用润滑油等（图 3 - 91）。

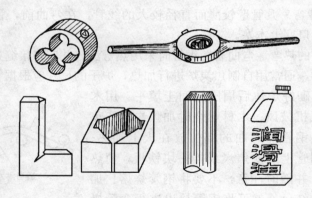

图 3 - 91　套螺纹的工具

① 板牙。板牙用合金工具钢或高速钢制作并经淬火处理，由切削部分、校准部分和排屑孔组成（图 3 - 92）。

板牙两端有切削锥角的部分是切削部分。它不是圆锥面（因圆锥面的后角 $\alpha_0 = 0°$），而是经过铲磨而成的阿基米得螺旋面，能形成后角 $\alpha_0 = 7°\sim9°$。

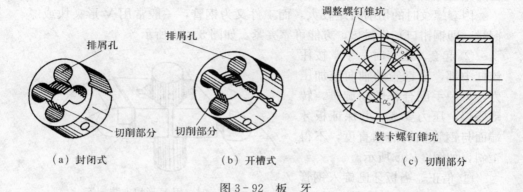

（a）封闭式　　　　　　（b）开槽式　　　　　　（c）切削部分

图 3-92　板　牙

排屑孔是圆板牙的前刀面，呈曲线，前角数值沿切削刃变化。小径处前角 γ_0 最大，大径处前角 γ_0 最小。一般螺牙的前角 $\gamma_0 = 8°\sim12°$，粗牙 $\gamma_0 = 30°\sim35°$，细牙 $\gamma_0 = 25°\sim30°$。

板牙的中间一段是校准部分，也是套螺纹时的导向部分。板牙的校准部分因磨损会使螺纹尺寸变大而超出公差范围。因此，为延长板牙的使用寿命，M3.5 以上的圆板牙，其外圆上有 4 个调整螺钉锥坑和一条 V 形槽，起调节板牙尺寸的作用。板牙下面两个通过中心的装卡螺钉锥坑，是用来将板牙固定在铰杠中传递扭矩的（依靠板牙铰杠上的两个紧定螺钉带动板牙旋转），当尺寸变大时，将板牙沿 V 形槽用锯片砂轮切割出一条通槽，用铰杠上的两个螺钉顶入板牙钉坑上面两个偏心的锥孔坑内，使圆板牙尺寸缩小。调节范围为 0.1～0.25 mm。上面两个锥坑所以要偏心，是为了使紧定螺钉旋紧时与锥坑单边接触，使板牙尺寸缩小。若在 V 形槽开口处旋入螺钉还能使板牙尺寸增大。

板牙两端面都有切削部分，待一端磨损后，可换另一端使用。

② 板牙架。板牙架是装夹板牙的工具（图 3-93）。板牙放入相应规格的板牙架孔中，通过紧定螺钉将板牙固定，并传递套螺纹时的切削转矩。

（2）套螺纹的方法

① 夹装钢管。套螺纹前将钢管夹持在台虎钳口内，夹正、夹牢。为

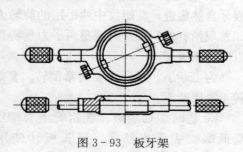

图 3-93　板牙架

了防止套螺纹时由于力矩过大使钢管变形，钢管不要露出过长。

　　因套螺纹时的切削力矩较大，而工件又为钢管，一般常用 V 形夹块或厚铜衬（即铜钳口）作衬垫，方能可靠夹紧，如图 3-94 所示。

　　② 起套。起套时一手掌按住铰杠中部，沿钢管的轴向施加压力，另一手配合作顺向旋进，转动要慢，压力要大，并保证板牙端面与钢管轴线的垂直度，不得歪斜，如图 3-95 所示。

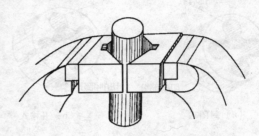

图 3-94　用 V 形块夹装钢管

　　③ 借正。当板牙已旋入钢管 2～3 牙时，应退出板牙，用 90°角尺检查其垂直度误差并及时借正后再接着套螺纹，以保证质量，如图 3-96 所示。

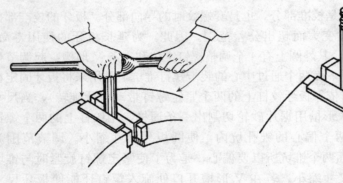

图 3-95　起　套

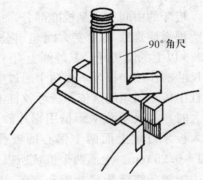

90°角尺

图 3-96　套螺纹过程中的借正

　　④ 套螺纹。起套后不应再向板牙施加压力，以免损坏螺纹和板牙。应让板牙自然旋进，套螺纹中两手用的旋转力矩要始终保持平衡，以免螺纹偏斜。如发现稍有偏斜要及时调整两手力量将偏斜借正过来，但偏斜过多不能强借，以防损坏板牙。

　　为了断屑，板牙也要时常倒转。套螺纹过程中每旋转 1/2～1 周时，要倒转 1/4 周断屑。

　　⑤ 适时加切削液。在钢管上套螺纹时要加切削液，以起到冷却作用，降低螺纹表面粗糙度，延长板牙使用寿命。常用的切削液有乳化剂和机油。

套螺纹时由于操作不当会产生废品，其质量问题及其产生原因见表3-8。

表3-8　套螺纹时的质量问题及其产生原因

质量问题	产生原因
烂牙（乱扣）	① 钢管直径过大 ② 板牙磨钝 ③ 板牙没有经常倒转，切屑堵塞把螺纹啃坏 ④ 铰杠掌握不稳，板牙左右摇摆 ⑤ 板牙歪斜过多而强行修正 ⑥ 板牙切削刃上粘有切削瘤 ⑦ 没有选用合适的切削液
螺纹歪斜	① 钢管端面倒角不好，板牙位置难以放正 ② 两手用力不均匀，铰杠歪斜
螺纹牙深不够	① 钢管直径过小 ② 板牙 V 形槽调节不当，直径过大

6. 钢管与接线盒的连接　钢管与接线盒的连接，一般是在接线盒内外各用一个薄型螺母（又称锁紧螺母）夹住盒壁，使管子不能串动。其方法是：在管口穿入盒壁之前，先将管口处拧入一个螺母，管口穿入接线盒后，在盒内再拧一个螺母，然后用两把扳手，把两个螺母相向拧紧。如果需要密封，则在两螺母之间各垫入封口垫圈。

7. 钢管的敷设

（1）钢管在砖墙内预埋要根据图样要求，在土建施工时进行。预埋前，要注意开关、插座标高，当砖墙砌到标高时，将开关盒或接线盒穿入管口，并用螺母夹紧盒壁，随砌砖时埋入。管子要按线路要求的方位放置。如果管子向上竖起，可先用木条暂时稳固一下，待砖墙砌高稳住线管后，再将木条拿掉。

（2）在预埋接线盒或开关盒时，要注意与墙面的相对位置，确保接线盒或开关盒装上面板后与粉刷好的墙面保持平行。如果面板高出墙面过多或凹进墙面过多，都会影响建筑物的美观。接线盒的设置部位，应根据线路的实际情况，保证有利于穿线和维修，并且在安装好后可进行简易封闭，封闭时要与墙面保持平齐。在预埋过程中，要注意接线盒和管内不能混入杂物，最好将管口用塞子塞紧。

（3）在预制柱或梁中预埋钢管时，可用铁丝将管子绑扎在钢筋上，也可用钉子钉在模板上，但必须用垫块将管子垫高 15 mm 以上，使管子与混凝土模板间保持足够的距离，以防止浇灌混凝土时管子脱开或暴露在外，如图 3-97 所示。

（4）在现浇混凝土楼板内敷设管道时，应在浇灌混凝土以前进行，先用石、砖等在模板上将管子垫高15 mm以上，使管子与模板保持一定距离。然后用铁丝将管子固定在钢筋上或用钉子将其固定在模扳上。

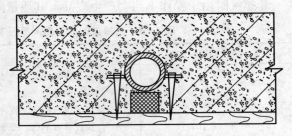

图 3 - 97　钢管在混凝土模版上的固定

（5）在地面下敷设管道时，应在浇灌混凝土之前将管道固定好，其方法是先将木桩或圆钢打入地下的泥土中，再用铁丝将管子绑扎在这些支承物上，下面用砖块等垫牢，离地面15～20 mm为宜，然后浇注混凝土，使管子位于混凝土内。

（6）在楼板内敷设管道时，由于楼板厚度的限制，对管道外径的选择有一定的要求：楼板厚度为 80 mm 时，管子外径应小于 40 mm；楼板厚度为 120 mm 时，管子外径应小于 50 mm。

三、导线穿管

1. 管内清扫　穿线前应做好线管内的清扫工作，扫除残留在管内的杂物并去除水分。

2. 穿钢丝引线　选用粗细合适的钢丝作为引线，先将钢丝的一头弯个钩，防止尖头划伤管材内部，然后将钢丝引线由管子的一端穿入到另一端。

如果管道较长、转弯较多或管径较小，一根钢丝引线无法直接穿过时，可用两根钢丝分别从两端管口穿入。但应将钢丝引线端头弯成钩状；当两引线钩在管中相遇时，转动引线使两钩相挂，然后由一端拉出完成引线入管。将要留在管内的钢丝的一端拉出管口，使管内保留一根完整的钢丝，钢丝的两头伸出管外并绕成一个大圈，使其不得缩入管内，以备穿线之用。

3. 放线和扎结线头　在管内放线时，应按管子的长度（加上线头及余量）备好需穿入的导线，然后将各导线的端部剥去绝缘层，分别扭绞后将其紧扎在钢丝引线头部。

扎结线头的方法：首先将导线端与穿引钢丝连在一起，连接时要紧固，以免在牵引过程中断开，将线头弯向进线侧，以免形成回钩，并将导线编号，以区别火线、零线和其他线。导线绑在引线上的结应尽可能小，通常是把线的绝缘层剥去再缠在钢丝引线上；如果穿的根数较多，可将线头叉开绑在引线上，以便引入管内。

4. 穿线　穿线前，应在管口套上橡皮或塑料护圈，以避免穿线时在管口内侧损伤导线的绝缘层。

引线的端头绑好导线后，由一个人将导线整理成束并送入线管内，另一人用手或钢丝钳夹住钢丝引线的另一端抽拉。

5. 接口　导线到达另一根导线管后，管材之间用配套的接头连接起来，接口一定要做到闭合严密。

注意：

（1）穿线时，应将同一回路的导线穿入同一根线管内，不同回路或不同电压的导线不得穿入同一根线管。所穿导线绝缘层的耐压不应低于 500 V，铜芯线的最小截面积不小于 1 mm^2，铝芯线的最小截面积不小于 2.5 mm^2。每根线管内所穿导线最多不超过 8 根。

（2）穿线后，另一端的导线所穿导线头要及时用压线帽进行保护，线头部分规范的做法是全部藏入线盒内。

（3）穿线完成后，必须经过测量电路是否通畅等一系列验收环节后，才能用水泥平整地填补线盒周围的缝隙以及线管的裸露部分。

（4）在施工时，接线盒一定要摆放端正，否则外面的面板也将随之歪斜，影响美观。

四、导线接头的布置

为保证布线质量和用电安全，线路中导线不应有接头。导线分支等必需的接头可安排在插座盒、开关盒、灯头盒或接线盒内，既美观又便于日后维修。

1. 导线接头布置在插座盒内　在导线分支处或其他必需的导线连接处。可设置一插座盒，作为导线的接头点，也可将导线迂回绕行至附近的插座盒内做接头。如图 3 - 98 所示，水平走向的导线需向下分支到插座，解决的办法有两个：将插座盒上移至导线接头处，或将导线向下绕行至原插座盒内进行接头，保证了布线中途无接头。

2. 导线接头布置在开关盒内　也可以将必需的导线接头安排在开关盒内。如图 3 - 99 所示，水平走向的导线需向上分支到开关，解决导线接头的办法是，将接头处上移至开关盒内，向右的导线从上方的开关盒绕行，避免了布线中途的导线接头。

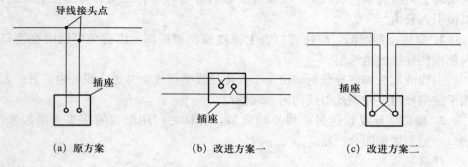

(a) 原方案   (b) 改进方案一   (c) 改进方案二

图 3-98 导线接头布置在插座盒内

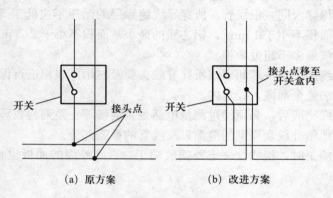

(a) 原方案   (b) 改进方案

图 3-99 导线接头布置在开关盒内

3. 导线接头布置在灯头盒内　还可以将导线接头安排在灯头盒内，这主要适用于电灯开关在灯具上而线路上无开关的情况。如图 3-100 所示，水平走向的导线有两个向上的分支到 A、B 两个壁灯，为避免布线中途的导线接头，我们可将两个接头处分别上移至 A、B 两个灯头盒内，也可修改导线走向，将 A、B 灯头之间向下的连接线改为 A、B 灯头之间水平走线。

4. 导线接头布置在接线盒内　如果导线分支不可避免，附近也没有可利用来做接头点的开关盒、插座盒等，解决的办法只能是在接头处安排一个接线盒。如图 3-101 所示，我们可在接头处增设一个接线盒，将接头放在接线盒内，完成接线后，盖上接线盒盖板。对于图 3-102a 所示电路，可以分别用两个接线盒做接头（图 3-102b）；也可以只用一个接线盒，而将向右上的分支导线从左边的接线盒中连接后绕行出来（图 3-102c）。

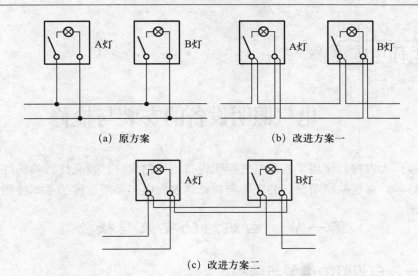

(a) 原方案　　　　　　　　　(b) 改进方案一

(c) 改进方案二

图 3-100　导线接头布置在灯头盒内

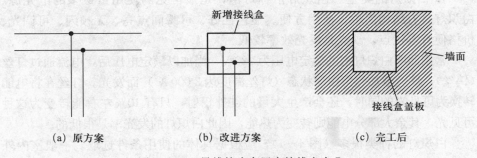

(a) 原方案　　　　　(b) 改进方案　　　　　(c) 完工后

图 3-101　导线接头布置在接线盒内 I

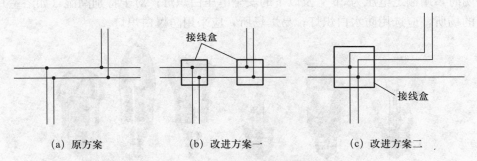

(a) 原方案　　　　(b) 改进方案一　　　　(c) 改进方案二

图 3-102　导线接头布置在接线盒内 II

第四章

电气照明设备的安装与检修

在广大农村，使用了各种电气照明设备，如白炽灯、荧光灯、碘钨灯、高压汞灯等，对这些照明设备的安装与检修是农村电工必须掌握的基本技能。

第一节　白炽灯的安装与检修

一、白炽灯的类型与结构

1. 白炽灯的类型　白炽灯俗称灯泡，是最常见的使用量最多的电光源。白炽灯具有结构简单、使用方便、显色性好、可瞬间点亮、无频闪、可调光、价格便宜等优点，缺点是发光效率较低。

常用照明白炽灯泡的额定电压为 220 V，当加以额定电压后，电流通过灯丝（钨丝），灯丝被加热至白炽状态（灯丝温度达 2 000 ℃）而发光。灯丝在将电能转换为可见光的同时，还会产生大量的红外辐射，只有 10％ 左右能转变为这种可见光，其余大部分电能则转变为热能，因此白炽灯的发光率是很低的。

白炽灯的种类很多（图 4-1），应根据具体的使用条件选取。一般室内外照明可选用额定电压为 220 V 的白炽灯；在触电危险性较大的场所及需手提照明时，用额定电压为 36 V 及以下的安全电压白炽灯；对于特别潮湿（如浴室）的场所，应选用防水白炽灯；易爆场所，应采用防爆白炽灯。

图 4-1　白炽灯的种类

2. 白炽灯的结构　普通白炽灯的结构如图4-2所示，由灯头、接点、电源内引线、灯丝、玻璃支架和玻璃泡壳等部分构成。为延长灯丝的使用寿命，玻壳内抽成真空并充有氮、氖、氩等惰性气体。

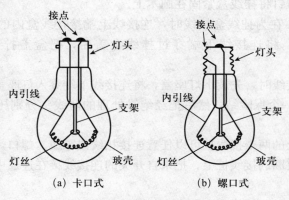

(a) 卡口式　　　　　　　　　(b) 螺口式

图4-2　白炽灯的结构

白炽灯的灯头具有卡口和螺口两种形式。灯泡玻壳有普通透明型和磨砂型，以适应不同场合的照明需要。

3. 白炽灯的主要技术参数　白炽灯的主要技术参数是额定电压和额定功率，它们一般都直接标注在灯泡玻壳上。

（1）额定电压　额定电压是指灯泡的设计使用电源电压，灯泡只有在额定电压下工作，才能获得其特定的效果。如果实际工作的电源电压高于额定电压，灯泡发光强度变强，但使用寿命却大为缩短。如果电源电压低于额定电压，虽然灯泡的使用寿命延长，但发光强度不足，光效率降低。在额定电源电压下工作，白炽灯的有效使用寿命一般为1 000 h左右。

（2）额定功率　额定功率是指灯泡的设计功率：即灯泡在额定电源电压下工作时所消耗的电功率。额定功率越大，灯泡的发光亮度越大，通过灯泡的工作电流也越大。根据灯泡的额定功率，可以计算出灯泡的工作电流：$I=P/U$，式中：I为工作电流，单位为"A"；P为额定功率，单位为"W"；U为额定电压，单位为"V"。例如，白炽灯泡的额定电压为220 V、额定功率为40 W，则其工作电流$I=40/220\approx0.182$（A）。

二、白炽灯的安装

白炽灯的安装方法一般采用吊式安装或平灯座式安装。

1. 吊式白炽灯的安装

（1）固定安装底座　先在天花板或墙上钻孔，然后打入膨胀螺栓，再固定圆木。在固定圆木前要将电源线引出，固定圆木后，把电源线从挂线盒底座中穿出，再用木螺钉将挂线盒紧固在圆木上。

（2）接线　在为挂线盒接线时，连接线上端接挂线盒内的接线螺钉，下端与灯头相接。将连接线下端穿过挂线盒盖后，把盒盖拧紧在挂线盒底座上。

在为灯座接线时，先旋下灯座盖，将连接线下端穿入灯座盖孔中，在距下端 30 mm 处打一个保险结，然后把经绝缘处理的两线头分别压接在灯座的两个接线螺钉上。

插口灯座上的两个接线桩可以任意连接相线或零线。螺口灯座必须把零线连接在连通螺纹圈的接线桩上，把来自开关的连接线接在连通中心铜簧片的接线桩上。

需要说明的是，挂线盒和灯座上的电线都要打蝴蝶结，如果连接软电线采用双芯棉织绝缘线（即花线），花色线必须接相线（火线），无花单色线接零线，如图 4 - 3 所示。

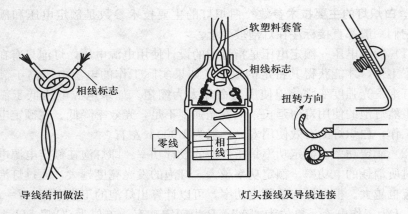

导线结扣做法　　　　　　　　　　灯头接线及导线连接

图 4 - 3　盒孔内打结及安装方法

为了减小劳动强度，一般先在地面完成灯座接线，再进行挂线盒接线。

吊式白炽灯的安装一般有吊线式安装、吊管式安装和吊链式安装。

2. 平灯座式白炽灯的安装

平灯座通常安装固定在墙上或天花板上。安装在天花板上的叫吸顶灯；安装在墙上的叫壁灯。灯座常由木台或预埋的金属构件来固定。安装接线时，木台穿出的两根线，一根与电源中性线相连接，另一根来自于开关，把这两个线头分别穿过平灯座的两个穿线孔，并把它们分别接到平灯座的两个接线端头上，用木螺钉把平灯座固定在木台上。固定时，要注意使灯座位于木台的中间位置，同时可把 3～6 cm 长的线塞入木台空腔内，便于以后在维修中拉出重做接线端头。特别值得注意的是：插口平灯座上的两个接线端可任意连接上述两根线的线头；为了使用安全，对于螺口平灯座上的两个接线端，必须把电源中性线线头接在与灯座螺纹相通的接线端上，把来自开关的相线端头连接在与中心弹簧片相通的接线端上，如图 4 - 4 所示。

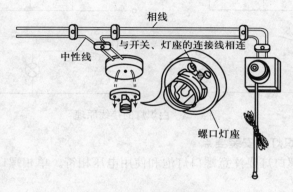

图 4 - 4　螺口灯座的接线

3. 白炽灯的安装要点　安装白炽灯泡时，应注意其灯头的型式，常见有卡口灯头与螺口灯头两种。由于卡口灯头白炽灯的灯丝两端的引线伸出灯头尾部，分别用锡焊住，并用耐高温的绝缘黏合剂固定，故卡口灯头的白炽灯比较安全。螺口灯头白炽灯的灯丝通过引线，一根焊在灯头尾部中心，另一根焊接在灯的金属螺旋上，通电后整个灯头带电，故不安全。因此，安装螺口灯头时，应首先用验电笔验出进户线中哪一根是相线（俗称火线），哪一根是地线（俗称零线）。安装时，拉线开关应安装在进户线的相线上，这样当开关拉断后，电灯不带电，调换灯泡时比较安全。灯座接线时，对于螺口灯座应注意把相线接到与灯座内中部的舌片相通的那个接线柱上，零线接至与螺口金属部分相通的接线柱上，以免开关切断后，螺口金属部分仍然带电，此外，电线应在灯头内打一线扣，防止拉脱电线。拧上灯泡后，螺口灯头的金属部分不应外露，否则应加安全圈。

安装电灯的时候，每个用户都要装设一组容电器（俗称保险器）。白炽灯的接线原理如图 4 - 5 所示。吊灯线一般采用多股铜芯软线，其截面积不应小于 0.2 mm²，灯头距地面不应小于 2.0 m，特殊情况下可降到 1.5 m。

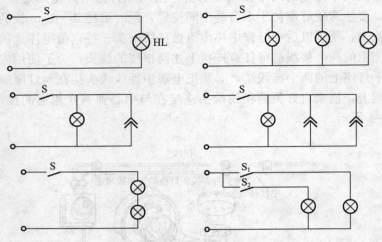

图 4-5　白炽灯的接线原理

4. 螺口白炽灯的安装要点

（1）安装螺口灯要注意螺口灯泡和使用电压相符。单相螺口灯头一般承受电压应是 600 V。

（2）看螺口灯头中心弹片是否碰着螺纹铜套，碰着时把中心弹片放在正中心，不准碰着铜套。

（3）每只螺口灯应安装一只熔断器。灯光球场几只为一组时应装一只总熔断器，有条件的应装漏电开关作保护。

（4）为了人身安全，应严格遵守相线（火线）接熔断器，经开关接到中心弹簧片，零线接在灯头螺纹上。

（5）防止中心弹片使用时与螺口灯头中心锡点熔在一起，安装时放一些工业凡士林，便于今后拆装。

（6）安装吊式螺口灯泡，高度应在 2.5 m 以上。

（7）500 W 以上的螺口灯泡应加固或有金属吊架支持。

（8）每只螺口灯头组装结束后，应用万用表 $R \times 1$ 挡测量，看组装好的两端头是否有一定的阻值，不应为零，零是短路。若为零则应拆下灯泡，把中心弹片放正中，不能和铜套相碰。

（9）36 V、24 V、12 V 的行灯灯泡，不能安在一般家庭用电 220 V 电压上使用，防止爆炸伤人。

三、白炽灯的检修

1. 白炽灯的使用

（1）灯泡上所标的电压，必须与供电电压相符以免烧坏灯丝或发生爆炸。电源电压的变化对灯泡的使用寿命和光效影响很大。在额定电压下使用时，其平均使用寿命为 1 000 h 左右。当电压升高 5% 时，使用寿命将缩短 50%，当电压升高 10% 时，使用寿命将缩短到额定电压时平均使用寿命的 28%（280 h），而其发光率仅增加 17%。反之，如果使用电压低于额定电压的 20% 时，则使用寿命仅能增加一倍左右，但其发光率却减小 37%，并不经济，所以电源电压的偏移比不宜大于 ±2.5%。

（2）灯座（灯口）的形式必须与灯头相适应，灯泡容量小于 100 W 时，可用胶木灯座；大于 100 W 时，要用瓷质灯座。

（3）根据灯泡的发热程度，注意它的散热。

（4）防止水溅在灯泡上，以免玻壳炸裂。

（5）装卸灯泡、灯管时应先关闭开关。如为螺口灯泡，还应注意不要接触螺旋圈，以免触电。

（6）灯头与玻壳松动时，应当用耐高温的黏合剂加固后再使用，以防灯头扭转引线短路。

（7）为使灯泡发出的光通量得到较好的分布并避免光源眩目，最好装有灯罩。

（8）钨丝的冷态电阻比热态电阻小得多，故此类灯瞬时启动电流很大，最高达额定电流的 8 倍以上。

2. 白炽灯的常见故障诊断与排除

白炽灯在使用中，常见的故障主要有：灯泡不亮、灯泡忽暗忽亮、灯光强白、灯光暗淡等。

（1）灯泡不亮　灯泡不亮的原因与排除方法：

① 灯泡灯丝已断或灯头内引入导线中断。应更换新灯泡或新线。

② 灯座开关等处接线松动或接触不良。应检查加固。

③ 线路中断路或灯头软线绝缘损坏而短路。检查线路，在断路短路处重接或更换新线。

④ 电源熔丝熔断。可能是灯座内有短路或碰线；线路或其他设备接地或短路；线路超负荷。检查熔断的原因并处理后重接。

⑤ 电源停电。查明情况再送电。

⑥ 开关接触不良。检修开关。

（2）灯泡忽暗忽亮　灯泡忽暗忽亮甚至熄灭的原因与排除方法：

① 灯座开关处接线松动。应检查加固。

② 熔丝接触不牢。应检查紧固。

③ 灯丝正好中断在挂灯丝的钩子处，受震动后忽接忽离。应更换灯泡。

④ 电源电压波动或附近有较大用电设备，如电动机、电炉接入电源等。不必修理。

⑤ 电路接头松动。检查重接。

（3）灯光强白　灯光强白的原因与排除方法：

① 灯泡灯丝短路（俗称搭丝），从而电阻减小，电流增大。应更换新灯泡。

② 灯泡额定电压与电源电压不符。应更换灯泡。

（4）灯光暗淡　灯光暗淡的原因与排除方法：

① 电源电压过低或离电源点太远，不必修理。

② 线路因潮湿或绝缘损坏而有漏电现象，致使电压降低。检修线路，恢复绝缘。

③ 灯泡陈旧，灯丝逐渐蒸发变细，使灯丝电阻增大，电流减小。必要时更换新灯泡。

④ 灯泡内钨丝蒸发后积聚在玻璃壳内壁上，使透光度降低，这是真空灯泡使用寿命终止的正常现象。必要时更换新灯泡。

⑤ 灯泡外部积垢或积灰。擦去灰垢。

第二节　荧光灯（日光灯）的安装与检修

一、荧光灯的结构原理

1. 荧光灯的特点　荧光灯是一种气体放电发光的电光源。荧光灯管的形状有直管形、环形、U形等（图4-6）。荧光灯按用途分有普通照明型和装饰用的彩色荧光灯，常用于图书馆、教室、隧道、地铁、商店等场所的照明及其他对显色性要求较高的场合。日光色荧光灯是使用最普遍的荧光灯，因为光色接近于日光，所以也称为日光灯。

与白炽灯相比，荧光灯的优点是光效高，是相同瓦数白炽灯的2～5倍，节能，并且使用寿命为2 000～10 000 h。光谱接近日光，显色性好。它的表温低，表面亮度低，眩光影响小。缺点是功率因数低，约为 0.5；有频闪效应；附件多，不宜频繁开关。

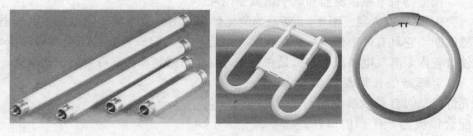

图 4-6　荧光灯管的形状

荧光灯的电压一般为 220 V，功率为 4 W、6 W、8 W、10 W、15 W、20 W、30 W、40 W、60 W、100 W 等。18 m² 的房间选用 20～40 W 的日光灯就可以了。

2. 荧光灯的结构　荧光灯由灯管、启辉器、镇流器、灯架组成。

（1）灯管　灯管由玻璃管、灯丝和灯头组成。玻璃管内抽成真空后充入少量汞（水银）和氩等惰性气体，管壁涂有荧光粉，在灯丝上涂有电子粉（图 4-7）。

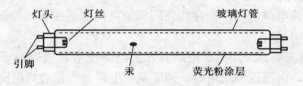

图 4-7　荧光灯灯管的结构

（2）启辉器　启辉器由氖泡（也叫跳泡）、纸介质电容、出线脚和外壳组成（图 4-8）。氖泡内装有 U 形的双金属动触片和静触片。常用规格有 4～8 W、15～20 W、30～40 W 及通用型 4～40 W。

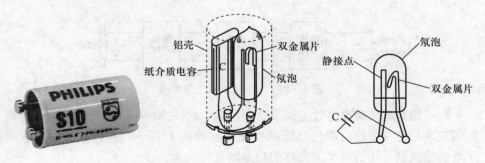

图 4-8　启辉器构造

（3）镇流器　镇流器实质上是铁芯电感线圈，主要由铁芯和线圈组成。选用时镇流器功率必须与灯管功率相符。

镇流器有电感镇流器和电子镇流器两种。

① 电感镇流器。图 4-9 所示为荧光灯接线图。镇流器实际上是一铁芯电感线圈，它具有两个作用：一是在荧光灯启动时与启辉器配合产生瞬时高压，使灯管内汞蒸气电离放电；二是在荧光灯点亮后限制和稳定灯管的工作电流。

启辉器的作用是在荧光灯启动时自动断续电路，配合镇流器产生瞬时高压点亮灯管。电容器并接在氖泡两端，用于消除双金属片接点断开时的火花干扰。

采用电感镇流器的荧光灯属于电感性负载，因此功率因数较低。由于直

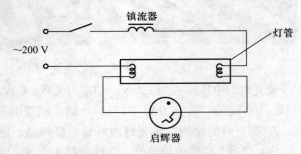

图 4-9　荧光灯接线图

接由 50 Hz 交流电供电，灯光存在频闪现象，特别是在观察周期性运动的物体时，频闪尤为明显。

② 电子镇流器。采用电子电路和开关电源技术制成的电子镇流器原理如图 4-10 所示，由高压整流电路、高频逆变电路和谐振启辉电路组成。电子镇流器实际上是一个电源变换器，它将 220 V、50 Hz 的交流电，通过直接整流和高频逆变，转换为 20～100 kHz 的高频交流电作为荧光灯管的电源，并通过串联谐振电路产生瞬间高压使灯管启辉点亮。

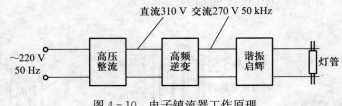

图 4-10　电子镇流器工作原理

电子镇流器使荧光灯管工作于高频状态，这一方面可以有效地消除灯光的频闪现象，另一方面可以使灯管的发光效率提高 10%～20%，同时因为取消了电感镇流器，还提高了荧光灯的功率因数。

（4）灯架 灯架用于安装灯管、启辉器和镇流器。

3. 荧光灯的工作原理 荧光灯是一种低气压的汞蒸气弧光放电灯。接通电源后（图 4-11）电源电压经镇流器 L、灯丝、加在启辉器 S 的 U 形动触片和静触片之间，引起辉光放电。放电时产生的热量使 U 形动触片向外伸展，与静触片接触使电路接通，灯丝被预热并发射电子；与此同时，由于动、静触片接触使两片间电压为零而停止辉光放电，U 形动触片逐渐冷却并复原而脱离静触片；在动、静触片断开瞬间，镇流器 L 两端会产生一个比电源电压高得多的感应电势，

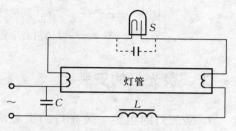

图 4-11 荧光灯工作原理

该电势加在灯管两端使管内惰性气体被电离而引起弧光放电。随着灯管内温度升高，液态汞就气化游离，引起汞蒸气弧光放电而辐射出肉眼看不见的紫外线，此紫外线激发管内壁的荧光粉后，便发出了近似日光的可见光。

镇流器另外还有两个作用，一是在灯丝预热时限制灯丝的预热电流值，防止温度过高而烧断，并保证灯丝电子的发射能力；二是在灯管启辉后，维持加在灯管两端的工作电压和限制灯管工作电流在额定值内，以保证灯管能稳定工作。

C 为电容器，用来提高电路的功率因数。不接 C 时，功率因数 $\cos\varphi$ 约为 0.5 左右；接上 C 后，$\cos\varphi$ 可提高到 0.95 以上。

启辉器内并联在氖泡上的电容有两个作用：一是与镇流器线圈形成 LC 振荡电路，能延长灯丝的预热时间和维持感应电势；二是能吸收干扰收音机和电视机的交流杂声。实用中，若该电容已击穿时也可将其剪除，启辉器仍能使用；若荧光灯管有一端灯丝断裂，在暂无备品可供更换时，可将断丝端并接继续使用；此外应注意荧光灯切忌频繁开关，因这样会大大缩短灯管的使用寿命。

新型日光灯采用电子镇流器取代了老式铁芯线圈镇流器和启辉器，特点是节电、启动电压宽、启动时间短、无频闪现象（有利于保护视力）、无噪声、工作环境温度适应范围宽（可以在 15～60 ℃范围内正常工作）、功率因数高（一般不小于 0.95）、灯管使用寿命比老式镇流器长一倍以上、安装方便、不用启辉器。

4. 荧光灯的型号 荧光灯的型号如下表示：

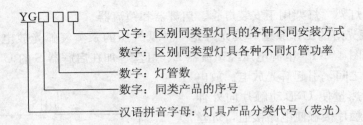

文字：区别同类型灯具的各种不同安装方式

数字：区别同类型灯具各种不同灯管功率

数字：灯管数

数字：同类产品的序号

汉语拼音字母：灯具产品分类代号（荧光）

二、荧光灯的安装

1. 荧光灯的组装　荧光灯的组装，就是将镇流器、启辉器、灯座和灯管组装好并固定在铁制或木制灯架上。在组装时必须注意：镇流器必须和电源电压、灯管功率相配合，不可混用。由于镇流器比较重，又是发热体，宜将镇流器反扣，装在灯架中间或在镇流器上采用隔热装置；启辉器规格应根据灯管功率大小来决定，宜装在灯架上便于维修和更换位置；两灯座之间的距离要准确，防止因灯脚松动而使灯管掉落；吸顶灯架应注意留有空隙，以便通风。

组装接线方法是：启辉器座上的两个接线端分别与两个灯座中的各一个接线端连接，两头的灯座各余下一个接线端，其中一个与电源的中性线连接，另一个与镇流器的一个出线头连接；镇流器的另一个出线头与开关的一个接线端连接，而开关的另一个接线端与电源中一根相线连接。导线在端头上连接时，线头按顺时针方向绕螺钉一圈，用螺钉旋具旋紧，并注意裸体线头之间不能相碰（会发生短路）。与镇流器连接的线可通过瓷接线柱连接，也可直接连接，但要恢复好绝缘层。

2. 荧光灯架的安装　荧光灯可装于吊灯、吸顶灯、壁灯等。其安装接线示意如图 4 - 12 所示。

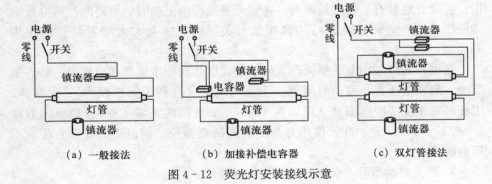

（a）一般接法　　　　（b）加接补偿电容器　　　　（c）双灯管接法

图 4 - 12　荧光灯安装接线示意

荧光灯接线时应注意，不同的接法对荧光灯的启动有不同的影响。试验证明，将镇流器接在相线上，同时启辉器的双金属片经灯丝与镇流器相连的接法为最好。因为这种接法可以得到较高的脉冲电压，使荧光灯容易点燃。荧光灯安装时要配专用的灯座，灯座有弹簧式和螺旋式两种，其中以弹簧式的为好，灯管水平安装时，因镇流器较重，又是发热体，应安装在灯架侧面或端部。大部分灯座都可以装上启辉器，不必另外考虑安装地点。

灯管垂直安装时，镇流器、电容器装在灯管上方较为安全。启辉器安装在下方端部较为方便。连接导线头要用绝缘带包扎好，电源线不能用作吊线，灯架或吊管的导线不许接头。

三、荧光灯的检修

1. 荧光灯的使用

（1）荧光灯的部件多，应按标准要求检查其接线是否有误，经检查确认无误后，方可接电使用，若线路接错，则可能会造成短路，损坏灯管及部件。

（2）灯管不能和电源直接连接，必须配用镇流器，镇流器功率应和灯管功率相同，不然会造成镇流器或灯管过热损坏。

（3）启辉器应与灯管功率配套。

（4）镇流器在工作中必须注意它的散热。8 W 以下的镇流器消耗功率约 4 W；40 W 以下的镇流器消耗功率约 8 W；100 W 的镇流器消耗功率约 20 W。

（5）用电阻、电容接线方式启动点燃的荧光灯，因电阻经常发热，温度较高，不符合节电要求，所以在一般情况下最好不采用。

（6）荧光灯工作最适宜的环境温度为 18～25 ℃。环境温度过高或过低都会造成启动的困难和光效下降。当环境的相对湿度在 75％～80％范围内，灯管放电所需要的启燃电压将急剧上升，会造成启动困难。

（7）电源电压的变化过大，将影响灯的光效和使用寿命，一般不宜超过 ±5％。

（8）100 W 日光灯的表面温度达 100～120 ℃，其他规格均为 40～50 ℃。

（9）荧光灯启动时，其灯丝上所涂的能发射电子的物质被加热冲击、发射，以致发生溅散现象（把灯丝表面所涂的氧化物打落）。启动次数越多，所涂的物质消耗越快。因此，使用中应尽量减少开关次数，更不应随意开、关灯，这样可延长荧光灯的使用寿命。通常荧光灯的使用寿命为 3 000 h 左右，这是按每启动一次后连续点燃 3 h 计算的。若每启动一次后连续点燃 10 h，其使用寿命可延长到 4 500 h，试验证明，每启动一次消耗的使用寿命相当于点燃 2 h。

2. 荧光灯的常见故障诊断与排除　荧光灯的常见故障主要有：荧光灯不发光、灯管使用两端发亮、灯管亮度降低、灯管两端发黑、荧光灯异响、镇流器过热、灯管使用寿命短、镇流器冒烟、灯管刚亮就熄灭等。

（1）荧光灯不发光　荧光灯管不发光，可能是接触不良、启辉器损坏、灯丝已断或灯管漏气、电源电压过低、熔丝熔断等原因所致。排除的方法是：属于接触不良时，检查接点是否牢固，转动灯管，同时用双手压紧灯管的灯座，看其是否发光；还应检查启辉器是否接触良好，转动启辉器使启辉器电极与底座电极接触牢固。若属接触不良，经上述操作后荧光灯应能启辉发光。若仍不发光，应进一步检查是否为启辉器损坏所致。此时可换用正常发光的荧光灯上的启辉器进行试验。如无好的启辉器，可用两端露出线芯的一段绝缘电线去触及启辉器底座的两极，触一下立即离开，若灯管启辉发光，说明启辉器损坏，应更换。假如灯丝已断，可用万用表串联测试。当以上检查均无效时，应进一步检查电源是否正常，例如熔断器内熔丝是否熔断，电源有无短路或断路现象等，并逐一处理。

（2）灯管两端发亮　灯管两端发亮的原因可能是：环境温度较低、电源电压过低、灯管陈旧、使用寿命将终、启辉器内电容器短路或接触点跳不开。排除的方法是：提高环境温度或加热灯管、测量电源电压、更换新灯管、更换启辉器。

（3）灯管亮度降低　灯管亮度或色彩差别减低的原因可能是灯管陈旧、电源电压降低、灯管上积垢过多。排除的方法是：测量电源电压，若电压正常，则多为灯管老化。根据情况更换灯管，擦拭灯管。

（4）灯管闪烁　灯光闪烁或灯光在管内旋转的原因可能是：新管暂时现象或启辉器损坏、新管的质量不佳。排除的方法是：新管开用几次即可自行消失，更换启辉器。

（5）灯管两端发黑　灯管两端发黑或发黑斑的原因可能是：灯管陈旧、使用寿命将终；灯管内水银凝结，是细管常有的现象；启辉器不良和镇流器配合不当。排除方法是：更换新管，若属细管启动灯管后黑斑可能蒸发消除，换适当的镇流器再试，或换新启辉器。

（6）荧光灯异响　杂声及电磁声大的原因可能是镇流器质量较差，或铁芯硅钢片未夹紧，电源电压升高。也可能是镇流器功率小于荧光灯功率，致使镇流器严重过载所致。排除的方法是：调整镇流器铁芯间隙并夹紧铁芯，测试电源电压，设法降低电压，更换一个与灯管相匹配的镇流器。

（7）镇流器过热　镇流器过热的原因是：通风散热不好，内部线圈短路。排除方法是：解决通风散热问题，检查试验或更换新镇流器。

（8）镇流器冒烟　镇流器冒烟的原因可能是：内部匝间短路后烧毁。排除方法是：切断电源，更换镇流器。

（9）灯管使用寿命短　灯管使用寿命短的原因可能是：镇流器配用不合适或质量较差；开关频繁操作次数太多，启辉器不良，引起长时间的闪烁；新管接线错误。排除的方法是：选用合适的或质量好的镇流器，减少开关次数，灯管使用一段时间后，调换两端，改正接线。

（10）灯管刚亮就熄灭　灯管刚发光随即熄灭的原因可能是：接触不良；接线错误，通电后灯丝已被烧断。排除方法是：按前述检查接触不良的方法逐步检查，将管子拆下，用万用表检测灯丝是否烧断，检查线路是否正确。待检查无误后再更换灯管。

（11）荧光灯启动太慢　新安装的荧光灯启动太慢，即需要很长时间荧光灯才发亮，其主要原因是荧光灯的接线方法不对。

在荧光灯照明的基本电路中，在接入电路时，灯管、镇流器和启辉器三者之间的相互位置对荧光灯启动性能是有影响的。图 4-13 所示的 4 种接线方法，在正常情况下虽然都能使荧光灯发光工作，但其启动性能是不等效的。实践证明，以第四种电路为最好，它有最好的启动性能，因为镇流器接在相线（俗称火线）上并与启辉器中的双金属片相连接，可以得到较高的脉冲电势。而第一种电路启动性能最差，因为镇流器既没接在火线上，也不与启辉器中的双金属片相连接。因此，安装镇流器时应考虑到这些问题。

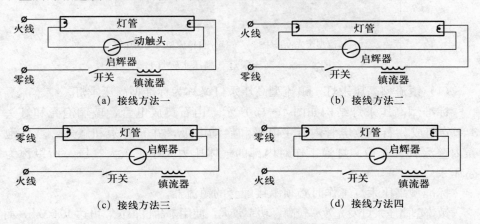

图 4-13　荧光灯照明电路的接线方法

第三节 高压汞灯（高压水银灯）的安装与检修

一、高压汞灯的类型与结构

1. 高压汞灯的特点 高压汞灯又称为高压水银灯，是一种高强度气体放电发光的电光源。高压汞灯具有发光效率高、功率大、使用寿命长的特点，一般使用寿命可达 10 000 h 左右。

高压汞灯是高强度放电灯中使用最早的一种，适用于一般情况下的大面积室内外照明，例如街道、广场、车站、码头、停车场、立交桥、交易市场、高大厂房、仓库等。

2. 高压汞灯的类型 高压汞灯分为镇流型高压汞灯和自镇流型高压汞灯两种（图 4 - 14）。

　(a) 镇流型荧光高压汞灯　　　(b) 自镇流型荧光高压汞灯

图 4 - 14 高压汞灯（高压水银灯）

（1）镇流型高压汞灯 镇流型高压汞灯又称为标准型高压汞灯。

标准型高压汞灯结构如图 4 - 15 所示，由石英放电管、玻璃泡壳和灯头 3 部分组成。石英放电管内有主电极和启动电极，并充有汞和氩气，玻璃泡壳内壁涂有荧光粉。灯泡工作时内部的气体压力大于 1 个大气压，所以称为高压汞灯。

标准型高压汞灯工作时必须串接配套的镇流器。

镇流型高压汞灯发光效率较高、功率较大、使用寿命也很长，可达 10 000 h，而且耐雨雪、耐震。缺点是启动慢，启动后到稳定发光的时间常需 4～8 min；当电压突然降低5%以上时会自熄，再次点燃时间需经5～10 min；显色性差、功率因数低。所以适用于道路、广场、货场、屋外配电装置以及厂房等需长时间照明的公共场所或工矿企业。当装设在高大厂房内使用时，为取得更好的效果，它应与白炽灯按约1:3的比例配合使用。

（2）自镇流型高压汞灯　自镇流型高压汞灯与标准型高压汞灯的主要不同在于，在自镇流型高压汞灯灯泡中串联了起镇流作用的钨丝，因此电路中不需要外接镇流器。

自镇流型高压汞灯的优点是发光效率高、省电、附件少、功率因数接

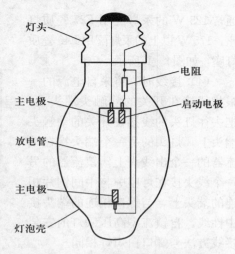

图4-15　镇流型高压汞灯的结构

近于1。缺点是使用寿命短，只有大约1 000 h。由于自镇流型高压汞灯的显色性好、经济，可以用于施工现场照明或工业厂房整体照明。

3. 高压汞灯的工作原理　高压汞灯是利用汞蒸气放电来获得可见光的电光源。电源接通后，由于启动电极与旁边的主电极距离很近，首先在它们之间产生辉光放电，使得放电管内温度上升，汞被气化，接着便在两个主电极之间产生弧光放电。这时放电管产生很强的可见光和紫外线，紫外线激发玻璃泡壳内壁的荧光粉发出大量可见光。

由于启动电极上串联了一个大电阻，当主电极之间产生弧光放电后，启动电极与旁边的主电极之间的电压下降，辉光放电便停止。

二、高压汞灯的安装

高压汞灯的安装方法如下：

（1）供电线采用2.5 mm² 铜质或铝质胶线，灯口引线可选用2 mm² 以上的多股软线。

（2）高压汞灯线路的安装接线是在普通白炽灯电路的基础上串联一个相应功率的镇流器，镇流器安装在灯具附近，置于室外的镇流器应有防雨措施，如图4-16所示。

（3）由于高压汞灯的功率较大，它使用的灯座必须是与灯泡配套的瓷质灯座。

通常 125 W 的汞灯配用 E27 瓷质灯座，175 W 以上的汞灯配用 E40 瓷质灯座，如图4-17所示。

(4) 接线时，将来自电源的一根相线接在开关的静触头端头上，把去往灯头的线接在开关的动触头端头上，灯头的另一个端头接在镇流器的一个出线头上，镇流器的另一个线头接在灯座中与中间铜片相连的端头上，与螺口相连的端头接中性线。自镇流型高压汞灯的安装接线方法与螺口白炽灯相同。

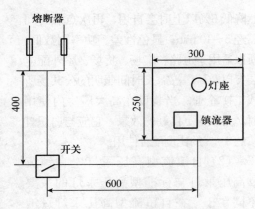

图 4-16　高压汞灯的安装（单位：mm）

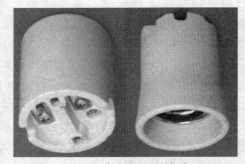

（a）E27瓷质灯座　　　　　　　（b）E40瓷质灯座

图 4-17　高压汞灯的灯座

(5) 高压汞灯熄灭以后，不能立即再点燃，必须待石英管内水银气压下降后才能再次点燃。因此，再点燃的时间要比点燃时间长一些，为 5～10 min。在安装时一定要注意这一特殊性。

(6) 安装或更换高压汞灯常常需要高空作业，务必遵守安全用电和高空作业的有关规定。

三、高压汞灯的检修

1. 高压汞灯的使用

(1) 外镇流型的高压汞灯使用时，必须配用镇流器，否则会使灯泡立即损坏。灯泡必须与相应规格的镇流器配套使用，不然会缩短灯泡的使用寿命或造成启动困难。

（2）灯泡点燃后的温度较高，要注意它的散热。配用的灯具必须具有良好的散热条件，不然会影响灯的性能和使用寿命。据测定 400 W 灯泡的玻壳表面温度为 150～250 ℃。

（3）电源电压突然降低 5％以上，就有可能造成灯泡自行熄灭。灯泡熄灭后，须冷却一段时间，待管内水银气压降低后，方可再启动使用。所以该种灯不能用于有迅速点亮要求的场所。

（4）外玻壳破碎后，灯虽然能点亮，但有大量紫外线辐射，将灼伤人的眼睛和皮肤。

（5）装卸灯前，必须拉开电源开关，装卸灯泡时不要接触螺旋圈，防止触电。

（6）破碎灯管要及时妥善处理，防止汞害。

2. 高压汞灯的常见故障诊断与排除　高压汞灯的常见故障诊断与排除方法见表 4-1。

表 4-1　高压汞灯的常见故障诊断与排除方法

故障现象	故障原因	排除方法
不能启辉	① 电源电压过低 ② 镇流器选配不当 ③ 开关端头接线松动 ④ 灯泡内部结构件损坏	① 设法调高电压 ② 更换合适的镇流器 ③ 重接，要牢固 ④ 更换灯泡
只亮灯芯	① 灯泡玻璃破碎 ② 灯泡玻壳有漏气现象	① 更换灯泡 ② 更换灯泡
亮后突然熄灭	① 电源电压下降 ② 线路断线 ③ 灯泡损坏	① 线路中有大容量电机启动，不必修 ② 检查线路断线处并修复 ③ 更换灯泡
忽亮忽灭	① 电源电压波动 ② 在启辉电压的临界值上 ③ 灯座接触不良 ④ 接线松动	① 不必修理 ② 不必修理 ③ 调整中间簧片，旋紧灯泡 ④ 将线头压紧牢固
开而不亮	① 保险丝熔断 ② 开关失灵或开关内接头松脱 ③ 镇流器线圈烧断或接线松脱 ④ 灯座中心弹簧片未弹起 ⑤ 线路断路 ⑥ 灯泡损坏	① 更换同规格的保险丝 ② 检修或更换开关 ③ 更换镇流器或检修线路 ④ 用尖嘴钳挑起弹簧片 ⑤ 按白炽灯的检修方法检修线路 ⑥ 更换灯泡

第四节　碘钨灯的安装与检修

一、碘钨灯的结构原理

1. 碘钨灯的特点　碘钨灯是一种卤钨灯，如图 4 - 18 所示，也属于热辐射发光电光源，但电气性能要优越许多。与普通白炽灯相比，卤钨灯的发光效率提高了 30% 左右，使用寿命可达 3 000 h，几乎是普通白炽灯使用寿命的 3 倍。

图 4 - 18　碘钨灯

碘钨灯具有体积小、功率大、能够瞬时点燃、可调光、无频闪效应、显色性好和光通维特性好等优点。缺点是安装时必须使灯管保持与水平面的倾斜角度最多不应超过 4°，否则将会破坏碘钨循环；点燃瞬间其启动电流约为工作电流的 5 倍，工作时它的灯座温度较高，灯表面温度高，故切不能与易燃物靠近；其耐震性能较差，使用时受电压波动影响较大。

2. 碘钨灯的结构　碘钨灯结构如图 4 - 19 所示，由螺旋状灯丝、灯丝支架、石英玻璃灯管和电源引脚等部分组成，灯管内除充有惰性气体外还充有微量碘。

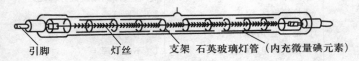

引脚　　　灯丝　　　支架　石英玻璃灯管（内充微量碘元素）

图 4 - 19　碘钨灯的结构

碘钨灯是卤钨循环的白炽灯（卤钨灯）中的一种，一般制成圆柱状石英管，两端灯脚为电源触点，管内中心的螺旋状灯丝（钨丝）置于灯丝支架上。

3. 碘钨灯的工作原理　普通白炽灯在使用中，灯丝上的钨原子会不断蒸发出去，并沉积在玻璃泡壳上，使得灯丝越来越细，玻璃泡壳越来越黑，严重影响发光效果和使用寿命。在灯管内加入溴、碘等卤族元素可以改善这种情况。

碘钨灯接通电源后灯丝高温发光，灯管内温度形成两个区域：灯丝附近的高温区域和灯管壁附近的温度较低区域。由于灯管内碘的存在，灯丝上蒸发出来的钨原子在灯管壁附近与碘化合生成碘化钨。碘化钨扩散到灯丝附近遇高温又分解成碘和钨，钨又附着到灯丝上，碘又回到温度较低的灯管壁处。如此周而复始，解决了钨的蒸发问题，从而提高了发光效果和使用寿命。

4. 碘钨灯的应用　碘钨灯灯多用于较大空间、要求高照度的场所，其色温特别适用于电视转播、摄像等场所。主要适用于工地照明，工厂区域、公共场所、屋外配电装置，或广场、礼堂、会场、体育场等较大范围场所的照明。

卤钨灯还可以做成小体积灯泡，用于特殊用途，如各种放映灯。现在也用于生活照明，如各种投射灯、小型台灯，但这些小体积卤钨灯的工作电压一般在 36 V。

二、碘钨灯的安装

碘钨灯安装接线的操作方法和白炽灯一样，安装接线原理及方法如图 4 – 20 所示。

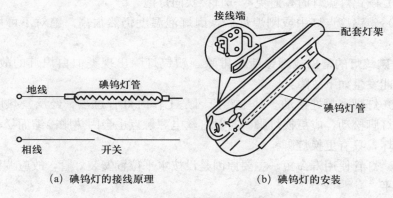

　　　　（a）碘钨灯的接线原理　　　　　　　（b）碘钨灯的安装

图 4 – 20　碘钨灯的安装接线

碘钨灯安装时的注意事项：

（1）安装碘钨灯时，必须保持水平位置，水平线偏角应小于 4°，否则会破坏碘钨循环，缩短灯管的使用寿命。

（2）碘钨灯发光时，灯管周围的温度很高，因此，灯管必须装在专用的有隔热装置的金属灯架上，切不可装在易燃的木质或塑料灯架上，同时不可在灯管周围放置易燃物品，以免发生火灾。

（3）碘钨灯不可装贴在墙上，以免散热不好而影响灯管的使用寿命；若装在室外，应有防雨措施。

（4）功率在 1 000 W 以上的碘钨灯，不应安装一般电灯开关，而应安装相应容量的刀开关或其他形式的开关。

三、碘钨灯的检修

1. 碘钨灯的使用

（1）点燃灯管以前，可用酒精棉把灯管上留有的指印等擦除，保证灯管的透明度，以免减弱灯管的发光效率。

（2）灯丝较脆，避免剧烈震动和撞击。

（3）务必把灯具开关接在火线上，避免触电。

（4）碘钨灯泡使用耐高温的石英玻璃制成，如沾到油污，将使石英玻璃失去光泽，变成白浊色而减低亮度，缩短使用寿命，甚至玻璃壳破裂。

（5）碘钨灯点灯时，封口处的温度不可超过 350 ℃，否则会缩短灯泡的使用寿命，故使用碘钨灯具，通风散热必须良好。

（6）碘钨灯点灯时，避免冷气直接吹向灯泡。

（7）碘钨灯点灯中或刚熄灯后，因灯泡温度仍然很高，绝对不可用手去触摸。

2. 碘钨灯的常见故障诊断与排除 碘钨灯除出现类似白炽灯的故障外，还有可能发生如下故障：

（1）灯脚密封处松动。其主要原因是工作时灯管过热，经反复热胀冷缩后，使灯脚松动，应更换灯脚。有时灯丝电源触点也会因热胀冷缩而松动、漏气和损坏，只有更换灯脚。

（2）灯管使用寿命短。主要原因是没按水平位置安装灯管，故应调整使其保持水平。

第五节　开关与插座的安装

一、开关的安装

1. 开关的类型 在照明线路中，常用的电源开关有拉线开关、翘板方形平开关等、床头船形开关和平开关等，如图 4 - 21 所示。现在新居装修一般常用美观大方的平开关。

(a) 拉线开关   (b) 翘板开关   (c) 平开关

(d) 调光开关   (e) 调速开关   (f) 触摸延时开关

(g) 定时开关   (h) 红外感应开关   (i) 转换开关

图 4-21　开关的类型

（1）单控开关　单控开关在家用电路中是最常见的，也就是一个开关控制一件或多件电器，根据所联电器的数量又可以分为单控单联、单控双联、单控三联、单控四联等多种形式。

（2）双控开关　双控开关在家用电路中也是较常见的，也就是两个开关同时控制一件或多件电器，根据所联电器的数量还可以分为双联单开、双联双开等多种形式。双开关用得恰当，会给家居生活带来很多便利。如：卧室的照明灯，一般可以在进门的门旁边安装一个开关控制，然后在床头上再接一个开关同时控制这个照明灯，那么，进门时可以用门旁的开关打开灯，关灯时直接用床头的开关就可以了，非常方便，尤其是冬天天冷时更显得实用。

（3）调光开关　调光开关主要是靠灯泡的纯电阻负载来实现的。一般最常见的就是改变灯泡的亮度的调光开关，但现在市场上的调光开关的功能越来越多，不仅可以控制泡灯的亮度以及开启、关闭的方式，而且还可以随意改变光源的照射方向，这些对于日常生活是很有帮助的。比如：可以在开灯时让灯光逐渐变亮，也可在关灯时让灯光慢慢变暗，直到关闭。

（4）调速开关　调速开关主要是靠电感性负载来实现的。一般调速开关是配合电扇使用的，可以通过安装调速开关来改变电扇的转速。

（5）延时开关　延时是指在按下开关时，这个开关所控制的电器并不会马上停止工作，而是会延长一会儿才彻底停止，在市场上很受欢迎。如：不少家庭卫生间的照明灯和排气扇用的是一个开关，关上灯之后，排气扇也跟着关上，而卫生间的湿、浊气可能还没排完，这时我们除了安装转换开关可以解决问题外，还可以安装延时开关，即关上灯，让排气扇再转 3 min 才关上，非常实用。

（6）定时开关　定时开关是指设定多少时间后关闭电源，它就会在多少时间后自动关闭电源的开关。相对于延时开关，定时开关能够提供更长的控制时间范围以方便用户根据情况来进行设定。

（7）红外感应开关　红外感应开关是指基于红外线技术的自动控制开关产品。当我们进入开关感应范围时，专用传感器会探测到人体红外光谱的变化，这时开关就会自动接通负载，如果我们一直不离开在房间活动，开关将持续导通，而当我们离开后，开关就会延时自动关闭负载。这种开关在市场上很受欢迎，人到灯亮，人离灯熄，非常方便，安全节能。如：安装在阳台，可以防范窃贼入侵；安装在儿童房，在幼儿夜间醒来有活动时，灯自动打开，不仅可以消除幼儿的恐惧心理，也能让家长们及早地发现。

（8）转换开关　转换开关在一般家用电路中用得比较少，其实转换开关也很实用。如：客厅的照明灯，一般灯泡的数量都不会少，全部打开太浪费电，如果装上一个转换开关就方便多了，按一下开关，只有一半灯亮；再按一下，只有另一半灯亮；再按一下，全部灯都亮。这样，在需要时可以全亮，平时亮一半就可以了，很方便，而且在今天供电紧张提倡节约用电的时代还是值得推广的。

（9）声控开关　声控开关在一般家用电路中用得很少，是在开关上增加了声控电路，声控电路又分选频声控电路和不选频声控电路。声控开关一般多用于住宅楼楼道等公共场所，在需要照明时，直接通过声音来触发照明设施启动。一般住宅楼道用的多为一种带声控开关的白炽灯头，其结构是在灯头盖和灯头体间安有一个小的声控电路板，安装使用都非常方便。

（10）光电开关　光电开关在一般家庭中基本不会使用。它是由发射器、接收器和检测电路三部分组成。发射器对准目标发射光束，发射的光束一般来源于发光二极管（LED）和激光二极管。光束不间断地发射，或者改变脉冲宽度，受脉冲调制的光束辐射强度在发射中经过多次选择，朝着目标不间断地运行。接收器由光电二极管或光电三极管组成。在接收器的前面，装有光学元件如透镜和光圈等，其后面是检测电路，它能滤出有效信号和应用该信号。光电开关广泛应用于自动计数、安全保护、自动报警和限位控制等方面。光电开关可分为对射型、漫反射型、镜面反射型。

2. 开关的组成　开关主要由面板、翘板和触点 3 部分组成，见表 4 - 2。

表 4 - 2　开关的组成及作用

部件	材料	性能及作用
面板	以 PVC 为主	安全，无毒，抗冲击，防火阻燃效果好
翘板	铜或银铜合金	以铜为材料的翘板成本较低，但银铜合金的导电性能较好，目前主流品牌均采用银铜合金翘板
触点	银或银合金	能在电流通断瞬间起到一定的过流保护作用

3. 拉线开关的安装　将两根导线穿过开关底座的两孔眼，用木螺钉固定开关底座，为了美观，使开关底座处于木台的中间位置；固定好底座后，将两个线头分别接在开关底座的两个端头上，旋上开关盖子即可，如图 4 - 22 所示。

4. 暗板开关的安装　暗板开关一般是在预埋好的铁制盒或塑料盒上进行安装，其方法是：将来自电源的一根相线接在开关静触头接线端上，将到灯头的一根线接在动触头的接线端上。如用双极或多极开关，将来自电源的一根相线连通所有开关的静触头端

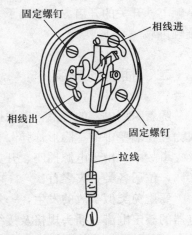

图 4 - 22　拉线开关的安装

头，并将到各灯头的线分别接在各开关的动触头接线端上，再将开关分别固定在开关盒上，最后用螺钉固定盖板即可。

5. 双联开关的安装　双联开关控制一盏灯的线路安装要点为两只双联开关中连铜片的桩头不能接错，安装方法如图 4-23 所示。

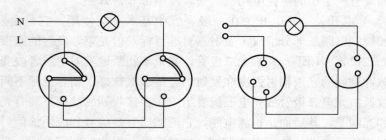

图 4-23　双联开关控制一盏灯线路连接

6. 开关的安装位置　开关的安装位置要便于操作，开关边缘距门框边缘的距离为 15～20 mm，开关距地面的高度为 1.3 m。拉线开关距地面的高度为 2.2～2.8 m，层高小于 3 m 时，拉线开关距天花板不小于 100 mm，拉线出口垂直向下。

相同型号并列安装的开关及同一室内开关的安装高度一致，且控制有序，不错位。并列安装的拉线开关的相邻间距不小于 20 mm；暗装的开关面板应紧贴墙面，四周无缝隙，表面光滑整洁，无碎裂、划伤，装饰帽齐全。

在安装开关时，相线（火线）必须进开关，否则更换灯泡或检修线路时容易触电。开关的开启方向应向下，各个开关的通断位置要一致，且操作灵活，接触可靠。

二、插座的安装

随着家用电器的普及，电源插座的数量也逐渐增多，如果安装不当，将会成为埋在墙壁中的"隐形炸弹"。有关统计数据表明，我国近 10 年累计发生的火灾事故中，由于电源插座、开关、断路、短路等原因引发的火灾约占总数的 30％，位居各类火灾之首。

要避免类似事故的发生，一是要按照规定合理选用插座，注意选择与家用电器的额定电流、插头规格及接线盒规格相匹配的插座，切忌使用所谓的万能插座；二是要正确使用插座；三是插座要正确安装和正确接线。

1. 插座的类型 根据电源电压的不同，插座可分为三相（四眼插座）和单相（三眼或二眼插座）两种；根据安装形式的不同，又可分为明装式和暗装式两种。

插座的种类如图 4 - 24 所示。

(a) 单相（二极）　　　　(b) 单相（三极）　　　(c) 单相（二极、三极）

(d) 三相（四线）　　　　　　(e) 三相（五线）

图 4 - 24 插座的类型

2. 单相插座的安装

（1）单相插座的安装原则 单相两极插座的接线原则是"左零右相或下零上相"（零线是中性线的俗称），单相三极插座的接线原则是"左零右相上接地"。依据接线原则，将导线分别接入插座的接线桩上，注意接地线的颜色。标准规定，接地线应是黄绿双色线。在 TN - S 系统中插座的接线原理如图 4 - 25 所示。

TN - S 为电源中性点直接接地时电器设备外漏可导电部分通过零线接地的接零保护系统，N 为工作零线，PE 为专用保护接地线，即设备外壳连接到 PE 上。因为用 5 线配电，有色金属用量大，多为民用建筑配电选择方式，对于大量单相负荷造成的三相不平衡问题，因为 N 为专用，平时 PE 不导电，安全性好。

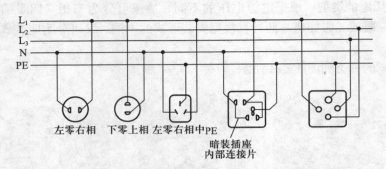

图 4-25　TN-S 系统中插座接线方法

　　TN-S 方式供电系统是把工作零线 N 和专用保护线 PE 严格分开的供电系统。系统正常运行时，专用保护线上没有电流，只是工作零线上有不平衡电流。PE 线对地没有电压，所以电气设备金属外壳接零保护是接在专用的保护线 PE 上，安全可靠。

　　工作零线只用作单相照明负载回路。

　　专用保护线 PE 不许断线，也不许进入漏电开关。

　　干线上使用漏电保护器，工作零线不得有重复接地，而 PE 线有重复接地，但是不经过漏电保护器，所以 TN-S 系统供电干线上也可以安装漏电保护器。

　　（2）单相插座的安装方法　　插座安装特别要注意插孔接线的极性，如图 4-26 所示。

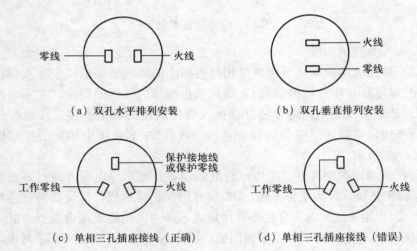

图 4-26　单相插座的安装

在单相供电系统中，单相双孔插座双孔水平排列安装时，相线（俗称火线）接右孔，中性线（俗称零线）接左孔，即左零右火。

在双孔垂直排列安装时，相线接上孔，中性线接下孔，即下零上火。

单相三孔插座下边两孔是接电源线的，仍然是采用左零右火的接法，上面的大孔接保护接地线，其作用是一旦电器设备漏电到金属外壳时，可通过保护接地线将电流导入大地，消除人员触电危险。

因此，在接线时应特别注意保护接地线与工作零线要分开接线，千万不能用工作零线来代替保护接地线。

3. 三相插座的安装　三相四孔插座，上边较大的一个孔眼在中性点接地系统中接保护零线，或在中性点不接地系统中接保护地线；下边三个孔分别接三相电源线，如图 4 - 27 所示。为方便检修。家庭内同类型的所有插座插孔接线的极性应该完全一致。

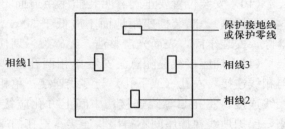

图 4 - 27　三相四孔插座的安装

4. 插座安装时的注意事项

（1）插座的安装高度应符合设计规定。当设计无规定时，视听设备、台灯、接线板等的墙上插座一般距地面 30 cm（客厅插座根据电视柜和沙发而定），洗衣机的插座距地面 120～150 cm，电冰箱的插座距地面 150～180 cm，空调器、排气扇等的插座距地面 190～200 cm，厨房功能插座离地 150～200 cm。

（2）在儿童活动场所应采用安全插座，（带保险挡片的插座），或安装高度不小于 1.8 m。在潮湿场所应采用防水、防潮密封型插座，家庭潮湿场所如厨房、卫生间，不宜安装普通型插座，以防发生锈蚀或漏电，应安装密封型插座，安装高度不低于 1.5 m。在有易燃易爆气体及粉尘的场所应装专用插座。

（3）当插座上方有暖气管时，其间距应大于 0.2 m；下方有暖气管时，其间距应大于 0.3 m。不符合以上要求时，应移位或进行技术处理。

（4）当交流、直流或不同电压等级的插座安装在同一位置或场所时，应有明显的标志区别，且其插头与插座配套，不能相互代用。

（5）落地插座应具有牢固可靠的保护盖板。

（6）安装插座时，先将盒内甩出的导线留出维修长度，一般为 15～20 cm，再削去线头部分的绝缘层，注意不要碰伤芯线。如插座内为接线柱，将导线按顺时针方向盘绕在插座对应的接线柱上，然后旋紧压头；如插座内为插接端子，将芯线折回头插入圆孔接线端子内（孔径允许压双线时），再用顶丝将其压紧，注意芯线不得外露。

（7）单相双孔插座，面向插座时右插孔接相线，左插孔接零线。

（8）单相三孔及三相四孔插座的接地线或接零线均应在上方。

（9）车间及试验室的明、暗插座一般距地面高度不低于 0.3 m；特殊场所暗装插座一般不应低于 0.15 m；同一室内安装的插座高低差不应大于 5 mm，成排安装的插座不应大于 2 mm。

（10）安装位置要正确。明装插座距地面不应低于 1.8 m（农户大多使用这样的插座）。暗装插座距地面不应低于 30 cm，其面板要紧贴墙面，四周无缝隙，安装牢固，表面光滑整洁，无碎裂、划伤，装饰帽齐全。

（11）插座接线莫随意。安装单相两孔插座，面对插座时右孔（或上孔）与相线连接，左孔（或下孔）与零线连接；单相三孔插座，面对插座时右孔与相线连接，左孔与零线连接；中间上方孔应接保护地线（PE）。若有多个插座，保护地线在插座间不得串联连接。三孔插座的零线与保护地线切勿接错。

（12）三眼插座保护接地插口接地要可靠。三眼插座的接地，是农村家庭用电最薄弱的环节，大多数家庭根本就不接地；即使接地的也不规范。例如：接地线随便找一根铁丝，接地体是一个钉子钉在墙上，二者一连就算接地了。还有的用户干脆把电器的三眼插头的接机壳插头掰断，插入三眼插座的两眼使用。三眼插座没有保护接地的用户，使用三脚插头时，家用电器的金属外壳一旦带电，接触家用电器的人员就有触电的危险。因此，农家三眼插座的保护接地应引起农户高度重视。

（13）插座数量要足够。尽量较少使用移动或多用插座。电器增多了，几乎每个农村家庭都感到插座不够用，采用临时插座板（也叫万能插座）作补充，一块插座板上接三四种用电设备是常见现象。如果这些用电设备都是小容量，还是允许的。如果插座板同时接电水壶、电热取暖器等大功率电器则是不允许的。因为导线会过载发热，时间长了会烧坏插座、导线甚至引起火灾。发达国家早就明文规定不允许私拉临时插座长期使用，同时规定居舍要有足够数量的插座。因为临时插座在使用中易受损，会导致人身触电和电气火灾事故。对插座数量，一般要求：两插座点间的距离不得超过 3.66 m，即一个家用电器如不能自左侧接插座，定能自右侧接插座，卧室、起居室和厨房的插座的数量分别不少于 4 个、7 个、4 个。在我国农村，移动插座由于经常移动，电源引线及插座受损的可能性很大，使用者触电的危险很大，应尽量避免使用。

（14）大功率用电器的插座应从家庭配电箱中直接引出。大功率用电器

（空调、微波炉、电磁炉、洗衣机、电冰箱等）由于工作电流大，所用插座额定电流不得小于 10 A，连接导线最好从进户配电箱中接出，选用铝芯导线时，截面积应不小于 2.5 mm²；选用铜芯导线时，截面积应不小于 1.5 mm²。

（15）插座回路必须安装漏电保护器。家庭插座所接的电器大都是人手触及的移动电器（如台式风扇和各种小家电）或固定电器（电冰箱、微波炉等）。一旦其导线受损或电器设备的外壳带电时，就有电击危险。故除壁挂式空调电源插座外，其他电源插座均应设置漏电保护器，以防漏电或触电。当漏电保护器后边的电器、导线泄漏电流超过额定值（家用漏电保护器的动作电流小于 30 mA，动作时间小于 0.1 s）时，该装置就跳闸、断电。它常与保护接地或保护接零配合使用，形成防触电的双重保险。

（16）插座引线应选用铜芯导线。农村家庭室内普遍使用铝芯导线，虽然省一些钱，但安全隐患严重。据统计：火灾发生率中，铝线为铜线的 55 倍。我国 1999 年 6 月 1 日开始实施的国家强制性标准《照明设计规范》中明确要求，室内照明线路应使用铜导线。因此室内插座的引线应选用铜芯导线。

（17）不同电压的插座应有明显区别，确保无法互相插用。插座电源电压与电器额定电压不符，如果插上插头使用电器，可能会因电压过高，造成导线、电器内部元件绝缘击穿而损坏电器，甚至引发触电、火灾事故。因此，家中不同电压的插座应有明显的区别，即不同电压选择不同类型的插座，防止电器的电源插头插入与电器额定电压不相符的插座。

第六节 灯具的控制

照明电路是室内配电的重要方面，也是室内装修电工作业中工作量最大的项目之一。随着科学技术的发展和人们生活水平的提高，照明电路已不仅仅是简单地用开关控制电灯照明。新型电光源和电子控制技术的发展，为实现照明电路的多样化、节能化、智能化和环保化提供了极大的空间。

一、照明灯的手动控制

照明电光源必须连接适当的控制电路，才能实用化。照明灯的接线安装，应符合安全、可靠、使用方便的一般原则，并根据用户对照明灯的控制要求采用相应的控制电路。

照明灯的手动控制一般是采用手动开关控制，其控制方法有单开关控制、多开关控制、调光控制、调速控制等。

1. 单开关控制　单开关控制是指用一个开关控制一个或多个照明灯。

（1）一个开关控制一盏灯　这是一种最基本、最常用的照明灯控制电路。灯开关应串接在 220 V 电源的相线上。如果使用的是螺口灯泡，相线必须接在灯座的中心接点上，以确保安全。采用单极单开关即可，开关和灯座的额定电压和额定电流指标，应大于所用灯泡的相应指标。荧光灯的接线，220 V 电源相线应接在开关和镇流器一侧。如果将开关接在零线上，关断开关后荧光灯管仍会有微弱发光。

（2）一个开关控制多盏灯　将需要同时控制的多盏灯并联后接入电路即可，这些照明灯将同时受开关的控制。实际操作时，为避免布线中途的导线接头，可将接头安排在灯座中。开关的额定电流指标，应大于所有被其控制的灯泡电流的总和。

（3）一个开关分别控制两盏灯
电路如图 4－28 所示，S 为单极三位
开关。当 S 拨向最下端时，照明灯
EL$_1$ 亮。当 S 拨向中间端时，照明灯
EL$_2$ 亮。当 S 拨向最上端时，两个照
明灯均不亮。

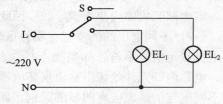

图 4－28　一个开关分别控制两盏灯

2. 多开关控制　多开关控制是指
用若干个开关控制一个照明灯。

（1）两个开关在两处控制一盏灯　电路如图 4－29a 所示，S$_1$、S$_2$ 均为单极双位开关，在它们之间需安排两根连接导线。当 S$_1$ 与 S$_2$ 拨向相同（都拨向上端或都拨向下端）时，照明灯 EL 亮。当 S$_1$ 与 S$_2$ 拨向不同（一个拨向上端、另一个拨向下端）时，照明灯 EL 不亮。这种接线方法，可以在两个地方都能够控制同一盏灯的亮与灭。例如，将开关 S$_1$ 设置在门口，S$_2$ 设置在床头，您进门时用 S$_1$ 打开照明灯，就寝时则用 S$_2$ 关灯，十分方便。

图 4－29b 所示为另一种接线方法，在两个开关 S$_1$、S$_2$ 之间只需要一根连接导线，同样可以达到两个开关控制同一盏灯的效果。当 S$_1$ 与 S$_2$ 拨向相同时，两个二极管为顺向串联，照明灯 EL 亮。当 S$_1$ 与 S$_2$ 拨向不同时，两个二极管为反向串联，照明灯 EL 不亮。由于二极管的存在，电路变成了半波供电，灯泡的亮度有所降低。这种方法适用于两个开关相距较远、对灯光亮度要求不高的场合。例如应用于楼梯的照明灯控制，S$_1$ 置于楼下，S$_2$ 置于楼上，您可在楼下用 S$_1$ 打开楼梯灯，上楼进家门后则用 S$_2$ 关灯。二极管 VD$_1$～VD$_4$

一般可用 1N4007，如果所用灯泡功率超过 200 W，则应用 1N5407 等整流电流更大的二极管。

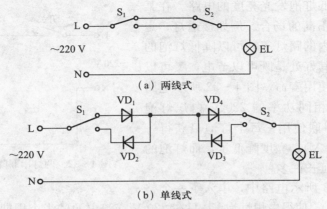

图 4-29 两个开关在两处控制一盏灯

（2）3 个开关在 3 处控制一盏灯 电路如图 4-30 所示，S_1、S_2 为单极双位开关，S_3 为双极双位开关，各开关之间均用两根导线连接。3 个开关 S_1、S_2、S_3 中，任何一个开关都可以独立地控制同一盏照明灯 EL 的亮与灭。即在照明灯 EL 不亮时，任何一个开关都可以开灯；而在照明灯 EL 亮着时，任何一个开关都可以关灯。

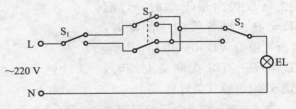

图 4-30 3 个开关在 3 处控制一盏灯

（3）楼梯照明灯的多开关控制 图 4-31 所示为某 6 层楼的楼梯照明灯多开关控制电路，S_1、S_6 为单极双位开关，$S_2 \sim S_5$ 为双极双位开关。6 个照明灯（$EL_1 \sim EL_6$）和 6 个开关分别安装在 6 个楼层。人们可以在楼道口开灯，上楼后再关灯；也可以在任一楼层开灯，下楼后再关灯。该控制电路既提供了方便又有利于节电。

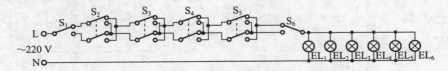

图 4-31 楼梯照明灯的多开关控制

3. 调光控制　调光控制电路可以调节照明灯的灯光亮度，更好地满足各种情况下不同照明的需要。

（1）降低灯泡发光亮度的电路　在某些亮度要求不高的场合。例如楼道灯、走廊灯、小区内的路灯等，可以降低灯泡的亮度使用，其好处是既可以节电，又可以延长灯泡的使用寿命。图 4-32 所示电路中，将两个相同功率的 220 V 白炽灯泡 EL_1、EL_2 串联使用，每个灯泡只获得一半电压（110 V），亮度降低了，而灯泡的使用寿命却延长许多。

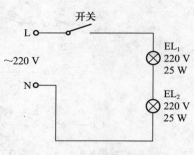

图 4-32　两灯串联降低亮度

图 4-33 所示电路中，串入了一个整流二极管 VD，使得白炽灯泡 EL 只在 220 V 交流电源的半个周期中有电流通过，灯泡获得的有效电压值下降，所以灯泡发光亮度降低而寿命延长。

（2）简易调光电路　电路如图 4-34a 所示，S 为单极三位开关。当 S 拨向最下端时，灯泡 EL 全亮。当 S 拨向中间端时，整流二极管 VD 串入电路，灯泡 EL 半亮。当 S 拨向最上端时，切断灯泡电源（关灯）。

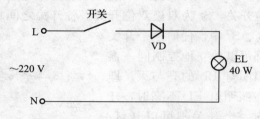

图 4-33　串联整流二极管降低亮度

图 4-34b 为一个开关控制两盏灯的简易调光电路，S 为双极三位开关，S_1 与 S_2 联动。当 S 拨向最下端时，灯泡 EL_1 与 EL_2 并联接入电源，两灯全亮。当 S 拨向中间端时，灯泡 EL_1 与 EL_2 串联接入电源，两灯半亮。当 S 拨向最上端时，切断灯泡电源（关灯）。

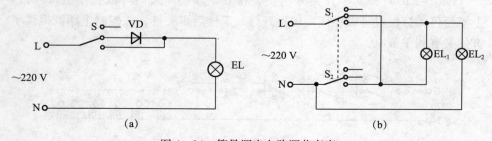

(a)　　　　　　　　　　　(b)

图 4-34　简易调光电路调节亮度

（3）晶闸管调光电路
应用晶闸管可以实现无级
调光。图 4 - 35 所示为采用
单向晶闸管的调光电路。开
关 S 接通电源后，220 V 交
流电压（经 $VD_1 \sim VD_4$ 整
流后）的每个半周开始时经
过 R_1 和电位计（RP）向

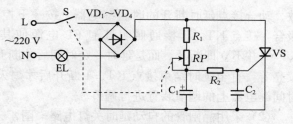

图 4 - 35　单向晶闸管的调光电路

C_1 充电。当 C_1 上所充电压达到单向晶闸管 VS 的控制极触发电压时，VS 导通；
当交流电压过零时 VS 截止。

调节电位器 RP 可改变 C_1 的充电时间常数，即改变 VS 的导通角。减小
RP 阻值，VS 导通角增大，灯光亮度增强；增大 RP 阻值，VS 导通角减小，
灯光亮度减弱。实际操作时，RP
可选用带开关的电位器，并使开关
S 刚打开时 RP 处于最大阻值。这
样，在使用中打开开关时灯光微
亮，然后再逐步调亮，效果较好。

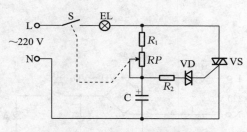

图 4 - 36 所示为采用双向晶闸
管的调光电路。双向晶闸管 VS 直
接接在交流回路中，VD 为双向触

图 4 - 36　双向晶闸管的调光电路

发二极管。调节电位器 RP 可改变 VS 的导通角，从而达到调光的目的。

二、照明灯的自动控制

利用电子电路可以对照明灯实行自动控制和遥控，使照明电路更加现代
化、节能化和智能化。

1. 灯光自动延时控制　自动延时关
灯电路主要应用在楼梯、走道、门厅等
只需要短时间照明的场合，有效地避免
了"长明灯"现象，既可节约电能，又
可延长灯泡的使用寿命。

（1）时间继电器构成的自动延时关
灯电路　图 4 - 37 所示电路中，KT 是缓

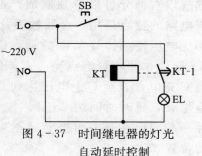

图 4 - 37　时间继电器的灯光
自动延时控制

放、动合接点延时断开的时间继电器。按一下控制按钮 SB，时间继电器 KT 吸合，接点 KT-1 接通照明灯泡 EL 电源使其点亮。当松开 SB 时，接点 KT-1 并不立即断开，而是延时一定时间后才断开。在延时时间内灯泡 EL 继续亮着，直至延时结束接点 KT-1 断开后才熄灭。该电路的延时时间可通过时间继电器上的调节装置进行调节。

（2）采用晶闸管的自动延时关灯电路　图 4-38 所示电路中，当按下控制按钮 SB 时，二极管 $VD_1 \sim VD_4$ 整流输出的直流电压经 VD_5 向 C 充电，同时通过 R 使单向晶闸管导通，照明灯泡 EL 点亮。松开 SB 后，C 上电压经 R 加至 VS 控制极，维持 VS 导通。$2 \sim 3$ min 后，C 上电压下降至不能维持 VS 导通时，VS 截止，灯泡 EL 自动熄灭。

延时时间可通过改变 C 或 R 来调节，该电路体积小巧，可直接放入开关盒内取代原有的电灯开关 S，接线方法如图 4-39 所示。

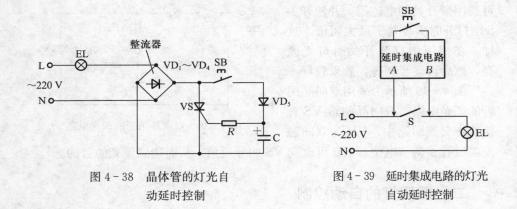

图 4-38　晶体管的灯光自
动延时控制

图 4-39　延时集成电路的灯光
自动延时控制

（3）触摸式自动延时关灯电路　图 4-40a 为该电路的电路图，其中虚线以右部分可以单独制成产品，供用户直接替代原有的电灯开关 S。该电路的特点是用一金属触摸片取代了按钮开关，当有人触摸时，人体感应电压使晶体管 VT_1 导通，C 被放电使 VT_2 截止，从而使单向晶闸管 VS 导通，照明灯泡点亮。人体停止触摸后 VT_1 截止，电源开始通过 R_1 向 C 充电，直至 C 上电压达到 0.7 V 以上时，VT_2 导通使 VS 截止，灯泡熄灭，延时时间约 2 min。发光二极管 VD_5 作为指示灯，与金属触摸片一起固定在开关面板上（图 4-40b），可以在黑暗中指示出触摸开关的位置。

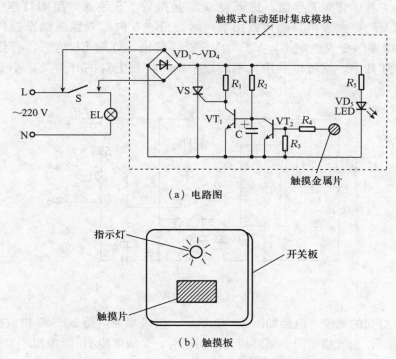

（a）电路图

（b）触摸板

图4-40　触摸式灯光自动延时控制

2. 灯光的声控　声控灯（图4-41）包括灯负载、可控硅、话筒及声控电路，灯负载与可控硅串接后与电源相连，话筒将声音信号转换成电信号，声控电路通过声音信号控制可控硅的导通状态，从而控制声控灯点亮与熄灭。

电路如图4-42所示，IC采用了声控专用集成电路SK-6，其内部集成有放大器、比较器、双稳态触发器等功能电路。电路工作过程为：当人们发出口哨声或拍掌声时，声音信号被驻极体话筒BM接收并转换为电信号，通过C_1输入集成电路SK-6，经放大处理后触发内部双稳态触发器翻转，SK-6的8脚输出高

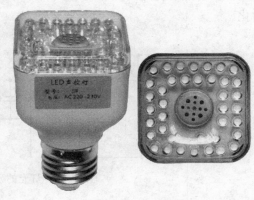

图4-41　声控灯

电平，使晶体管 VT 导通，进而使双向晶闸管 VS 导通，照明灯泡 EL 点亮。当人们再次发出口哨声或拍掌声时，SK-6 内部双稳态触发器再次翻转，8 脚输出变为低电平，VT 与 VS 相继截止，灯泡 EL 熄灭。将该电路组装到灯具中，就可以利用口哨声或拍掌声控制电灯的开与关，不必再安装开关。

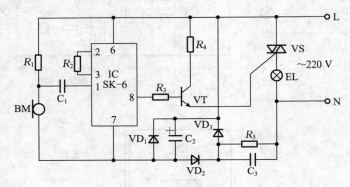

图 4-42 灯光声控电路

3. 灯光的光控 电路如图 4-43 所示，时基集成电路 NE555 构成施密特触发器，R_1 为光敏电阻。当环境光线明亮时，光敏电阻 R_1 阻值很小，NE555 输出端（3 脚）为低电平，晶体管 VT 截止，继电器 K 无电不工作，照明灯泡 EL 不亮。当环境光线昏暗时，光敏电阻 R_1 阻值变大，NE555 输出端（3 脚）变为高电平，使 VT 导通，继电器吸合，灯泡 EL 点亮。安装时应注意不要让自身灯泡 EL 的灯光照射到光敏电阻 R_1 上，以免出现误动作。该电路用于路灯，根据自然环境光的强弱自动控制路灯的开与关，即可实现路灯开关的自动化。

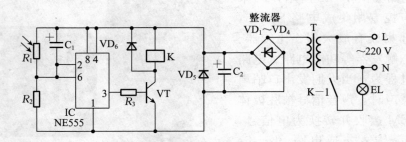

图 4-43 灯光的光控电路

光控照明灯如图 4-44 所示。

图 4 - 44　光控照明灯

三、照明灯的遥控

运用红外线或无线电遥控技术控制照明灯，实现控制电路的更新换代，将使灯光控制更加方便。

1. 红外遥控调光开关　通过遥控器即可控制照明灯的开、关和灯光的明、暗变化，并具有记忆功能。红外遥控调光开关包括开关主体和遥控器两部分。

红外遥控器电路如图 4 - 45 所示，发射电路采用专用集成电路 TC9148（IC_4），其内部包含编码、振荡、分频、调制、放大等单元电路。$SB_1 \sim SB_4$ 为 4 个遥控按键，可以分别控制 4 盏灯。当按下某一按键时，IC_4 便进行相应的编码并调制到 38 kHz 的载频上，经 VT 放大后驱动红外发光二极管 VD_2 发出红外遥控信号。

灯光红外遥控接收电路（图 4 - 46）采用集成红外接收头 IC_1 和与 IC_4 相配套的解码集成电路 TC9149（IC_2）。遥控器发出的红外信号由 IC_1 接收、VT_1 放大后，进入 IC_2 解码得到控制信号。IC_3 为调光控制集成电路 LS7237，内部集成有逻辑控制器、锁相环路、亮度存储器、数字比较器等，具有开、关和灯光亮度调节功能。当 IC_2 输出的控制信号经遥控通道设定开关 S_1、VD_1 加至 IC_3 时，IC_3 便产生相应的触发信号经 VD_2 使双向晶闸管 VS 导通、截止或改变导通角，以达到控制电灯开关或调光的目的。SB 为手动控制按键。如用一

· 213 ·

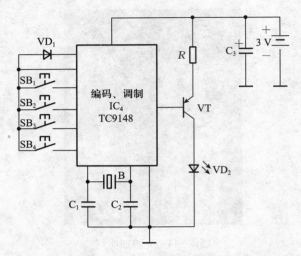

图 4 - 45　灯光的红外遥控器电路

个遥控器控制 4 盏灯，则应将 4 个开关主体电路中的 S_1 分别拨向不同的位置。安装时，用调光开关主体直接取代原有的电灯开关即可，如图 4 - 47 所示。

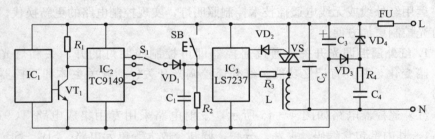

图 4 - 46　灯光红外遥控接收电路

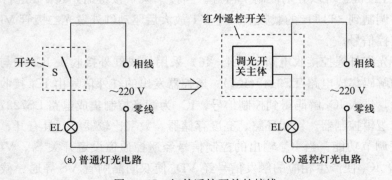

(a) 普通灯光电路　　　　　　　　　　(b) 遥控灯光电路

图 4 - 47　红外遥控开关的接线

使用时，按一下遥控器上的按键（少于 0.4 s），照明灯泡即亮；再按一下，灯泡即灭。按住按键不放（多于 0.4 s），灯泡将会由亮渐暗再由暗渐亮地循环变化，在达到所需亮度时松开按键即可。此亮度会被电路记忆，下次打开电灯时即为此亮度。

2. 无线电遥控分组开关 可将吊灯等大型灯具的若干灯泡分为 4 组，通过遥控器分别控制各组灯泡的开与关。无线电遥控具有可控距离远、可穿透墙体等障碍物的特点。电路如图 4 - 48 所示，遥控器和接收模块 IC$_1$ 采用微型无线电遥控组件。遥控器具有 A、B、C、D 4 个按键，每个按键控制一组灯泡的开关。

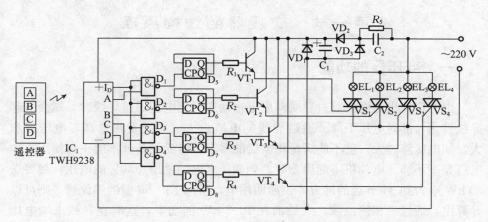

图 4 - 48　灯光的无线电遥控电路

接收控制电路中，IC$_1$ 为与遥控器相配套的无线电接收模块 TWH9238，其 A、B、C、D 4 个输出端对应遥控器上的 A、B、C、D 4 个按键。例如，按一下遥控器上的"A"按键，IC$_1$ 的"A"端即为高电平，经与门 D$_1$ 形成一正脉冲，触发双稳态触发器 D$_5$ 翻转输出高电平，晶体管 VT$_1$ 导通使双向晶闸管 VS$_1$ 导通，第一组照明灯泡 EL$_1$ 点亮。再按一下遥控器上的"A"按键，双稳态触发器 D$_5$ 再次翻转输出变为低电平，VT$_1$ 与 VS$_1$ 截止，第一组灯泡 EL$_1$ 熄灭。通过遥控器上的 4 个按键，即可随意遥控大吊灯的 4 组灯泡的开或关。也可将天花板上的灯具分为 4 组，用该开关进行分组遥控。

第五章

变压器的安装与检修

变压器是一种常见的电气设备，在农村应用非常广泛，掌握变压器的安装、运行维护与故障排除是农村电工的主要操作技能之一。

第一节　变压器的结构原理

一、变压器的功能

由电厂发出的电流通过导线向用电户输送。当电流通过导线时，就会引起导线发热，同时电压下降。通过导线的电流愈大，导线发热愈高，电压降愈大。如电压降过大，就不能满足用电器的要求，电器设备就不能正常使用，如电灯亮度不够、电动机不能启动等。例如：水电站发出 400 V 的电压，如要送 30 kW 电力到 3 km 远的地方，供照明用电，采用 LJ-50 型的铝绞线，则可以计算出，通过三相输电线，大约消耗 10.8 kW 的功率，这时在导线末端电压只有 256 V（相电压 148 V），这样的电压，电动机不能启动，灯泡也不够亮。

那么怎样解决这个问题呢？这就要提高输电线路的电压，如输送功率一定，电压愈高，电流则愈小，导线上电能损失和电压降也就愈小。采用变压器就能达到这个目的。

变压器就是把一种电压的交流电，改变成另一种电压的交流电的电气设备，把发电厂发出的交流电，通过升压变压器把电压升高，再通过高压输电线把高压电输送到用电的地方，再通过降压变压器使它变为低压电供电器使用，如图 5-1 所示。

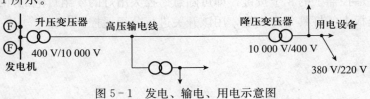

图 5-1　发电、输电、用电示意图

二、变压器的分类

变压器一般分为电力变压器和特种变压器两大类。农村变电所使用的变压器为电力变压器。电力变压器可按以下方法分类：

1. 按用途分　有升压变压器、降压变压器、配电变压器、联络变压器和厂用变压器等。

2. 按相数分　有三相变压器和单相变压器。

3. 按线圈数分　有双线圈变压器和三线圈变压器。在农村变电所主要使用的为双线圈三相变压器。

4. 按冷却方式分　有油浸自冷变压器、油浸风冷变压器、油浸水冷变压器、强迫油循环风冷变压器、强迫油循环水冷变压器、干式空气自冷变压器、干式浇注绝缘变压器等。

5. 按调压方式分　有无励磁调压变压器和有载调压变压器。

6. 按线圈导线材料分　有铝线圈变压器和铜线圈变压器。

7. 按安装场合分　有户外变压器和户内变压器。农村配电变压器一般为户外变压器。

几种变压器的外形如图 5-2 所示。

图 5-2　几种变压器的外形

三、变压器的结构

配电变压器主要由铁芯、绕组、储油柜、油枕、绝缘套管、散热器、电压分接开关、温度计、油位指示计、防爆管以及吸湿器等主要部件组成。

配电变压器一般为油浸式的，其高低压绕组都套在闭合的铁芯上，再一起装在注满油的变压器油箱中，高低压绕组都用引线引出，与外面的线路连接，其结构如图 5-3 所示。

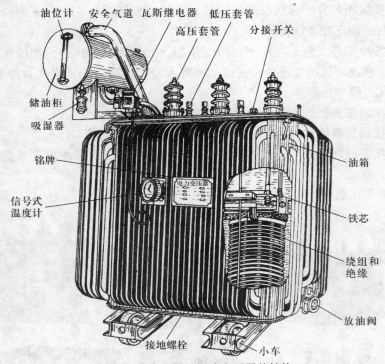

图 5-3　中小型油浸式变压器的结构

1. 变压器的铁芯　铁芯（图 5-4）是变压器电磁感应的磁通路，是变压器最基本的组成部分。它由导磁性能很好的硅钢片叠装组成闭合磁路，其主要组成部分为芯柱和铁轭。芯柱用来套装绕组，铁轭用来使整个磁路闭合。铁芯的主要作用是构成磁通路，同时又是变压器本身的机械骨架。

铁芯采用 0.35～0.5 毫米厚、两面涂漆的硅钢片交错叠成，然后用螺栓夹紧。三相变压器的铁芯做成"日"字形状，如图 5-5 所示，使铁芯形成闭合磁路。

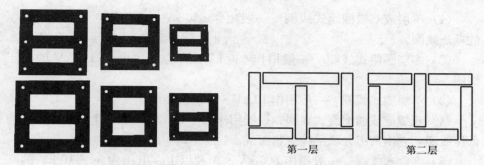

图5-4　变压器的铁芯　　　　图5-5　三相变压器铁芯硅钢片的叠装方法

2. 变压器的线圈　变压器的线圈分高压线圈和低压线圈两部分。低压线圈套在铁芯柱上，高压线圈套在低压线圈的外面。高低压线圈之间，以及低压线圈与铁芯之间都用绝缘纸筒隔开，以保证绝缘。

线圈用铜线或铝线绕成，导线外面一般用漆或棉纱作绝缘，线圈做成圆筒形。常用的变压器线圈如图5-6所示。

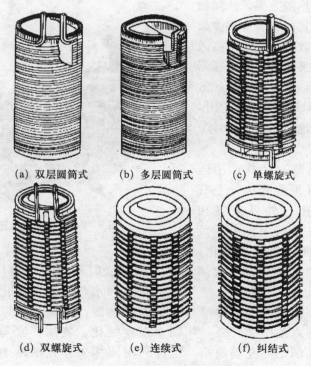

(a) 双层圆筒式　　(b) 多层圆筒式　　(c) 单螺旋式

(d) 双螺旋式　　(e) 连续式　　(f) 纠结式

图5-6　常用的变压器线圈

（1）单层或双层圆筒式线圈　一般用作 630 kV·A 以下，电压为 400 V 的低压线圈。

（2）多层圆筒式线圈　一般用作 630 kV·A 以下，电压 350 kV 的高压线圈。

（3）单螺旋式线圈　一般用作 10 kV·A 的低压线圈。

（4）双螺旋或四螺旋式线圈　一般用作大于 800 kV·A，电压为 400 V 的低压线圈，它由两组并联导线绕制而成。

（5）连续式线圈　一般用作 800 kV·A 及以上，电压为 3～110 kV 的高压线圈。

（6）纠结式线圈　一般用作 6 300 kV·A 及以上，电压为 110 kV 及以上的高压线圈。

3. 变压器的油箱　油箱（图 5-7）就是变压器的外壳，由钢板焊接而成，里面除装有变压器的铁芯、线圈外，还装满变压器油。变压器油起散热和加强线圈之间或线圈与铁芯之间的绝缘作用。

为增加散热的效果，油箱做成波纹状或在其四周装有许多散热管，以加大散热面积，提高散热的效率。如果在运行中变压器油漏掉一部分，那么变压器的散热条件就变坏，温度就会上升，最后会把线圈绝缘物或硅钢片上的漆烧坏。

油箱顶上装有油枕，用连接管与变压器顶盖连接，上有一个小呼吸孔与外界空气相通。变压器在运行中，由于负载的变化，油温会随之变化，

图 5-7　变压器的油箱

油的体积也会发生膨胀与收缩变化。油膨胀时油箱里的空气向外排出，油收缩时吸入外界的空气。空气中含有氧和水，会使油氧化和吸湿，降低油的性能，因此必须减少油与空气的接触面。油枕就可以减少外界空气中的水分进入油中。另外一年四季温度变化，使油膨胀与收缩，为了保证油箱中的油始终充满油箱，也可利用油枕来补充油箱中油的不足或者把油箱中多余的油送入油枕储蓄起来，不致使因油箱中油不足而使线

圈发热或烧坏。

为观察油面，在油枕一侧装有油位表，油位表上有几条红线表示不同温度下油面的高度。

4. 变压器的冷却装置 变压器的冷却方式分为自冷、风冷和强迫油循环风冷及水冷等。所用冷却设备有自冷散热器、风冷散热器、强油风冷却器和强油水冷却器等几种。

（1）自冷散热器有小型变压器的油管、波纹油箱的波纹片；中大型变压器的管式散热器、片式散热器，通常简称散热器。

（2）风冷散热器在自冷效率不足时，可加风机吹风。其构成包括管式或片式散热器、风机及风冷控制柜、接线盒，风冷式控制柜已发展有智能型控制柜。

（3）强油风冷却器全称为强迫油循环风冷却器，简称冷却器。在风冷效率不能满足要求时，采用加速油循环流速和增加风冷效果的办法，即采用强迫油循环风冷却。

农用小型变压器，主要为油浸自冷式，采用空气自然循环冷却。

5. 高、低压绝缘套管 绝缘套管分为高压套管和低压套管，是变压器一、二次绕组引到油箱外部的绝缘装置。在绝缘套管中，有一导电杆，下端用引线与绕组连接，上端用螺栓与外电路连接。它的作用是固定引出线同时对外壳绝缘。同一台变压器的高低压套管可以通过外形的大小来区分，外形高而大的是高压套管，外形小而矮的是低压套管。

在变压器运行中，长期通过负载电流，当变压器外部发生短路时通过短路电流，因此，对变压器绝缘套管有以下要求：

（1）必须具有规定的电气强度和足够的机械强度。

（2）必须具有良好的热稳定性，并能承受短路时的瞬间过热。

（3）外形小、质量轻、密封性能好、通用性强和便于维修。

变压器绝缘套管由接线板、瓷件、导电杆和铸造铝合金法兰等组成，如图5-8所示。主绝缘部件主要由瓷套和油隙构成，属于不击穿、免维护部件。

6. 变压器的调压装置 变压器的调压装置有无励磁调压和有载调压两种。

无励磁调压是在变压器两侧都停电的情况下进行调压的。图5-9为10 kV三相无励磁调压分接开关的结构图。

分接头一般接在高压侧线圈，可使抽头、引线和处理绝缘方便些。分接开

图 5-8　变压器的绝缘套管

关通过外部操作机构改变一次
侧匝数，从而进行分级调压。
当电压较低或电流较小时，采
用中性点调压，其分接线圈的
接线如图 5-10 所示。

　　有载调压分接开关是在变
压器带负荷的情况下进行调压
的。主要用于输电变压器和有
重要负载的配电变压器上进行
有载调压。

图 5-9　10 kV 三相无励磁调压分接开关

　　7. 变压器的保护装置　变
压器的保护装置分两个部分，即主体保护和油保护两部分。

　　（1）变压器的主体保护装置

　　① 气体继电器。变压器内部故障产气和油流的轻重瓦斯动作保护。

　　② 压力释放阀。变压器内部故障产气升高的速动释放保护。

　　③ 各类阀门（注补油阀、蝶阀、油样活门）。

　　④ 各类塞子（放气塞和放油塞）。

　　⑤ 变压器差动保护设置的电流互感器。

　　（2）变压器的油保护装置

　　① 储油柜。有普通式、隔膜式、胶囊储油柜、波纹储油柜。

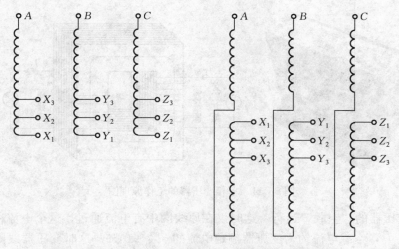

图 5-10　无励磁三相中性点调压线圈的接线

② 吸湿器。干燥剂为二氧化钴＋硅胶。

③ 净油器。吸潮剂为活性氧化铝。

④ 油在线监测装置。有氢气在线监测、烃类气体在线监测。

8. 变压器的测量装置　变压器的测量装置包括温度测量与监控用温控器、油位高度测量与监控用油位计、油流方向监控用油流继电器、高压侧电流测量用电流互感器和各类信号二次接线用端子箱（信号包括气体信号、压力信号、温度信号、油流信号、油位信号和互感器信号等）。

9. 变压器的起吊运输装置　起吊运输装置包括油箱上的吊环、吊轴、地脚上的吊板、吊架以及下节油箱上的千斤顶支座、小车和拖板等。

四、变压器的工作原理

变压器是根据电磁感应原理而制成的。在变压器的铁芯上套有两个线圈：其中与电源相连的线圈叫原线圈（也称一次线圈），输出电能的线圈为副线圈（也称二次线圈），如图 5-11 所示。当原线圈接通交流电压 U_1 后，就会在铁芯里产生交变磁通 φ，这个交变磁通穿过副线圈，在副线圈内感应出电压。此时如果副线圈与外负载接通，两个线圈内都有了电流通过，副线圈所产生的端电压 U_2，就是变压器输出电压。

把变压器的原线圈接上额定电压，而副线圈不接负载（$I_2 = 0$）这种状态

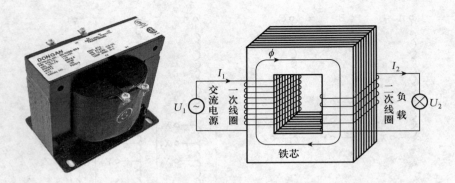

图 5-11 单相变压器的工作原理图

叫做变压器的"空载"运行。这时仅在原线圈中有电流通过，这个电流称为空载电流 I_0，空载电流约为变压器额定电流的 5%～10%。这时变压器线圈虽然没有功率输出，但原线圈仍需吸取少量的功率来补偿各种功率损耗，这部分功率损耗叫"空载损耗"。一般电力变压器的空载损耗不超过额定容量的 1.5%。

原线圈接上电源，副线圈接负载后，副线圈内就有了电流，根据电磁感应原理，当 I_2 变化时，原线圈中电流也由 I_0 增大至 I_1，I_1 随着 I_2 的增大而增大。由此可见，电力变压器原线圈的电流 I_1 是由副线圈的电流 I_2 来决定的。若副线圈发生短路，I_2 很大，这时 I_1 也很大，就会烧坏变压器，因此变压器在运行中，不允许副线圈短路。

由电磁感应原理可知：变压器原、副线圈的电压大小之比与两线圈匝数成正比，而在两个线圈中通过的电流与匝数成反比，即：

$$U_1/U_2 = W_1/W_2 = I_2/I_1$$

式中 U_1、U_2——原、副线圈中的电压；

      W_1、W_2——原、副线圈的匝数；

      I_1、I_2——原、副线圈中通过的电流。

由上式可知：变压器可以改变电压，即匝数多的线圈电压高，匝数少的线圈电压低。同时也可改变线路电流，即匝数多的线圈电流小，匝数少的线圈电流大。

在实践应用中的变压器都是三相变压器，图 5-12 为三相变压器的工作原理图。从原理上讲，三相变压器在对称负载下运行时，各相的电压、电流都是对称的，故可任取其中一相来分析。因此对单相变压器的分析方法及其所得的结论完全适用于三相变压器在对称负载下的运行情况。农村小型三相变压器的电压比是 10 000/400 V，它的线圈匝数比是 25，高压侧电压是低压侧电压的 25 倍，而高压侧的电流只有低压侧电流的 1/25。

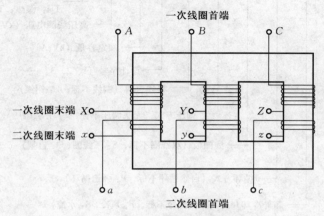

图 5-12 三相变压器的工作原理图

例如：SJ1 系列 50 kV·A 10/0.4 kV 的变压器，高压线圈主接头为 2 000 匝，低压线圈为 80 匝，匝数比 = 2 000/80 = 25，电压比为 10 000/400 = 25，高压侧额定电流为 3.2 A，低压侧额定电流为 80 A，电流比 = 3.2/80 = 1/25。

由此可见，同样一台变压器既可作升压变压器，又可作降压变压器使用。如低压线圈作为原线圈使用，接上低压电源，则副线圈便感应产生高压电压，成为一台升压变压器；反之，如高压线圈作为原线圈，接上高压电源，则副线圈便感应产生低压电压，成为一台降压变压器。

五、变压器的型号

变压器的型号由相数代号、冷却介质代号、循环方式代号、线圈数代号、调压方式代号、额定容量、高压线圈电压、防护代号等构成，各代号的含义如下：

例如：

(1) SJL1-50/10：表示三相，矿物油浸自冷，双线圈铝导线，额定容量为 50 kV·A，10 kV 级，第一次系列设计的电力变压器。

(2) S9-100/10：表示三相油浸自冷式铜线绕组，额定容量为 100 kV·A，高压绕组额定电压为 10 kV 的电力变压器。设计序号为 9，表示为低损耗型。

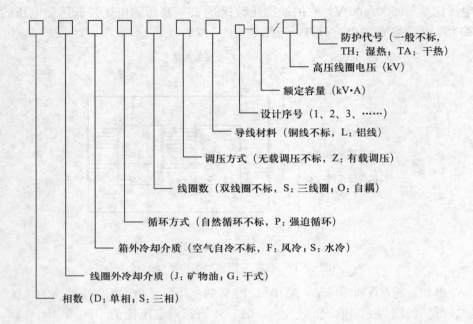

防护代号（一般不标，TH：湿热；TA：干热）

高压线圈电压（kV）

额定容量（kV·A）

设计序号（1、2、3、……）

导线材料（铜线不标，L：铝线）

调压方式（无载调压不标，Z：有载调压）

线圈数（双线圈不标，S：三线圈；O：自耦）

循环方式（自然循环不标，P：强迫循环）

箱外冷却介质（空气自冷不标，F：风冷；S：水冷）

线圈外冷却介质（J：矿物油；G：干式）

相数（D：单相；S：三相）

六、变压器的主要技术参数

变压器的主要技术参数有额定容量、额定电压、额定电流、阻抗电压、接线组别、空载电流、变压器的损耗、温升等。这些技术参数有的能通过型号反映出来，有的则不能反映出来。

1. 额定容量 变压器的额定容量用 S_N 表示。指变压器在厂家铭牌规定的额定电压、额定电流及其他额定使用条件下连续运行时，能输出的容量。以视在功率表示，其值为变压器的二次额定电压和额定电流的乘积，单位为 kV·A。

对单相变压器的额定容量

$$S_N = U_{2N} I_{2N} \quad S_N = U_{N1} I_{N1} = U_{N2} I_{N2}$$

对三相变压器的额定容量

$$S_N = \sqrt{3} U_{2N} I_{2N} \quad S_N = \sqrt{3} U_{N_1} I_{N1} = \sqrt{3} U_{N2} I_{N2}$$

式中　S_N——变压器的额定容量（kV·A）；

U_{N1}、U_{N2}——分别为变压器一次、二次的额定电压（kV）；

I_{N1}、I_{N2}——分别为变压器一次、二次的额定电流（A）。

2. 额定电压 变压器的额定电压用 U_N 表示。额定电压指变压器长期运行时所能承受的工作电压（变压器铝牌上的额定电压为变压器一次侧中间分接头的额定电压值），单位为 kV，变压器的一、二次额定电压都是指的线电压，二次额定电压为当一次侧加上额定电压，二次侧空载时的电压。一次额定电压为接到一次绕组端点的标称电压值；配电变压器高压值一般有等于额定电压、高出额定电压 5％、低于额定电压 5％等 3 个数。分别表示与变压器电压分接开关的 3 个位置相对应的 3 个电压值，其调压范围是额定电压的±5％。例如，对于 10 kV 的变压器来说，高压侧有 10.5 kV/10 kV/9.5 kV 3 个数值。习惯上都以变压器高压侧的等级来称谓变压器的电压等级，例如高压侧额定电压为 10 kV 的，称为 10 kV 变压器。额定电压的计算公式为

单相变压器的额定电压

$$U_{N1}=S_N/I_{N1}，U_{N2}=S_N/I_{N2}$$

三相变压器的额定电压

$$U_{N1}=S_N/(\sqrt{3}\,I_{N1})，U_{N2}=S_N/(\sqrt{3}\,I_{N2})$$

在变压器的铭牌上，额定电压一般写成分数形式，如 10/0.4 kV，10 表示高压侧的额定电压为 10 kV，0.4 表示低压侧的额定电压为 400 V。

我国生产的变压器一次侧额定电压等级有 0.38 kV、3 kV、6 kV、10 kV、35 kV、63 kV、110 kV、220 kV、330 kV、500 kV，它与一次侧所连接的输变电线路电压等级相一致，线路电压等级即线路终端电压。二次侧额定电压等级有 0.4 kV、3.15 kV、6.3 kV、10.5 kV、38.5 kV、69 kV、121 kV、242 kV、363 kV、550 kV，它与所连接的输变电线路规定的始端电压相一致。

3. 额定电流　额定电流用 I_N 表示。变压器额定电流是指各绕组在额定负载情况下的电流值，其大小是以相应的额定容量除以额定电压后得到的。它也是变压器在额定容量下允许长期通过的最大电流。在三相变压器中额定电流指的是线电流，单位为 A。其计算公式为：

单相变压器的额定电流

$$I_N=S_N/U_N$$

三相变压器的额定电流

$$I_N=S_N/(\sqrt{3}U_N)$$

通过该公式，我们可以很快地计算出任何一台变压器的额定电流值。以此值为标准，就可以根据检测负荷电流来确定变压器是否处于超载运行状态。

一般认为，1 600 kV・A 及以下的为小型变压器，1 600～6 300 kV・A 的为中型变压器，8 000～63 000 kV・A 的为大型变压器。

4. 阻抗电压 阻抗电压用 U_K 来表示。阻抗电压也叫短路电压，是将变压器二次绕组短路，在一次绕组上施加电压，并用调压器逐步升高加在一次绕组上的电压，使通过一次绕组的电流达到额定值 I_N，此时在一次侧所施加的电压称为阻抗电压。在变压器铭牌上，通常用 U_K 对一次侧额定电压的百分数来表示，称为阻抗电压百分数，即

$$K=U_K/U_{N1}\times100\%$$

阻抗电压百分数是变压器的一个重要特性参数，它对变压器的安全经济及并列运行有着很重要的意义，当变压器二次侧发生突然短路时，将产生多大的短路电流，是由阻抗电压决定的。

5. 接线组别 接线组别表示变压器的一、二次绕组按一定的连接方式（三相变压器有星形和三角形两种接线方式，分别用丫和 D 表示）。连接时，一次侧线电压与二次侧线电压之间的相位关系，习惯上用时钟法表示接线组别，即将一圆周分成 12 等分，相当于时钟盘面上 12 个小时的刻度，每隔 30°构成一种接线组别。将变压器一次侧线电压的向量作长针（分针）固定指在12 点位置，以二次侧线电压的向量作短针（时针），其所指的点数，即为该接线组的标号。农用配电变压器均选用丫，yn0 接线，它表示变压器的一次绕组为没有中性线的星形接线，二次绕组为有中性线的星形接线，一、二次绕组的线电压相位差为零。如图 5 - 13 所示。旧的习惯叫法称为 12 点接线，新的习惯叫法称为零点接线。

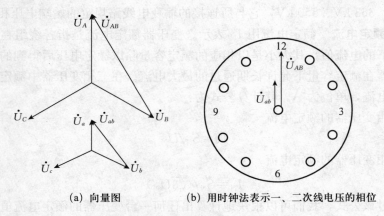

　　(a) 向量图　　　　(b) 用时钟法表示一、二次线电压的相位

图 5 - 13　三相变压器丫，yn0 接线

6. 空载电流 空载电流用 I_0 表示。当变压器在额定电压下二次侧空载时，一次绕组中流过的电流称为空载电流。习惯上以该电流占变压器一次侧额

定电流的百分数表示。空载电流的大小与变压器容量、磁路结构、硅钢片质量等因素有关，一般约为变压器一次侧额定电流的 2％～10％。

7. 变压器的损耗　变压器的损耗俗称变损。变压器在运行中的主要损耗有空载损耗和短路损耗。空载损耗又叫铁损，是指变压器在额定电压下，二次侧空载时，变压器所产生的损耗，包括励磁损耗和涡流损耗，它是变压器的一个重要经济指标，其大小与变压器铁芯的硅钢片性质及制造工艺和施加电压有关，而与负荷大小无关。短路损耗又叫铜损，是指变压器在二次侧短路、一次侧通入额定电流时，所消耗的功率，其大小主要取决于变压器的负荷电流值。

8. 温升　变压器某部件或部位超出周围环境的温度值，称为此部件或部位的温升。在每台变压器铭牌上都规定了其温升的限值，其大小主要取决于变压器所用绝缘材料的等级。我国国家标准规定，当变压器安装地点海拔高度不超过 1 000 m 时，绕组温升的限值为 65 ℃；上层油面的温升限值为 55 ℃。

第二节　变压器的安装

一、变压器的选型

电力变压器容量，是指它在规定的温度条件下，户外安装时，在规定的使用年限（20 年）内所能连续输出的最大视在功率（kV·A）。

所谓规定的温度条件是指变压器正常使用的环境温度条件：最高气温为 +40 ℃；最高日平均气温为 +30 ℃；最高年平均气温为 +20 ℃；最低气温对户外变压器为 -30 ℃，对户内变压器为 -5 ℃。油浸式变压器顶层油温不得超过 +95 ℃。在上述条件下，变压器绕组最热点的温度一直维持 95 ℃，变压器可连续运行 20 年。

绕组的温度与绕组通过的电流大小有直接的关系。由于变压器在运行中，负荷电流是不断变化的，不平均的。如果按最大负荷来选择变压器容量，变压器将在很大一部分时间内在低于额定容量的负荷下运行。因此，从维持变压器规定使用年限角度考虑，变压器完全可以过负载运行。也就是说，变压器只是在环境温度和绕组温度都已达到最大，而且变压器已在满载的情况下，连续过载运行是不允许的。但是，如果环境温度和绕组温度不是同时出现最大值，或都没有出现最大值，则变压器完全可以安全地承受一定的过载，而不致缩短其预期的使用寿命。

油浸式变压器所允许的正常过负载包括：由于昼夜不平均造成的过负载，

由于季节性负荷变化造成的过负载。按规定，户内变压器正常过负载最大不得超过 20%；户外变压器，正常过负载最大不得超过 30%。

对于只装一台变压器的变电所，变压器容量应满足全部用电设备总的计算负荷的需要。

选择变压器时要考虑变压器使用的环境温度。当环境温度经常偏高或没有足够的通风时，如果仍按标准温升选用变压器，则变压器额定容量应大于实际所需要的容量；如果额定容量等于实际所需容量，则应选用较高的容量等级或绝缘等级。

在实际应用中，变压器的负载为额定容量的 85% 时，其实际温升通常可降低 10 ℃。

在一般情况下，变压器容量 S_N 可按下式计算：

$$S_N = \frac{\sum P_N \times M}{\eta \times \cos \varphi} + \text{照明功率}$$

式中　　S_N——变压器容量（kV·A）；

$\sum P_N$——电动机总容量（kV·A）；

M——同一时间运行的电动机的实际容量占总容量的百分数，即同时率（%）；

$\cos \varphi$——电动机的平均功率因数；

η——电动机的平均效率。

根据计算结果，考虑上述温度等因素，即可选择接近标准系列容量的变压器。

对于装有两台变压器的变电所，其中每台变压器的额定容量应同时满足下面两个条件：

① 任一台变压器单独运行时，应能满足总计算负荷的 70% 左右的需要。

② 任一台变压器单独运行时，应能满足全部一、二级负荷的 70% 左右的需要。

在农村用电方面，除了常年用电的乡镇、村办企业及居民生活用电外，还有些季节性用电负荷，例如，电力排灌等。对于远离村镇的排灌站等用电设备，可考虑配备专用变压器。一方面，可以避免远距离低压送电；另一方面，可以在非排灌季节，停用变压器，以减少损耗，降低运行费用。

二、变压器安装前的准备工作

变压器安装前的准备工作主要有：选择安装地点、选择安装方式、检查变压器等。

1. 选择变压器的安装地点　配电变压器安装地点的选择是否恰当，对配电变压器本身的安全运行、低压线路的合理布局、减少线损、节约材料都有很大的影响。

（1）适于安装变压器的地点

① 高压运行方便，尽量靠近高压电源。

② 尽量靠近负荷中心，以减少电能损耗、电压损失及有色金属消耗量。

③ 选择无腐蚀性气体、运输方便、尽量靠近公路、易于安装的地方。

④ 便于高压进线和低压出线，方便运行和维护，配电电压为 380 V 时，其供电半径不应超过 500 m。

⑤ 安装位置必须安全、可靠，并符合农村发展规划要求。

（2）不适于安装变压器的地点

① 不宜在雷区地带选址。因为农村配电变压器损坏的主要原因是超载和雷击，因此，在经常有雷击的地方不宜设址。

② 不宜在河道口、水库坝下选址。在这些地方设址，一旦遇水灾会带来毁灭性破坏。

③ 不宜在村民集中的地点选址。配电变压器设在村民居住集中点，因房屋建筑多，使线路难以架设，线路安全距离达不到要求，极易造成各种事故。

④ 不要在污染源附近选址。污染源处的气体容易腐蚀变压器的桩头接线和高、低压导线，造成高电阻、断线，甚至倒杆现象。污染源处排放的污水会严重腐蚀配电变压器的接地装置，因而引起中性点电压漂移和避雷器不起作用，雷击时烧坏变压器。

⑤ 不宜在爆破地带、砖窑场、化工厂房附近选址。因这些地方一般为危险点、污染源及雷击区，对变压器的运行保护都很不利。

⑥ 不要靠近电视差转台选址。由于农村电视事业的发展，许多山区乡村都安装有电视差转台，而且一般都在较高一点的地理位置。如果将配电变压器安装在附近，每遇雷雨季节，差转台的避雷针将雷电引入大地，其部分闪电电流通过接地装置转入并反击到配电变压器绕组内，由于"反变换"作用，极易使配电变压器烧毁。

⑦ 禁止在校园内选址。农村因儿童攀登配电变压器台或用物件戳捣变压器造成人身伤亡及烧毁变压器的事故时有发生。将配电变压器远离校园，禁止在学校内（或附近）选址，是保护儿童、安全供电的措施。

2. 选择变压器的安装方式　农村配电变压器的安装，一般应根据变压器容量大小、装设地点、吊运条件及当地的发展情况等因素来确定安装方式。常用的安装方式有杆架式、台墩式和室内落地式等。

（1）杆架式　杆架式即将配电变压器安装在电杆的构架上，有单杆式和双杆式两种。

① 单杆式。适用于安装 30 kV·A 及以下的变压器。它是将变压器、跌落式熔断器和避雷器都固定在一根电杆上，如图 5-14 所示。变压器台架对地距离一般不小于 2.5 m，变压器高压引下线、低压引出线及母线均用多股绝缘线，绝缘线下端对地距离不应小于 3 m；高压跌落式熔断器对地距离不应小于 4 m，相间距离不应小于 0.5 m。此方式结构简单、组装方便、用料少、占地面积小、比较安全。

② 双杆式。适用于安装 50～180 kV·A 的变压器，双杆式变压器台架如图 5-15 所示。它是在距离高压电杆 2.5 m 处，再立一根约 8 m 高的副电杆，在距地面 2.5 m 高处用两根槽钢或角钢搭成安放变压器的台架，台架上方再装设两层横担，用来安装避雷器、跌落式熔断器和引线。此种安装方式比较坚固、安全、占地面积小，在街道、马路两侧安装较为普遍。

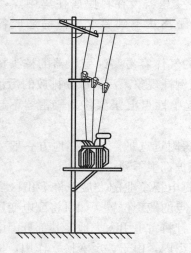

图 5-14　单杆式变压器台架

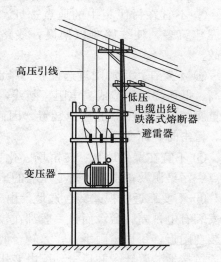

图 5-15　双杆式变压器台架

（2）台墩式　又称地台式，是用砖或石砌成地台，将变压器安置于台面上，如图 5-16 所示。其台高为 2～2.5 m，台面每边至少应大于变压器外壳 0.3 m。一般地台兼作配电室，用于放置配电盘。台墩式结构简单，基础牢固，造价低廉，农村采用较多。采用此方式安装的变压器在运行中应注意安全，为防人畜接近触电，台墩周围最好装设围栏，并悬挂"高压危险"警示牌。

（3）室内落地式 为了更有利于人身和设备的安全，便于监视和运行维护，有不少地区的农村和城镇都将配电变压器和配电盘等设施一起安装在室内。配电变压器在室内落地安装时，一般要求配电变压器室的高度不应低于 4.5 m，其大小可根据具体情况而定。室内要求通风良好，且有防止小动物进入的措施。变压器置于室内时一般采用落地或平台安装，平台应高出地面 0.3～0.4 m，其尺寸要比变压器外廓大出 0.15 m，变压器外廓距后墙壁、侧墙壁应不小于 0.6 m；距门应不小于 0.8 m。此种安装方式的缺点

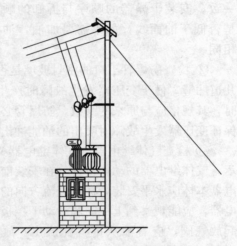

图 5-16 台墩式变压器台架

是一次性投资大，占地较多，但其他运行条件均优于前两种方式。

3. 变压器安装前的检查 在安装变压器之前，应对变压器进行外观检查和附件检查。

（1）外观检查

① 根据变压器铭牌核对变压器的型号、规格与使用说明书是否一致，与图样要求是否相符。

② 观察变压器外部各部位是否有油渍；如有油渍，是否有渗、漏油现象；判断引起渗漏的原因并处理。

③ 观察储油柜油标是否完好，油位是否正常。

④ 变压器本体有无机械损伤；箱盖螺栓是否齐全；用活扳手以适当力量检查各螺栓是否松动，松紧程度是否一致。

（2）附件检查

① 检查干燥器。干燥器又称为呼吸器，其结构如图 5-17 所示。它的作用是隔绝变压器油与外界空气的接触，减缓变压器油的老化。在干燥器的玻璃筒中装有变色硅胶，帮助吸收潮气和酸性及不清洁的气体。硅胶的正常颜色为白色（或深蓝色），吸潮后变为蓝色（或粉红色）。

如果硅胶已吸潮，应更换硅胶。左手抓住玻璃筒，右手旋下干燥器油箱。然后双手握住玻璃筒，将干燥器旋松，卸下干燥器，接着旋下锁紧螺栓螺母，拆下干燥器上部的盖子，就可以把硅胶倒出。新硅胶的加入量应与原来的一致。安装干燥器的顺序与拆卸的顺序相反，在安装油箱时，应检查油位是否低于油面线，如果需要加油，油的牌号应与原使用的变压器油的牌号相同。

② 检查防爆管出口的密封玻璃是否完好。玻璃的厚度约为 2 mm，并刻有几道凹缝，便于变压器发生故障时产生的压力能冲破玻璃。在更换密封玻璃时，其规格应与原来的一致。防爆管必须倾斜 15°～25°，且应高于储油柜，以保证变压器发生故障时喷出的油能冲出变压器器身之外。

③ 检查气体继电器。气体继电器又称为瓦斯继电器，结构如图 5-18 所示。气体继电器的动作特性，在安装前应经具备检测条件的单位校验。气体继电器本体应水平安装，标明气流方向的箭头应指向储油柜。有观察孔的气体继电器，应能观察到上浮筒和活动下挡板均在正常位置。旋下放气阀盖，向上提起放气阀，应有油从排气孔流出，放下放气阀，油即被关死，不能有漏油现象。

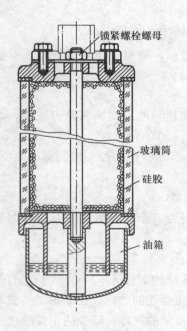

图 5-17 干燥器的结构

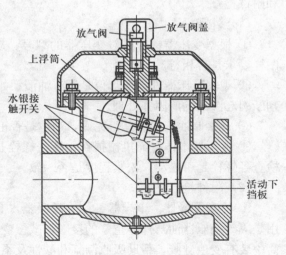

图 5-18 气体继电器的结构

④ 检查电接点压力式温度计。变压器上装设的压力式电接点温度计用于检测变压器的上层油温，其外形如图 5-19 所示。测温包通过箱盖插入变压器，浸在变压器油液中。油温变化时，测温包内蒸发性液体的饱和气体压力也随之变化，气体压力经毛细管传递给表头内的波纹盒并使其变形，从而推动拉杆，拉杆带动指针偏转指示温度。表头内还有上、下限指针及上、下限触头。当变压器油温达到上限指针整定的温度时，上限触头接通，发出报警信号。在检查压力式电接点温度计时，应注意以下几点。

a. 表头上的玻璃是否完好。未投入运行的变压器，表头的温度指示指针示值应与气温一致。

b. 毛细管是否完好。毛细管如果严重压扁或断裂，整套仪表失效，应换新表。

c. 打开表头上的接线盒，用万用表 $R×1$ 电阻挡测试电接点：用专用钥匙调整上、下限指针，使之分别与温度指示指针重合时，相应触头接通。测试结束后，上限指针应整定到 95 ℃。

⑤ 检查高、低压瓷套管。用棉纱头擦净高、低压瓷套管，仔细检查有无损裂。高压瓷套管的釉面应完好无损。

⑥ 检查分接开关。无载分接开关与变压器高压绕组的抽头连接，用于调整电压。电力变压器一般都在绕组总匝数的±5％的位置上抽出接头来作电压调整用，以适应电网电压的变化。分接开关的接线如图 5-20 所示。旋下分接开关的防护罩，应能灵活转动开关手柄，并有明显的分挡感，分挡开关转轴处不应渗油。

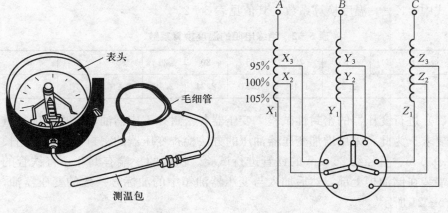

图 5-19 压力式电接点温度计　　　　图 5-20 分接开关接线图

（3）测量变压器的绝缘电阻　用2 500 V摇表在不低于10 ℃的环境中测量高低压线圈对地的绝缘电阻。带油运输的变压器，线圈绝缘都不能低于表5-1的规定或不低于出厂值的70%。若绝缘电阻达不到规定值，则应先进行干燥处理，干燥处理后重新测量，直到符合要求为止。

表5-1　带油运输的变压器线圈绝缘电阻在不同温度时的允许值（MΩ）

高压线圈电压等级（kV）	10 ℃	20 ℃	30 ℃	40 ℃	50 ℃	60 ℃	70 ℃	80 ℃
3～10	450	300	200	130	90	60	40	25
20～35	600	400	270	180	120	80	50	35

测量时被测线圈的引线应短接，而非被测线圈应短路并接地。

与出厂值进行比较时，应注意换算到同一温度下进行。因为绝缘电阻随温度的变化非常明显，一般每上升10 ℃，绝缘电阻将降低15%～20%。换算公式为：

$$R_2 = \frac{R_1}{10^{\alpha(t_2 - t_1)}}$$

式中　R_2——温度为t_2时的绝缘电阻；

　　　R_1——温度为t_1时的绝缘电阻；

　　　α——温度系数，对油浸变压器来说，$\alpha = 0.017\,24/℃$。

绝缘电阻也可以按下式换算：

当$t_2 > t_1$时，$R_2 = R_1/K$

当$t_2 < t_1$时，$R_2 = R_1 K$

式中　K——温度换算系数，其值见表5-2。

表5-2　绝缘电阻的温度换算系数

温差（$t_2 - t_1$）（℃）	5	10	15	20	25	30	35	40
K	1.22	1.49	1.81	2.21	2.70	3.29	4.01	4.89

（4）进行变压器的密封性试验　变压器各密封处不应漏油，这是一项很重要的要求。为此，采用增加变压器油压的方法检查变压器的密封性。通常用长0.3～0.6 m、直径约25 mm的铁管进行试验。铁管的一端有漏斗，将铁管的另一端装在储油柜上部，然后加入与变压器油箱中的油标号一致的变压器油，如图5-21所示。

试验要求：对于管状和平面油箱，采用0.6 m高的油柱压力；对于波状油箱，采用 0.3 m 高的油柱压力，试验持续时间为 15 min。试验时应仔细检查散热管、法兰盘结合处、法兰套管、储油柜、油管密封处等是否有漏油和渗油现象，如有漏油和渗油，应及时处理。试验完毕，应将油面降到正常位置，并将加油前关闭的透气孔打开。

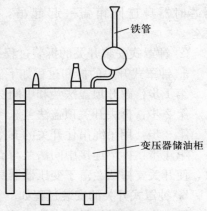

铁管

变压器储油柜

图 5-21　变压器密封性试验示意图

4. 安装设备的准备　准备好变压器的安装用设备，并检查设备使用性能是否完好，主要包括：真空滤油机（按变压器油量的多少确定 3～6t/h）、抽真空设备（按变压器电压等级确定真空度要求）、油罐及油管路（确保内部清洁、无水分）、吊车等。

三、变压器的安装

1. 安装吊罩　变压器吊罩前或不吊罩注油前，一定要用兆欧表先测量确认铁芯对地、夹件对地（对夹件单独接地结构）绝缘良好，才能进行下一步安装工作。

对于将要吊罩的变压器，要注意其箱顶部与器身之间定位装置的安装，防止器身定位架与油箱之间产生金属连接；下部箱沿的紧固要对角均匀进行，紧固前擦净胶条槽内的油迹，避免产生箱沿假渗，对不吊罩检查的变压器也要和吊罩检查变压器一样检查箱顶与器身的固定结构。

2. 安装分接开关　农村用变压器一般采用无励磁分接开关，其安装要点如下。

（1）对于大型变压器用单相或 1+2 相无励磁分接开关，要注意三相的挡位相同，操纵杆的插接及操纵头的连接固定要准确，往复调挡，左右调至极限位进行对挡，确保挡位指示准确，最后调定到额定挡位。

（2）大型变压器用三相笼型无励磁开关（WSL 型）直接置于变压器油箱内，对应于变压器两种不同的箱体结构，开关有箱顶式安装和钟罩式安装两种结构型式，现场具体拆装过程如下。

① 箱顶式安装开关。由于开关在箱盖上已安好固定不动，起吊变压

器芯时器身连同箱盖一起起吊，所以在现场对开关本体没有拆装操作任务。

② 钟罩式安装开关的拆装过程。

a. 钟罩式开关的拆卸过程如下。

第 1 步：解开顶盖法兰和中间法兰间的接地连线。

第 2 步：拆去开关顶盖法兰。

第 3 步：用吊绳吊住开关的支撑法兰上的两个吊环。

第 4 步：拆下连接中间法兰与支撑法兰的 3 个内六角螺钉，然后将开关下放，使开关支撑法兰落于变压器器身支撑架上。

b. 钟罩式开关的安装过程如下。

第 1 步：用吊绳吊住支撑法兰上的两个吊环，将开关吊起，注意对准支撑法兰与中间法兰的红色三角标记，并放好密封胶圈。

第 2 步：用 3 个内六角螺钉连接并紧固好开关的中间法兰和支撑法兰。

第 3 步：安装开关顶盖法兰。注意对准顶盖法兰与中间法兰的红色三角标记，并放好密封胶圈。

第 4 步：连接好顶盖法兰和中间法兰之间的接地连线。

3. 安装绝缘套管

（1）对油纸电容式套管及穿缆式套管　电源引线要防止损伤绝缘；引线的绝缘锥要进入套管均压球；引线长短要合适，不应打弯或扭动；均压球要拧紧，球内不允许有杂质或水；顶端的接线端子要拧紧，不能有密封不良现象。对穿缆式套管的安装要注意保证使引线电缆在瓷套中处于居中位置。

（2）对低压导杆式套管　套管与引线片的连接必须可靠，使引线与导杆的接线板接触紧实牢固，避免影响直流电阻不平衡。安装时还要注意谨慎操作，防止金属异物掉入箱内。

（3）铁芯及夹件的接地套管　引线电缆长度要合适，防止与其他金属部位接触，且要安装牢固。

（4）套管互感器的安装　要注意各触点与导电杆要拧紧，如不使用，一定要短接并接地。

4. 安装储油柜　储油柜的型式有普通型、隔膜型、胶囊式和波纹式等。对各种型式的储油柜的安装都必须注意安装时的排气操作，通过排气、吸气使储油柜满足正常的油呼吸作用需要。

如果不排净储油柜内的气体，变压器运行时油温升高，体积膨胀没有空间，这样变压器内部产生的压力，会使压力释放阀动作；另外内存空气与油接触，会加速油的老化，气体溶于油中影响色谱和局部放电。所谓排气，是指要把隔膜以下油面以上空气或胶囊外柜壁内之间的空气排净。

针对不同结构的储油柜，有不同的排气方法。

对于隔膜式储油柜，注油调整油位时，要打开隔膜上的放气塞，有油溢出后再把放气塞拧紧。对于胶囊式储油柜，可以采取注油排气法或充气排气法进行排气。所谓注油排气法，就是注油时打开储油柜上部的放气塞，直至有油溢出时拧紧放气塞，再把油入回到规定高度，胶囊自然展开，即完成排气。所谓充气排气法，即先向储油柜内注入部分变压器油，然后从吸湿器接口处向储油柜胶囊内充气，打开储油柜上部的放气塞，直至有油溢出时拧紧放气塞（气源用氮气瓶或氧气瓶的压力气体或空压机），注意充气压力和时间要控制合适，不能充坏胶囊，油位高度调整合适后即完成排气。

对于波纹储油柜，注油时要打开储油柜下部的排气阀门，直至排净内部空气出油时，关闭排气阀门即可。

5. 安装油位表　对隔膜型、胶囊式储油柜现场一定要打开手孔，重新检查安装的浮子和连杆经运输后的状态或重新安装浮子和连杆，必须注意确保连杆、浮子安装合理可靠，指针指示灵活准确，注油过程中要注意观察，应反复几次注放油验证油位表工作正常才行。现场安装时经常出现因疏于检查而造成油位指示不对的故障。

6. 安装冷却装置

（1）片式散热器的安装应根据放气、放油的需要注意上下的方向（放气塞应在上部内侧，放油塞应在下部外侧），散热器接口连管安装要对位准确，防止产生内应力，片式散热器的拉杆装置一定要拉紧，避免运行时产生噪音。

（2）风机安装时，要保证其与散热器之间的间隙，并注意按图示要求的方向安装散热器，风机转向正确（转向不对时调换三相电源相位）。

（3）强油冷却器安装时，其导油盒、油管路、托架和拉板等要按钢号安装并坚固到位，防止产生内应力。冷却器的安装步骤较为复杂也比较重要。应先将油泵、油流继电器与变压器下部蝶阀连好，再吊起冷却器与变压器上部蝶阀连好，进而将冷却器下部蝶阀与油泵连好，最后调整好各部件的正确位置，然后进行紧固。应先紧固油泵与冷却器间的连接，再紧固上下部的蝶阀，最后紧固好支撑座或支撑板。

（4）油流继电器安装时，通过手试油流挡板，确定好安装方向。

（5）潜油泵安装后，其转子转向要正确（向主体内打油），反向时调换三相电源线相位。

7. 安装阀门　吊罩后或放油后要检查油箱各处的蝶阀、阀门和油样活门，检查其开、闭和定位是否灵活准确。如发现问题，要及时更换，以免造成注油后返工。

8. 安装二次接线

（1）主体上的二次接线布置安装一定要在安装散热器、冷却器之前进行，否则安装冷却装置后是无法布线的（主体二次接线事先已布置到主体上的无此项要求）。

（2）二次接线的电气连接包括：油位计、各温控器、气体继电器、压力释放阀、风扇电机、互感器、油流继电器、油泵与端子箱、风冷控制箱和强油风冷控制箱的连接。

（3）目前，各制造厂变压器出厂前已将变压器二次接线布置到主体上，有的已引接到接线端子箱，只剩与附件接点的连接。

9. 安装压力释放阀　安装完后，压力释放阀的锁片（卡）要按死，以便进行密封试验。密封试验完成后，要撤掉锁片（卡），确保临压时准确释放。压力释放阀处的蝶阀在压力试验后不要忘记打开。

10. 安装吸湿器　内装吸潮剂（变色硅胶），油杯内胶垫要取出，油杯内油位在油面线以上。

11. 变压器安装实例

（1）杆架式安装实例　杆架式安装实例如图 5-22、图 5-23 所示。

对杆架式变压器台安装的一般要求如下：

① 杆架式变压器台应装设在接近负载中心的地方，使低压供电线路的线路功率损耗和线路电压降减小。一般将变压器台设在较大用电单位附近，同时还应保证最远用电设备的电压降在允许范围内。装设地点应便于维修，并要避免安装在转角杆和分支杆等装杆复杂的地方。

② 变压器外部轮廓与可燃性建筑物间的距离应大于 5m；与耐火建筑物间的距离，不应小于 3m。

③ 变压器台距地面高度不应小于 2.5m；低压配电箱下沿离地面不应小于 1m。

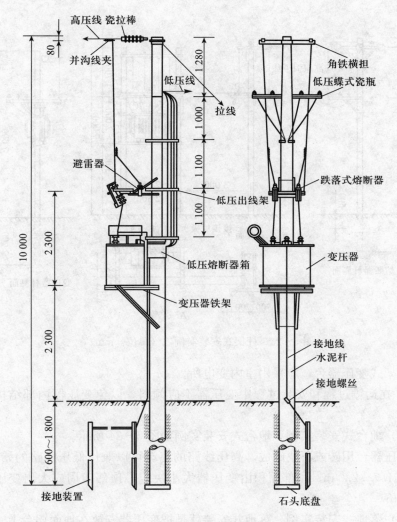

图 5-22　杆架式安装实例一（单位：mm）

④ 变压器台上所有裸露带电体离地面高度均应在 3.5 m 以上。

⑤ 高、低压线路同杆架设时，低压线路应位于高压线路下方，高、低压横担间的距离不小于 1.2 m。

⑥ 应在距地面 2.5～3 m 高度处明显部位装设警示牌。

⑦ 在空气中含有易燃易爆气体或对绝缘有破坏作用的粉尘的地区，不宜

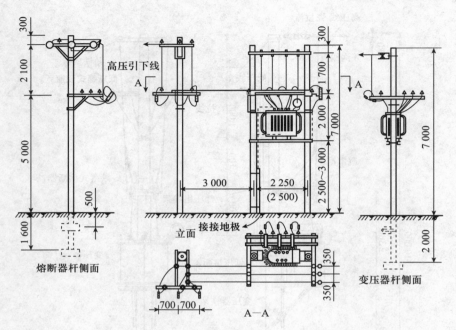

图 5-23 杆架式安装实例二（单位：mm）

装设杆架式变压器台，应采用室内变电所。

⑧ 在运输过程和安装过程中变压器不应倾斜，以免变压器内部结构受力变形。

（2）地台式安装实例 地台式安装实例如图 5-24 所示。

变压器台用砖或石块砌成。高压线路的终端可以兼作低压线路的始端杆。地台高 1.7～2.0 m，顶部面积由变压器大小决定，顶部四周应大出变压器外壳 0.3 m。

（3）落地式安装实例 落地式安装就是把变压器安放在地面矮台上。高度由当地条件决定，矮台周围应装设围栏，围栏高不低于 1.7 m。这种安装形式拆装方便，适用于大容量变压器。

落地式安装实例如图 5-25 所示。

12. 变压器安装时的注意事项

（1）升压变压器安装位置应靠近配电盘，还要考虑高压线出线的方向。降压变压器尽量靠近较大电力用户的负载中心，以便节省输电线路。

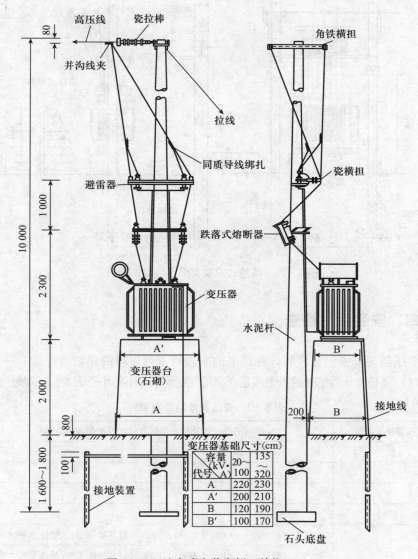

变压器基础尺寸(cm)		
容量(kV·A) 代号	20～ 100	135～ 320
A	220	230
A′	200	210
B	120	190
B′	100	170

图 5-24 地台式安装实例（单位：mm）

（2）变压器安装时应放平，外壳、低压中性线、避雷器的接地要可靠。接地装置的位置，应尽量靠近避雷器的接地引下线，接地线应良好无损伤。

（3）变压器整体起吊时，切勿吊在油箱盖上的两个吊环上，而应吊在油箱两侧的吊环上。

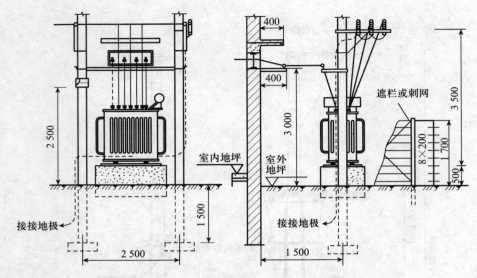

图 5-25　落地式安装实例（单位：mm）

四、安装后的检查

变压器现场安装完成后，在送电前应进行下列项目的详细检查。

（1）复核变压器的外绝缘距离是否满足规定要求，不得小于表 5-3 的规定值。

表 5-3　变压器外绝缘距离

电压等级（kV）	带电部分对地及对其他带电体之间的距离（mm）
10	125
35	340
66	630
110	880
220	1 500（相对地）、1 800（相间）、1 600（对其他端子）（绝缘水平之一）
	1 900（相对地）、2 250（相间）、1 800（对其他端子）（绝缘水平之二）
110（中性点对地）	450
220（中性点对地）	340（死接地，即金属接地）
	760（不死接地，即非金属接地）

注：① 在海拔高于 1 000 m 的地区运行时，每升高 100 m，空气间隙值加大 1%。

② 220 kV 两个绝缘水平是指考虑电网结构、过电压保护配置和设备绝缘特性等的不同给出的。

（2）检查变压器有无渗漏，外观是否整齐，有无缺陷，主体上有无异物。

（3）检查附件是否齐全、安装是否可靠。

（4）储油柜及套管的油位高度指示是否符合在环境温度下的要求，有无假油位现象，储油柜是否已排净气，并具有呼吸作用。

（5）各处的蝶阀是否处于正常开启状态，尤其是要注意储油柜、气体继电器处的蝶阀、压力释放阀处的蝶阀是否打开，如有逆止阀注意其油流方向。压力释放阀的锁片是否取消，气体继电器的安装指示方向是否正确，导气管是否畅通。

（6）检查油流继电器的安装指示方向是否正确。

（7）检查气体继电器、各种温控器、油位计、压力释放阀、套管互感器和油流继电器等保护控制线路的接线是否正确。

（8）电流互感器的二次接线，在其不带负荷时不允许开路，需短接。

（9）变压器各放气塞是否把气放净，最后检查排放一次，并旋紧各处放气塞。

（10）分接开关的挡位位置是否正确：无励磁分接开关三相位置一致并调定在额定挡（或用户规定的挡位上）；有载分接开关的挡位指示三位（本体、机构和远方）一致，并经圈数校验，定位在额定挡或用户规定的挡位上，开关操作灵活。

（11）检查吸湿器是否有呼吸现象，管路气道是否畅通，吸潮剂（硅胶）是否变色和失效，油杯内注油油位是否合格。

（12）检查接地系统的接地是否良好，检查如下部位：

① 油箱接地螺栓与地的连接部位（接地电阻≤0.5 Ω）。

② 油箱上下节之间及各栓紧部件之间的连接部位。

③ 铁芯接地套管的接地部位。

④ 夹件单独接地时的接地部位。

⑤ 油纸电容式套管法兰处的接地套管。

⑥ 油箱与支墩之间的连接（无螺栓连接应焊接连接）。

⑦ 油箱上部器身定位装置的定位螺栓应解开（查阅安装时记录）。

第三节 变压器的运行

变压器是一种静止的电器设备，其构造比较简单、运行条件较好。运行维护人员若能全面掌握其性能，正确操作和维护，就可以使变压器安全可靠地供电，减少和避免临时性检修，延长其使用寿命。

一、变压器的试运行

1. 试运行前的检查　变压器试运行前，应对变压器进行检查，检查要点如下：

（1）检查变压器外绝缘距离是否符合规定要求。各部位的导线接头应紧固良好（各套管的导电头与电源引线连接紧固）。

（2）变压器整体无缺陷，无渗漏油等现象。

（3）要求变压器的交接试验项目无遗漏，即根据国家标准 GB 50150—2006《电气装置安装工程电气设备交接试验标准》的试验项目无缺项，绝缘试验合格。

（4）检查变压器保护测量信号及控制回路的接线是否正确，各保护系统均应经过实际传动试验。包括：气体继电器、各种温控器、压力阀、油位表和油流继电器的控制回路。

（5）检查冷却器（包括风冷却器或强迫油循环油冷却器）二次控制回路接线是否正确，能否正常启动。

（6）检测变压器设置的各种保护动作整定是否正确，包括差动、过流、速断和零序保护等。整定值应符合电网运行要求，保护连接片（压板）应在投运位置。

（7）检查分接开关的位置指示正确，应定在用户规定的挡位上。无励磁分接开关三相（A、B、C 三相）挡位必须一致；有载分接开关三处挡位显示必须一致（即开关本体挡位显示、电动机构挡位显示及远方控制室内显示三位一致），有载开关还要注意，在投入运行前手动调挡时，经正反圈数校正符合要求（正反圈数差：对 V 型开关小于 3.75 圈，对 M 型开关小于 0.5 圈）。

（8）各部分油位正常：包括主体储油柜油位、开关储油柜油位、套管储油柜油位和吸湿器油杯油位。

（9）各种阀门的开闭位置应正确：冷却器、气体继电器、压力释放阀、吸湿器的连通蝶阀处于开启位置，其他该关闭的阀门（注放油阀门、油样活门和放气塞）关严不渗漏。

（10）检查气体继电器方向是否正确，蝶阀是否打开，继电器内的存气是否放净，油气通道是否畅通。

（11）检查压力释放阀是否取下锁片，蝶阀是否打开（如有蝶阀的）。

（12）各处放气塞把气放净，投运前最后排气一次，然后旋紧放气塞。

（13）排气后变压器要按规定进行静放，110 kV 级及以下静放 24 h，220 kV 级和 330 kV 级静放 48 h，500 kV 级静放 72 h，在运行前最后排气一次，然后方能送电。

（14）检查吸湿器是否有呼吸现象，油杯上的胶圈是否已取下，即确保呼吸通道畅通，硅胶颜色是否正常（蓝色），油杯内油封位置高度是否符合要求。

（15）检查变压器的接地系统的接地是否良好，包括油箱接地系统、铁芯接地系统和夹件接地系统。

2. 进行空载运行　空载运行是变压器的一种极限运行状态。是指变压器一次绕组接通电源、二次绕组开路的一种运行状态。

变压器空载运行时，二次绕组中无电流流过，即变压器没有电能输出，但一次绕组中有空载电流流过，消耗了功率，这些功率全部转化为了能量损耗（空载损耗），主要包括铁损和铜损两大部分。其铜损很小，此时可忽略不计，所以变压器的空载损耗又叫铁损。通常它只占变压器额定功率的 0.2%～1.5%，但天长日久，电能损失也是不小的，因此，变压器在不带负荷时，就应及时从电网上切除，以节约电能。

对变压器进行空载运行时，应注意：

（1）空载试运行时，由于母线三相对地电容不等，使中性点位移，三相电压不平衡，引起接地保护动作报警，不是故障，带负载后此种现象即消失。对于 220 kV 级变压器试运行，由于电压互感器绕组的电感阻抗甚大，大于母线对地的电容阻抗时，引起空载变压器的中性点位移较大，有可能产生较高的谐振过电压，要在试运行时注意。

（2）空载运行的考核，检测空载下的温升，不启动冷却装置，空载运行 12～24 h，记录环境温度与顶层油的温度，温升不应超过 50 K（顶层油温－环境温度＝温升值）。如果顶层油温上升到 75 ℃，则启动 1～2 组冷却装置，直到油温稳定，空载运行 48 h。

3. 进行负载运行　负载运行是变压器的最基本运行状态。这时由于变压器二次侧接上了负载，所以二次绕组中有电流流过，即变压器有了电能输出，此电能是电源供给的，而大小则由负荷决定。变压器的负载运行与空载运行相比。一次侧的流入电流明显增大，二次绕组的端电压也将受到负载的影响而发生变化，这是负载运行与空载运行的主要区别。

负载运行的操作方法是：空载运行 48 h 无异常，转入负载运行，负载逐步增加，从 25%、50%、75% 到 100% 增加负载，随着变压器温度升高，陆续投入一定数量的冷却装置，带负载运行 24 h，其中满载 2 h 正常，试运行即可认为完成。

二、变压器的停电与送电操作

配电变压器的高压侧一般采用跌落式熔断器进行控制，跌落式熔断器既可作为高压线路和配电变压器的短路保护，又可用于接通或断开小容量的空载变压器和小负荷电流。因此要求变压器在停送电操作时必须正确进行。

1. 停电操作　正确操作的顺序是，先停低压侧，后停高压侧。在停低压侧时，必须先停分路开关，再停总开关。在停高压侧跌落式开关时，为防止风力作用造成弧光短路，应先拉中相，再拉背风相，最后拉迎风相。

2. 送电操作　送电操作的顺序与停电操作相反，即先送高压侧，后送低压侧。合高压侧跌落式开关时，先合迎风相，再合背风相，最后合中相；在合低压侧开关时，应先合低压侧总开关，后合低压侧分路开关。

无论是停电操作还是送电操作都必须注意以下几点：

（1）要使用合格的安全操作工具，操作过程中要有人监护。

（2）变压器只有在空载状态下才允许操作高压侧跌落式开关。

（3）尽量不要在雨天或大雾天操作高压侧跌落开关，以免发生大的电弧。

三、变压器的并列运行

将两台或两台以上变压器的一次侧和二次侧同极性的端子之间通过同一母线分别互相连接，共同向用户供电的运行方式，称为变压器的并列运行。

变压器的并列运行在农村是很有实用价值的。因为农村供电的季节性很强，在排灌或农忙季节，用电量大量增加，一台小容量的变压器往往严重过载，而购置一台容量大的变压器，在用电量少的季节又常常不满负荷，造成设备利用率低，运行不经济。此时就可以考虑用两台变压器并列运行。当用电量增加，一台变压器的容量已不能满足需要时，可考虑再将另一台变压器与之并列，而当用电量减少时，则可将其中一台变压器退出。这样，就可以减少变压器的损耗，降低供电成本。

变压器的并列运行还可以提高供电的可靠性。当并列运行的变压器有一台损坏时，可迅速将这台变压器退出，用另一台变压器来保证重点负荷的用电。对其中一台变压器检修时，也可用另一台变压器正常供电。

变压器并列运行必须满足以下条件：

（1）变压器的联结组别要相同，即并列运行的变压器要有相同的相位。如果变压器的联结组别不同，在并列运行的变压器中将会有几倍于额定电流的环流，会把变压器烧坏。因此，联结组别不同的变压器绝对不能并列运行，而且变压器在安装后以及在进行过有可能使相位变动的检修后，必须经过极性和组别试验后才允许并列运行。

测量极性的方法有直流法和交流法两种。

变压器联结组别的检验方法有直流法、双电压表法和相位法。较常用的是双电压表法。

（2）变压器的变比要基本相同。如果变压器变比不同，变压器的二次侧电压不等，就会存在电压差。当变压器空载时，二次侧就会在电压差的作用下产生环流。变压比相差越大，电压差越大，产生的环流也越大。这部分环流将占用变压器容量，严重影响变压器容量的合理利用。

例如，两台变压器的容量和变比分别为：100 kV·A，10 kV/0.23 kV；240 kV·A，10 kV/0.22 kV，短路电压相等。当它们并列运行时，经计算，其产生的环流占容量为 100 kV·A 变压器额定电流的 72%。显然，这既不能充分利用变压器容量，又增大了变压器的损耗。因此，规定变压器并列运行时，其变比相差不得超过±0.5%。

（3）变压器的短路电压要基本相等。变压器的短路电压相等，可以保证并列运行变压器的负荷分配与其容量成正比。这是因为负荷分配与短路电压成反比，短路电压小的变压器分配的负荷大。如果短路电压不等，短路电压小的往往是容量小的变压器，则这台小容量变压器将首先满载，而另一台大容量变压器却没有被充分利用。若短路电压大的变压器满负荷时，短路电压小的变压器已严重过载。因此规定，变压器短路电压的差值不能超过±10%，而且在此条件得到满足的前提下，可选择容量大的变压器的短路电压小一些。一般并列变压器的容量比不宜超过 3∶1。

第四节　变压器的检修

一、变压器的运行巡视

1. 正常巡视的项目　变压器正常巡视的项目主要包括：

（1）变压器外壳及附件的锈蚀情况。

（2）有载开关分接位置及电源指示是否正常。

（3）变压器接线端子接头有无过热，颜色是否正常。

（4）控制箱端子箱内有无受潮和异常现象。

（5）变压器温度是否正常（油顶层油温和绕组温度）。

（6）变压器油位是否正常（储油柜、套管和吸湿器油位）。

（7）变压器声音是否正常（无异响和杂音）。

（8）呼吸器（吸湿器）呼吸是否正常（有气泡产生且吸潮剂无变色）。

（9）气体继电器内有无气体。

（10）变压器有无渗漏，压力释放阀是否正常。

（11）冷却系统工作是否正常。

2. 正常巡视的时间与次数　变压器正常巡视的时间与次数如下：

（1）每天至少一次，每周至少一次夜间巡视。

（2）2 500 kV·A 及以下室内变压器每月至少一次，户外变压器每季度至少一次。

（3）3 150 kV·A 及以上变压器无人值守变电站每 10 天一次，3 150 kV·A 以下每月一次。

3. 特殊巡视

（1）需特殊巡视的情形　变压器在下列情况下要进行特巡和增加巡视次数。

① 新安装的变压器或检修过的变压器在投运后的 72 h 内（3 天内）。

② 气象突变（大风、大雾、雷雨、大雪、冰雹和寒潮等）。

③ 变压器有缺陷时。

④ 变压器处于急救性负载时（严重超铭牌容量运行）。

（2）特殊巡视的项目

① 大风天。检查线的摆动，有无飞起异物的搭挂。

② 雷雨天。检查避雷器计数器动作情况，套管有无放电、破损。

③ 大雾天。有无闪络、放电。

④ 大雪天。检查箱盖以上积雪和挂冰情况。

⑤ 寒潮时。检查油温变化。

⑥ 急救负载时。监视负载、油温、油位和端子接头情况。

二、变压器的日常维护

变压器的检查周期由现场规程确定，定期检查项目除正常巡视项目外，还应包括以下项目：

（1）外壳及箱沿有无异常发热。

（2）接地部位是否良好，铁芯及夹件的接地电流检测。

（3）冷却装置的自动切换能否实现。

（4）有载调压开关的动作情况是否正常。

（5）各种标志是否齐全，是否明显。

（6）各保护装置是否齐全完好。

（7）温控器是否在检定周期内。

（8）消防设施是否完好。

（9）储油柜和排油设备是否处于良好状态。

三、变压器的修理

变压器的修理分为小修和大修两类。小修一般一年一次；对一直正常运行的变压器的大修，一般 10 年进行一次。

1. 变压器的小修　小修是指在不吊出变压器铁芯的情况下对变压器进行的检修。

配电变压器除按规定进行日常巡视检查、维护外，每年应定期进行小修，其主要项目有：

（1）清扫油箱、散热管，必要时进行除锈涂漆。

（2）检查和清扫瓷套管，查看有无裂纹和放电痕迹。

（3）检查引出线及接头，接头如有发热和锈蚀，可用细砂布打磨。

（4）检查变压器有无渗油、漏油，油位是否正常，并放出油枕中的污泥，如果缺油，应进行补油。

（5）每年应取油样做简易分析和耐压试验。

（6）测量变压器每一分接头绕组的直流电阻，以检查接触情况和回路的完整性，各相直流电阻值相差不得超过 4%。

（7）用摇表（1 000 V 或 2 500 V）测量变压器绕组的绝缘电阻值，分别测量一次绕组、二次绕组对地及一、二次绕组之间的绝缘电阻值，与上一次的测量值进行比较，应无大的变化。无原始测量记录时，配电变压器绝缘电阻值可参考表 5 - 4 的数值。

（8）接地线连接是否可靠，有无腐蚀，每年春季雷雨来临前，应测量一次接地电阻，如果不合格，应进行处理。

表 5－4　变压器绕组绝缘电阻在不同温度时的允许值（MΩ）

绕组电压（kV）	变压器的工作状态	10 ℃	20 ℃	30 ℃	40 ℃	50 ℃	60 ℃	70 ℃	80 ℃	90 ℃	100 ℃
3～10	新装或检修后	900	450	225	120	64	36	19	12	8	5
	运行中	600	300	150	80	48	24	13	8	5	4

2. 变压器的大修　大修是指吊出变压器总成，在维修车间进行解体的检修。

大修的项目主要有：对变压器进行吊芯检查，检修铁芯、绕组、分接开关和引出线；检修箱壳、储油柜、瓦斯继电器等；滤油或换油，并清除油泥；更换封油密封垫；检修冷却系统；检修测量仪表及信号装置等。

在对变压器进行检修时，常常会遇到清洗变压器油泥、处理漏油、维修套管、修理分接开关、修理线圈的短路和断路、处理绝缘及修理铁芯等事项，下面介绍检修这些项目时应注意的问题。

（1）变压器内油泥的清洗　线圈上的油泥一定要轻轻地剥去，不能损坏绝缘。油箱及铁芯上的油泥可用刮刀刮除，再用干净的布擦净，最后用好变压器油进行冲洗。应注意一定不能用碱水洗刷。

（2）变压器漏油的处理　变压器漏油常出现在焊缝、密封圈、套管等处。若为焊缝漏油，则应将油放净后进行焊补；若为密封漏油，多为垫圈老化或损坏所致，一般应予更换；对于套管的漏油，应查明原因，按具体情况给予不同的处理。套管有夹装式和浇装式两种。夹装式的可能由本身的缺陷如砂眼、裂缝引起，这种情况一般应予更换。浇装式则多发生在套管的胶合处，此时可将原胶合剂挖出一部分，将创面擦净后进行部分浇装，或将法兰盘拆下更换密封垫圈，重新浇装。但套管漏油也可能是密封垫圈的老化或压力不当造成，一般只需更换垫圈或适当压紧即可。

（3）分接开关的修理　分接开关的故障主要有触头灼痕、氧化、触头压力不足、绝缘材料性能降低等。可检查接触面是否光滑，若灼伤严重必须更换。对触头的氧化膜或污垢，一般可将触头轻轻转动切换几次即可清除。若触头表面形成有光泽的薄膜，多因绝缘油分解物所致，可用丙酮擦洗。

（4）线圈的短路和断线的处理　若发生线圈的匝间或层间短路，各线圈的直流电阻将会有所差别，短路处常有烧灼的痕迹，此时可先测量各相线圈的直流电阻进行比较，然后将器身吊出仔细检查，若不能发现故障点，可在线圈上接入 15 kV 的电压做空载试验，短路处将发热和冒烟，可在短路处进行绝缘处理。

线圈的断线多发生在导线接头、线圈引线处，也可能是因线圈短路烧断的。外部断线或接触不良的，可将其焊牢或紧固，若为内部断线时则应进行局部处理或更换线圈。

（5）绝缘处理　绝缘击穿多发生在靠近铁芯处，应吊出器身进行检查处理。同时还应检查击穿原因，是否变压器受潮、油质不好或绝缘老化，以便做出相应处理。

（6）铁芯的修理　铁芯的损坏常由于片间绝缘的损坏引起涡流增加使之熔化、螺栓绝缘的损坏造成铁芯短路产生环流、铁芯出现两点接地导致环流烧坏铁芯等。若铁芯损坏较轻，可用砂轮将熔化处磨除后涂以绝缘漆，若严重烧熔，则应更换。

（7）变压器油的检验和处理　运行中的变压器油，对 35 kV 以下的变压器可每两年进行一次试验，在变压器经受短路故障后，应进行取样分析。

四、变压器停用后再使用的维护

农用季节性配电变压器停运一段时间后，再使用送电时，必须做到一看、二查、三听。

看：配电变压器台有无倾斜，变压器有无渗油现象，油质是否合乎要求，各部分连接是否完整正常，特别是四线制系统，接地线是否连接牢靠等。

查：用兆欧表（2 500 V 为宜）摇测，高压对地、高低压之间绝缘电阻是否合格，如果未发现问题，可在空载下进行试送电。

听：送电后听一听配电变压器发出的声音是否正常。由于野外噪声较大，且大多采用 S$_7$（或 S$_9$）型变压器，很难听清，因此可借助送电用的绝缘闸杆的另一端（要注意安全），即可清晰地听到变压器发出的声音。如果是均匀的嗡嗡声，说明正常，可带负荷，否则就要停下变压器，进一步检查。

五、变压器的常见故障诊断与排除

配电变压器数量多，运行维护条件差，保护措施少，发生故障的几率较大。其故障可归纳为内部故障和外部故障两类。内部故障是指变压器油箱内各部件发生的故障，主要有相间短路、单相接地、单相匝间短路等；外部故障主要有绝缘套管绝缘损坏而造成引线的相间短路、引线一相碰油箱接地等。这些故障一般都不是突然形成的，往往是对一些不正常的运行情况没有及时处理，没有将事故防止在萌芽状态而造成的。如果平时加强对变压器的巡视检查，对一些异常现象及时做出相应的处理、再配上合理的保护措施，就可以防止事故的发生，避免造成严重后果。

农村小型配电变压器的常见故障主要有声音异常、温升过高、输出电压偏低或偏高、输出三相电压不平衡、渗漏油、绕组短路或断路、油位过高或过低、油温突升、瓦斯保护误动作、自动跳闸等。

1. 变压器异响

（1）变压器异响的判断　变压器噪声分正常声音和非正常声音，正常声音是由变压器励磁发出的均称"哼"声（或称"嗡"声），它随负载大小有强弱变化。非正常声音有两种情况，一种是励磁"哼"声异常，俗称异音，另一种声音是随正常"哼"声夹杂有不同频率的杂音，俗称杂音。

异音通常是由于变压器主励磁系统故障形成的，例如铁芯硅钢片没有夹紧，将产生"呼呼"的刮风声或"叮当"作响的捶击声，过电压励磁和大幅度的过电流变压器都将发出剧烈的类似"吼"声的声响。

杂音通常是从变压器不同部位和构件上发出的，如变压器内部放电产生的杂音"啪啪"声或"呼噜噜"的气泡声，外部电晕产生的杂音是"噗啦啦"的响声；内部紧固件本身松动产生的振动声音是连续的"嗒嗒"声；外部构件由于其本身自成一体，在与主体安装连接不牢固时，将发出"吱吱"或"沙沙"的声音，有时这种声音还是间断性的，随主体振动的强弱时断时续。这种声音产生的原因主要是由于构件与主体连接不牢，在主体振动时，与构件间产生一种垂直碰撞、平行位移的撞击或摩擦声。当发出这种声响时，要认真检查变压器主体上各附件的连接部位，包括与母线的连接部位及落地安装部位，检查时只要按压到松动部位，声响立即会发生变化，所以要仔细地查找，查找时必须在外绝缘距离允许的范围和条件下进行。

（2）变压器异响的产生原因与排除方法

① 变压器"吱吱"声。当分接开关调压之后，响声加重，以双壁电桥测试其直流电阻值，均超过出厂原始数据的2%，属接触不良，系触头有污垢而引起的。

排除方法：旋开分接开关的风雨罩，卸下锁紧螺丝，用扳手把分接开关轴左右往复旋转10～15次，即可消除这种现象，修后立即装配还原。

② 变压器"噼啪"的清脆击铁声。这是高压瓷套管引线通过空气对变压

器外壳的放电声，是变压器油箱上部缺油所致。

排除方法：用清洁干燥的漏斗从注油器孔插入油枕里，加入经试验合格的同号变压器油（不能混油使用），补油量加至油面刻度线＋20 为宜，然后上好注油器。否则，油受热膨胀会产生溢油现象。如条件允许，应采用真空注油法以排除线圈中的气泡。对未用干燥剂的变压器，应检查注油器内的排气孔是否畅通无阻，以确保安全运行。

③ 变压器沉闷的"噼啪"声。这是高压引线通过变压器油而对外壳放电，属对地距离不够（＜30 mm），绝缘油中含有水分。

排除方法：另从三相三线开关中接出 3 根 380 V 的引线。分别接在配电变压器高压绕组 a、b、c 端子上，从而产生零载电流。该电流流过高压线圈产生了铜损，同时也产生了磁通，而磁通通过线圈芯柱、铁芯上下轭铁、螺栓、油箱还产生了铁损，铜损和铁损产生的热能使变压器油、线圈、铁质部件的水分受到均匀加热而蒸发出来，并通过油枕注油器孔排出箱外。

低压线圈中感应出 25 V 的零载电压，作为油箱产生涡流发热的电源。从配电变压器的低压绕组 a、b、c 端子上，接出 3 根 10～16 mm^2 塑料铝芯线。分别在油箱外壳上、中、下缠绕 3 匝之后，均接于配电变压器低压绕组零线端子上，所产生的涡流发出的热能便使配电变压器油箱受到均匀加热，从而提高配电变压器的干燥质量。

注意：若培烘的温度高于配电变压器的额定温度，去掉 B 相电源后即可降低干燥时的温度。

④ 变压器既大又不均匀的"噼啪"爆炸声。这可能是变压器内部某局部遭受损伤而被击穿造成的。对此必须特别注意，应立即将变压器退出运行，查明故障，予以排除，以免事故继续扩大。

⑤ 变压器似蛙鸣的"唧哇唧哇"声。当刮风、时通时断、接触时发生弧光和火花，但声响不均，时强时弱，系经导线传递至变压器内发出之声。可配合电压表的指示值进行判断，若 B 相缺电，则电压大致为：$U_{A-B}=230$ V，$U_{A-C}=400$ V，$U_{B-C}=230$ V，$U_{B-地}=0$ V，$U_{C-地}=230$ V。

排除方法：立即安排停电检修。一般发生在高压架空线路上，如导线与隔离开关的连接，耐张段内的接头、跌落式熔断器的接触点以及丁字形接头出现断线、松动，导致氧化、过热。待故障排除后，才允许投入运行。

⑥ 变压器声响减弱。变压器停运后送电或新安装竣工后投产验收送电，往往发现电压不正常，这是高压瓷套引线较细，运行发热断线；或由于经过长途运输、搬运不当或跌落式熔断器的熔丝接触不良所引起。从电压表看出，如

一相高、两相低和指示为零（指照明电压），造成两相供电。当变压器受电后，电流通过铁芯产生的交变磁通大为减弱，故从变压器内发出较小的"嗡嗡"均习电磁声。

排除方法：测试高压线圈的直流电阻值。若变压器设置有分接开关，应测量每挡的数据，分Ⅰ、Ⅱ、Ⅲ进行 AB、AC、CA 直流电组值的测量，并注意将运行中一挡放最后测量，测完之后不再切换。仪表用惠斯登或凯尔文及国产双臂电桥，待自感消失指针稳定后进行测试。160 kV·A 及以下三相变压器各相测得值的相互差应小于平均值的 4%，线间测得值的相互差应小于平均值的 2%；160 kV·A 及以上三相变压器各相测得值的相互差应小于平均值数据的 ±2% 为合格，否则应属接触不良。接触不良使电阻值增大，是由于触头有污垢所致。此时，旋开风雨罩，卸下锁紧螺丝，用扳手把分接开关的轴左右往复旋转 10~15 次，可消除这种现象，修后立即装配还原。

低压线圈的直流电阻值测量：ab、bc、ca 的不平衡率为 ±1%。

跌落式熔断器的接触不良，产生于熔断器上的触头，原因是压力不够而引起。用拉闸杆迫使上触头往下压紧，且与熔芯接触可靠。

⑦ 变压器特殊噪声。由于负载和周围环境温度的变化，使油枕的油面线发生变化，因此，水蒸气伴随空气一并被吸入油枕与油盖的连通管，堆积在部分轭铁上，从而在电磁力的作用下产生振动，发出特殊噪声。这还会导致变压器运行油机械杂质增多，使油质恶化。

排除方法：油枕与集泥器的清洁是同时进行的。应根据变压器的负荷情况、温升状况来决定。使用经验证明，2 年清洁一次为好。清洁工作完毕，立即组装还原。

⑧ 变压器"虎啸"声。当低压线路短路时，会导致短路电流突然激增而造成这种"虎啸"声。

排除方法：变压器本体的检查与测试，从外观检查着手，参见"声响减弱"的排除方法。

高低压线圈绝缘电阻值测试：高对低、高对地、低对地之间绝缘电阻应合格（注意前两项用 2 500 V 摇表，后一项用 500 V 摇表测量），其值应不低于出厂原始数据的 70%。不然，绝缘油中含水分过高，会导致对地放电，变压器的声响中会夹杂有"噼啪噼啪"声。应采用三相电流干燥法，参见"沉闷的噼啪声"的排除方法。

将检查测试值与前测试值（档案材料记载数据）进行比较，分析判断的结果，如具备变压器运行条件，先断低压侧负荷开关，后高压供电，空载运行，转动电压换相开关，或以 500 型三用表电压 500 V 测试挡，测得 ab、bc、ca 各为 410 V 上下，属三相电压基本平衡，而且声响属正常，说明变压器本体没受到损伤，可以运行使用。由此判断短路故障点在低侧供电线路上。

⑨ 变压器"咕嘟咕嘟"的像烧开水的沸腾声。表示其内部发生了电气故障。由于变压器电气故障处局部发热加剧，使得变压器油沸腾而发出声响。引发这种声响的电气故障一般有绕组导电部分接触不良，电压分接开关操作不当使其静、动触头接触不良等原因。运行中发生这种声响，必须立即将变压器退出运行。

排除方法：先断开低压负荷开关，使变压器处于空载状态，然后切断高压电源，断开跌落式熔断器，解除运行系统，安排吊芯大修。

⑩ 变压器运行时，如果发生过电压和过电流将会发出比正常运行时大得多的几乎无杂音的"嗡嗡"声。若运行中负荷发生急剧变化，则声响变化与电压电流表指示变化同步。

排除方法：排除变压器或线路上的断路、短路之处，或减小变压器的负载。

2. 变压器温升过高　变压器在运行过程中是有损耗的，损耗包括铁芯的磁滞损耗及涡流损耗、绕组的电阻损耗等。这些损耗所产生的热量一方面通过变压器油、散热管、外壳等的传导、辐射、对流方式传到周围环境中去，另一方面使变压器温度升高。经过一定的时间（小型变压器约为 10 h，大型变压器约为 24 h），变压器即可达到稳定的温升。变压器正常工作时有些热是正常的，但是热到烫手程度则不正常。如果温升过高，或者温升速度过快，或与同种产品相比，温升明显偏高，就应视为故障的表现。温升过高是造成变压器使用寿命降低的重要原因，也是变压器故障的主要表现。温升过高的主要原因有以下几个方面。

（1）铁芯的故障

① 铁芯片间绝缘损坏。铁芯是由互相绝缘的硅钢片叠制而成的，由于外部损伤或绝缘老化等原因，使硅钢片绝缘漆损坏，造成铁芯短路，涡流损耗大大增加，使铁芯过热。判断铁芯是否短路，可观察变压器空载电流是否升高，还可以测量空载损耗是否较正常值偏大。吊出铁芯后，可观察铁芯外部是否有烧伤的痕迹，之后可在片间加入 6 V 左右的直流电压，测量其电流，然后求出片间的电阻值，正常时应大于 $0.8\ \Omega$。

② 穿心螺杆绝缘及铁芯多点接地。穿心螺杆是压紧铁芯用的，它对铁芯是绝缘的，如果绝缘损坏或装配不合理，就会通过穿心螺杆造成铁芯的短路，

使铁芯严重发热。其次，由于穿心螺杆接地，使得变压器铁芯构成了两点以上的接地，由于这些接地点处在绕组磁场的不同位置，电位不相等，就会通过接地点形成很大的环流，从而导致变压器局部过热。因此，变压器铁芯的多点接地是不允许的。

③ 铁芯接地片断裂。变压器的铁芯是必须接地（接至油箱）的，因为铁芯及其构件等金属件都处在绕组电流产生的电磁场内，由于距离绕组磁场中心不等，感应电动势的电位是不等的，通过铁芯的接地（由于铁芯片的电阻很小，铁芯的一点接地可视为铁芯全部接地），使全部金属件处于同一电位。当接地片断裂后，铁芯及其金属件的电位差不相等，当达到其间的放电电压时，就会产生放电现象，使变压器发热，放电火花可能使铁芯及绕组烧毁。放电现象有如下特征：放电是断续的，这是由于铁芯对地存在分布电容，充电需要一定的时间；铁芯放电能量不大，在给油箱充油时，放电声比较清脆；无油时，放电声是"嘶—嘶—"声。

（2）绕组的故障

① 绕组间短路。短路线匝间构成一个闭合的环路，环路内流着由交变磁通感应的短路电流，产生高热；另一方面，由于部分线匝不能工作，该相总匝数减少了，为了维持铁芯中的磁通不变，完好线匝中的励磁电流必然增加，也会使绕组发热。绕组匝间短路是造成变压器损坏的主要原因，约占总损坏的70%～80%。引起匝间短路的原因如下。

在制造、修理过程中，因敲打、弯曲、压紧等工艺，造成绝缘的机械损伤，或某些细小的铜刺、铁刺损伤了绝缘，留下了隐患。

在运行中，局部高温使绝缘迅速老化、绝缘损伤，造成短路。

运行时间长，绝缘自然老化，变得松脆而易剥落，导致匝间短路。

外部线路短路、雷击、合闸时的冲击电流及巨大的电动力使某些绕组发生轴向和幅向移位，将绝缘磨损，造成短路。

变压器油面下降，使绕组暴露于空气中，失去冷却作用，降低了绝缘；或者变压器油质量下降，侵蚀绕组，造成绕组绝缘损坏。

长时间过载，绝缘迅速老化，在过电流、过电压作用下，发展到匝间短路。

变压器铁芯接地片断裂，放电火花烧伤了部分绝缘绕组；铁芯短路造成局部高温，损伤了绝缘。

不严重的匝间短路，往往较难发现，短时运行也是可以的。但较严重的匝间短路，变压器温升迅速，油面上升，电源侧电流增加，严重时，气体继电器就会动作。

电源变压器和一些工作电压比较高的变压器中容易出现这种故障。当初级线圈中出现局部短路故障时，次级线圈的输出电压将增大；当次级线圈中出现局部短路故障时，次级线圈的输出电压将下降。

② 绕组绝缘性能降低。绕组绝缘受潮或损伤，或其他缺陷使绝缘性能降低，绕组之间、绕组与地之间的漏电流增加，将使绕组过热，严重时，造成电气击穿，使变压器损坏。绕组绝缘老化程度可按下列规律衡量。

一级：绝缘良好。表现在绝缘弹性良好，色泽鲜艳均匀。

二级：尚可使用。表现在绝缘稍硬，但手指按时无变形、无裂缝、不脱落，色泽略暗。

三级：绝缘不可靠。绝缘已发暗，色泽较暗，手指按时有轻微裂纹，但变形不大。

四级：不能使用。绝缘已炭化发脆，手按时即脱落或裂开。

应当指出的是，绝缘的老化，并不意味着绝缘电阻与吸收比的降低，因为绝缘电阻主要反映绝缘的受潮情况，所以衡量绝缘是否良好，应从多方面考虑。引起绝缘性能降低的原因很多，但对油浸式电力变压器而论，绝缘油的质量是一个主要因素，因此，应定期对油进行化验、检查，保持良好状态。

(3) 分接开关接触不良　分接开关接触不良，接触电阻产生的热量，特别是电弧产生的热量，形成局部过热，可能导致变压器烧毁。

分接开关接触不良的原因是：

① 接触压力不够。

② 开关接触处有油泥堆积，使触头间有一层油膜。

③ 接触面积过小，使接点熔伤。箱盖上的定位销与开关的实际位置不对应，使开关没有完全接触好。判断分接开关接触情况，在外部可通过直流电阻测量，在内部可用厚薄规检查。

(4) 过负载发热　变压器是静止电器，所以它比旋转发电机、电动机有更大的过负载能力。通常情况下，变压器一般不应超过其额定容量。但是，在特殊情况下，变压器在不损害绝缘和降低使用寿命的情况下，允许在规定的范围内短时间过负荷运行。过载将引起变压器发热量增加，长期的过载，使变压器过热，对变压器是有害的。

(5) 漏磁发热　导线通过电流后，在导线周围就会产生磁场，处在磁场中的铁磁物质会因磁化和涡流造成损耗和发热。变压器引线穿过油箱顶盖，在磁套管周围钢板上，会由于漏磁通而引起发热。当变压器输出电流很大时，这种磁通发热显得比较严重。在大型变压器里一般应采取减少漏磁通的措施，对小变压器，这个问题不十分严重。

3. 变压器的输出电压偏低或偏高　在正常情况下，变压器的输出电压应维持在一定范围内，偏低或偏高可能是一种电气故障。查找这种故障可以从以下几个方面进行。

（1）电源电压　电源电压偏低或偏高，使输出电压必然偏低或偏高。对于这种情况，只要测量电源电压即可。

（2）分接开关挡位不正确　对于高压电力变压器，分接开关是用来调压的。10 kV 配电变压器分接开关有 3 挡。1、2、3 挡位的高压挡分别为 10.5 kV、10 kV、9.5 kV，低压挡均为 400 V。

如果电源电压低，而分接开关置于 1，则输出电压必然低，反之则输出电压偏高。

（3）绕组匝间短路　变压器高压或低压绕组发生匝间短路，实际上改变了高低压绕组的匝数比，即改变了电压比。

若高压绕组发生匝间短路，一次侧匝数减少，变压器变比减小，输出电压升高。

若低压绕组发生匝间短路，二次侧匝数减少，变压器变比增加，输出电压降低。

匝间短路故障可通过测量绕组直流电阻或变电压比，进一步查找。

（4）铁芯和绕组缺陷　当带上负载后，如果较空载时电压降低很多，说明变压器内部电压降低太多，这是由于铁芯和绕组存在某些缺陷，使漏磁阻抗增加，负载电流流过这一阻抗时，电压降低很多。

4. 变压器输出三相电压不平衡　在通常情况下，人们总是希望变压器输出端电压尽量平衡，一般的要求是不超过 10%。若三相电压超过 10%，即为三相电压不平衡。

（1）三相电压不平衡的危害　三相负荷不平衡所造成的危害是很严重的。三相负荷严重不平衡会使中性点偏移，整个低压电网电压质量下降，使某些相电压偏低，电灯不亮，其他相电压偏高损坏电器。三相负荷不平衡还会增加三相相线和变压器绕组上的损耗，而且形成的零线电流也加大低压线路的损耗，尤其是负荷大、线路长，损失的电能是很大的。三相负荷不平衡，负荷集中于一相或两相上，减少了配电变压器的容量，也容易损坏变压器。

（2）三相电压不平衡的原因　造成电压不平衡的原因，一方面是由于变压器内部存在故障，如某些相存在匝间短路等。不过，如电压出现较大的不平衡，已属于严重故障，应及时处理。造成电压不平衡的主要原因在变压器的外部。

① 三相负载不对称。配电变压器如果供给照明、电焊机类单相负载较多，这些负载不是三相对称的，三相电流是不对称的，从而引起变压器内三相阻抗压降不等，使之三相输出电压不平衡。三相负载不对称，最严重的情况是只有一相带有额定负载，其余两相空载。这时，带有负载的相，电压明显降低，空载的另外两相电压明显升高，严重时，相电压可升高$\sqrt{3}$倍。正是这种情况，经常见到某相电焊机工作时，其他两相上的灯泡明显发亮，甚至烧毁，而有电焊机工作的那一相，灯泡明显变暗，其原因就在这里。

为了限制负载的不对称程度，有关规程规定，变压器零线上的电流不得超过相线额定电流的 25%，超过时应调节每相的负荷，尽量使各相趋于平衡。

② 高压侧一相缺电。高压侧一相缺电，将引起低压侧输出电压严重不平衡。

（3）三相电压不平衡的排除方法　解决三相负荷不平衡的办法。因各地区各村庄用电特点千差万别，低压线路各式各样，平衡三相负荷的办法也不可能完全相同。总的原则是单相负荷的分配要保证在一天大部分时间和负荷高峰期三相基本平衡。对接线方案要慎重选择，不应随意接线增加负荷。具体应注意以下几点。

① 定期对综合用电配电变压器出口和低压主干线及主要分支进行电流实测，一般 1～2 年测试一次。测试时选定一个代表日，每隔 1～2 h 测量一组电流数据，根据测得的数据绘出三相负荷变化的曲线图作为调整负荷的根据。如发现三相不平衡应及时调整。

② 按有关运行规程的要求平衡三相负荷电流。规程要求，配电变压器出口三相负荷电流的不平衡不大于 10%～15%，零线电流不超过额定电流的25%，低压干线主要支线始端的三相电流不平衡不大于 20%～25%。

③ 把三相负荷的平衡问题作为农村低压线路整改的一项重要内容。

④ 加强对管电人员的线损考核。促使管电人员主动及时地调整三相负荷，使其长期处于平衡状态。

5. 变压器绕组短路或断路　绕组故障主要包括接头开焊、断线、相间短路、绕组接地、匝间短路等。以下几点原因引发了这些故障：

（1）变压器在检修或制造时，损害了局部绝缘，留下了后遗症。

（2）变压器在运行中因长期过载或散热不良，有杂物落入绕组内，使温度长期过高，导致绝缘老化。

（3）压制不紧，制造工艺不良，变压器机械强度无法经受短路冲击，使绝缘损坏，绕组变形。

（4）由于绕组受潮而导致绝缘膨胀堵塞油道，致使变压器局部过热。

（5）绝缘油与空气接触面积过大，或因混入水分而劣化，升高了油的酸价，油面过低或者绝缘水平下降，使得绕组暴露于空气中，没能尽快处理。以上原因都可造成一旦发生绝缘击穿现象时，绕组接地故障或短路。假如发生匝间短路，则表现各相直流电阻不平衡，电源侧电流略有增大，变压器过热油温增高，有时还发生油中有不停的冒泡声。匝间短路轻微时，可引起瓦斯保护动作，而严重的匝间短路则可造成电源侧的过流保护或者差动保护动作。因为更严重的相间短路或单相接地等故障绕组常常会因匝间短路而引起，所以匝间短路发生时，应尽快处理。

6. 变压器油位过高或过低　变压器油位过低，假如油位低于变压器上盖，可能导致瓦斯保护误动作，严重时，甚至会使变压器线圈或引线露出油面，引发绝缘击穿事故。油位过高，则易引起溢油。

产生油位过低的主要原因：温度过低、检修变压器放油之后没有及时补油、长期漏油、渗油等。有多种因素影响变压器油位的变化，如壳体渗油、冷却装置运行状况变化、周围环境变化以及负荷变化等。正常运行时，变压器油位应在油位计的 $1/3 \sim 1/4$。除漏油外，油位下降或上升主要取决于油温下降或上升。变压器油的体积直接受油温变化影响，导致油标的油面升降，所以，在装油时，一定要结合当地气温选择注油的合适高度。

环境因素的变化与负荷的变化都是影响变压器油温的主要因素。假如油温发生变化，油标管油位变化却没有随即发生，则说明油位是假的，这种情况的原因可能是由于防爆管通气孔堵塞、呼吸管堵塞、油标管堵塞等造成的。变压器值班人员必须对油位计的指示情况经常检查，油位过低时，应排除漏油点，添加变压器油。油位过高时适当地放油，使变压器安全稳定地运行。

7. 变压器油温突升　正常情况下，变压器上层油温必须在 85 ℃ 之下。假如变压器本身没有配置温度计，则可在变压器的外壳用水银温度计测量温度，80 ℃ 以下的指示值为正常。发现油温过高时，首先检查冷却装置运行是否正常以及变压器是否过负荷。若变压器超负荷运行，要即刻减轻变压器的负荷，假如负荷减轻后变压器温度依然难以下降，就要立刻切断电源，查找故障原因。引起温度异常升高的原因有：

（1）变压器绕组局部层间或匝间的短路，内部接点有故障，接触电阻加大，二次线路上有大电阻短路等。

（2）变压器铁芯局部短路、夹紧铁芯用的穿芯螺丝绝缘损坏。

（3）因漏磁或涡流引起油箱、箱盖等发热。

（4）长期过负荷运行或事故过负荷。

（5）散热条件恶化。

8. 变压器油质变坏　变压器油温经常过热，使用时间过长，运行时侵入潮气或漏进雨水都是导致油质变坏的原因。变压器油的绝缘性能由于油质变坏而大大降低，极易导致变压器故障。对于新近投运的变压器，其油质应为浅黄色，经过一段时间运行之后，逐渐变成浅红色。如检测时发现油色发黑，为防止绕组与外壳之间或线圈绕组间发生击穿，应立即取样进行化验分析，若化验不合格，则停止变压器运行，对绝缘油进行再生或过滤，检验合格方可继续运行。

9. 变压器的渗漏油　农网中运行的配电变压器渗漏油是个老大难问题，它对配电变压器的安全运行非常不利，应及时排除。

（1）配电变压器渗漏油的原因分析

①厂家原因。由于生产厂家对耐油橡胶垫的原材料的选用、配制、生产工艺等问题，致使橡胶垫过硬、过软、内外径尺寸过大或过小等原因形成渗漏。

②自然性老化。耐油橡胶垫与大气接触的部分，在风吹、雨淋、日晒和四季环境的变化中，会失去光泽而脆裂，与油接触的部分因油的化学腐蚀而成糊状致使渗漏。

③导电杆过热。由于铜铝接头的接触不良、松动引起过热，当电流大于600 A 时，金属垫圈没有断磁带而造成环流过大引起发热，使绝缘橡胶垫老化而渗漏。

④变压器组装工艺不佳。各部位法兰紧偏、压力不一、接口不良等引起渗漏。另外变压器呼吸不畅，在运行中因温度升高引起内部压力增大导致渗漏。

⑤生产厂家使用的钢板、钢管、油封、金属部件存在缺陷，加上部件焊接不牢，有不少砂眼、变形、凸凹不平及微小裂纹等。

⑥变压器在搬运、安装过程中，散热器管各连接管受到外力作用，造成扭曲、微小断纹、焊接处断裂等隐性缺陷，当变压器投入运行后，变压器内部温度升高，压力增大形成渗漏。

⑦超负荷运行，小马拉大车，造成橡胶垫受热老化变形损坏而渗漏。

⑧运行人员检查不仔细、不到位，年久失修造成渗漏。

（2）配电变压器防渗漏油的措施

① 生产厂家选用密封橡胶垫要按技术条件要求选用，耐油性、抗老化性、机械强度较好并有适当的弹性，同时，对材料抽样做物理机械性能试验。

② 变压器在出厂前或在安装前后应做密封试验。

③ 变压器在出厂前应对油箱做强度试验。

④ 对新买的变压器要进行全面仔细检查，从外观看是否有渗漏点，如有要及时向厂家反映进行更换。检查螺丝是否有松动现象，散热管是否有砂眼，橡胶垫是否有破损等。

⑤ 严格控制负荷，一般不能有超负荷运行现象。

⑥ 运行维护人员应加强巡视，定期检查。如发现渗、漏或缺油时，要及时给予处理，杜绝因长期失修而造成配电变压器渗、漏油。

⑦ 配电变压器的高、低压引线应采用铜铝过渡线夹，以减小接触电阻，防止因接触不良引起导电杆发热烧坏胶垫、胶珠而发生渗漏。

⑧ 油枕注油孔上面的盖孔，一般有 2～4 个小孔，是用来起呼吸作用的，拧的时候要把小孔留在外面，不要拧得过紧。因为变压器油在遇到热胀冷缩时，要进行吸气和排气，如果把小孔堵死，夏天就会造成内部气压增大而发生渗漏。

（3）配电变压器运行中渗漏油的处理方法

① 对渗油比较严重的变压器，首先要退出运行，对其进行一次彻底清扫。把附着在上面的尘土清扫干净，然后用洗餐具的洗涤剂洗刷，在怀疑渗、漏的地方涂上滑石粉进行观察。

② 如果是胶垫问题，要进行放油吊芯，更换胶垫即可。

③ 如果是焊缝有砂眼，就要进行焊接处理（也可用环氧树脂黏合剂或"堵漏王"堵漏）。所焊部位要彻底清理油污，最好先用铆的方法把它处理到最低程度，这样会更有利于封闭。此方法要特别加强监护，采取安全措施，以免引起着火爆炸。操作时电焊机电流要调到最小位置。

④ 如果是松动现象造成的渗漏，在紧螺丝时要用力均匀。不可用力过猛、过大，以免损伤套管或造成大盖变形等。

⑤ 对散热器、散热管和薄壁容器渗油应采取不带油处理，若必须带油用电焊处理时应有防止穿透的措施。

⑥ 变压器应定期大修，对于密封性的耐油橡胶垫应全部更新，金属部件渗漏油处，应进行补焊或更换新部件。

10. 变压器瓦斯保护动作　瓦斯保护是变压器的主要保护，它能监视变压器内部发生的部分故障，常常是轻瓦斯先动作发出信号，然后重瓦斯动作跳闸。

（1）轻瓦斯动作的原因

① 因滤油、加油或冷却系统不严密，致使空气进入变压器。

② 因温度下降或漏油，使油面缓慢降落。

③ 变压器故障而产生少量气体。

④ 保护装置二次回路故障。

（2）重瓦斯动作的原因

① 变压器发生严重故障，油温剧烈上升，同时分解出大量气体。

② 当发生穿越性短路时，浮子继电器的下浮筒、挡板、接点和二次接线发生故障。

轻瓦斯动作发出信号后，首先应停止音响信号，并检查瓦斯继电器内气体的多少，判明原因。重瓦斯动作跳闸，或者瓦斯信号和瓦斯跳闸同时动作，则首先考虑该变压器有内部故障的可能。为了弄清原因，首先应对变压器外部进行检查。查不出原因时，再对继电器内聚的气体多少、颜色、化学成分进行鉴别。

如积聚在瓦斯继电器内的气体不可燃，而且是无色无臭的，而混合气体中主要是惰性气体，氧气含量大于 16%，油的闪点不降低，则说明是空气进入瓦斯继电器内，变压器可继续运行。

如气体是可燃的，则说明变压器内部有故障，应根据瓦斯继电器内积聚的气体性质鉴定变压器内部故障的性质。

① 气体为黄色不易燃的，且一氧化碳含量大于 1%～2%，为木质绝缘损坏。

② 气体为灰色或黑色易燃的，且氢含量在 30% 以下，有焦油味，闪点降低，则说明油因过热而分解或油内曾发生过闪络故障。

③ 气体为浅灰色带强烈臭味且可燃的，是纸或纸板绝缘损坏。

如上述分析对变压器内的潜伏性故障还不能做出正确判断，则可采用气相色谱法做出适当判断。

进行气相色谱分析时，可从氢、烃类、一氧化碳、二氧化碳、乙炔的含量变化来判断变压器的内部故障，一般情况下：

① 当氢、烃类含量急剧增加，而一氧化碳、二氧化碳含量变化不大时，为金属件（如：分接开关）过热性故障。

② 当一氧化碳、二氧化碳含量急剧增加时，为固体绝缘物（木质、纸、纸板）过热性故障。

③ 当氢、烃类气体增加时，乙炔含量很高，为匝间短路或铁芯多点接地等放电性故障。

11. 变压器自动跳闸　发生自动跳闸故障时，应进行外部检查，查明保护动作情况。如在检查之后，确认是由于人员误动作或者外部故障，而不是内部故障引起的，则可越过内部检查步骤，直接投入送电。如发生的是差动保护动作，就应彻底、全部检查保护范围内的设备。

还应注意的是，变压器起火燃烧也是极其危险的事故，变压器内含有的不少物质都具有可燃性，不及时处理可能导致火灾扩大，甚至发生爆炸。以下一些因素可能导致变压器着火：由于内部故障致使变压器散热器或外壳破裂，变压器油燃烧着溢出；在油枕的压力下，变压器油流出并在变压器顶盖上燃烧；变压器套管的闪络和破损等。这类事故发生时，变压器会发生保护动作，断路器会断开。若断路器因故未断开，则需立即手动来完成，停止冷却设备，拉开电源的隔离开关，扑救火情。变压器灭火应用泡沫式灭火器，火势紧急时也可用沙子灭火。

12. 变压器烧毁　从农村配电变压器的烧毁现象分析，其原因主要表现在以下几个方面：

(1) 不按要求选择合适的熔断器　甚至有的电工在熔断器熔断以后，不按要求更换熔断器，而是用铝丝、铜丝等直接代替，导致配电变压器烧毁。

(2) 避雷器损坏后不更换　夏季雷雨期间是变压器的危险期，有的避雷器早已损坏，而不及时更换，致使起不到避雷作用而烧毁变压器。

(3) 调节电压分接开关时，不进行测试　由于地区线路较长，压降较大，用户得不到额定电压，需要调节电压分接开关，但在调节过程中，不用仪表进行测量直流电阻，如果分接开关错位，就会造成变压器烧毁。

(4) 接地电阻高而得不到解决　由于土质的影响，造成接地体的腐蚀、断裂等，导致接地电阻高而不能可靠接地，也会导致烧毁变压器。

(5) 配电变压器长期过负荷　因为过负荷会使变压器的温升增加，油温升高，促使油质变坏，绝缘性能降低。同时也促使绕组绝缘、铁芯片间绝缘的老化。所以变压器长期过负荷就会缩短其使用寿命，甚至烧毁变压器。

(6) 三相负荷严重不平衡　三相负荷严重不平衡，引起中性点偏移，轻载相的电压偏高，导致用电器具烧坏，可能形成短路而烧坏变压器。

(7) 私拉乱接电线　在农村，私设电网防鼠、防盗的现象时有发生。由于缺乏用电常识，接错线引起短路，也可能烧坏变压器。

13. 变压器的常见故障诊断与排除　变压器的常见故障诊断与排除方法见表 5 - 5。

表 5－5　变压器的常见故障诊断与排除方法

故障现象	故障原因	排除方法
变压器发出异常响声	① 变压器过负荷，发出的声响比平常沉重 ② 电源电压过高，发出的声响比平常尖锐 ③ 变压器内部振动加剧或结构松动，发出的声响大而嘈杂 ④ 线圈或铁芯绝缘有击穿现象，发出的声响大且不均匀或有爆裂声 ⑤ 套管太脏或有裂纹，发出"嗞嗞"声且套管表面有闪络现象	① 减少负荷 ② 按操作规程降低电源电压 ③ 减小负荷或停电修理 ④ 停电修理 ⑤ 停电清洁套管或更换套管
油温过高	① 变压器过负荷 ② 三相负荷不平衡 ③ 变压器散热不良	① 减小负荷 ② 调整三相负荷的分配，使其平衡；对于丫/丫0－12连接的变压器，其中性线电流不得超过低压线圈额定电流的25％ ③ 检查并改善冷却系统的散热情况
油面高度不正常	① 油温过高，油面上升 ② 变压器漏油、渗油，油面下降（注意与天气变冷而油面下降的区别）	① 减小负荷，改善变压器散热条件 ② 停电修理
变压器油变黑	变压器线圈绝缘击穿	修理变压器线圈
低压熔丝熔断	① 变压器过负荷 ② 低压线路短路 ③ 用电设备绝缘损坏，造成短路 ④ 熔丝的容量选择不当、熔丝本身质量不好或熔丝安装不当	① 减小负荷，更换熔丝 ② 排除短路故障，更换熔丝 ③ 修理用电设备，更换熔丝 ④ 更换熔丝，按规定安装
高压熔丝熔断	① 变压器绝缘击穿 ② 低压设备绝缘损坏造成短路，但低压熔丝未熔断 ③ 熔丝的容量选择不当、熔丝本身质量不好或熔丝安装不当 ④ 遭受雷击	① 修理变压器，更换熔丝 ② 修理低压设备，更换高压熔丝 ③ 更换熔丝，按规定安装 ④ 更换熔丝
防爆管薄膜破裂	① 变压器内部发生故障（如线圈相间短路等），产生大量气体，压力增加，致使防爆管薄膜破裂 ② 由于外力作用而造成薄膜破裂	① 停电修理变压器，更换防爆管薄膜 ② 更换防爆管薄膜

（续）

故障现象	故障原因	排除方法
瓦斯继电器动作	① 变压器线圈匝间短路、相间短路、线圈断线、对地绝缘击穿等 ② 分接开关触头表面熔化或灼伤；分接开关触头放电或各分接头放电	① 停电修理变压器线圈 ② 停电修理分接开关
油枕或防爆管喷油	① 二次系统短路 ② 内部有短路故障	① 停电检查二次线路 ② 吊芯检查，排除短路故障
线圈绝缘老化	① 经常过负荷 ② 超过规定使用年限	① 更换线圈或增大变压器容量 ② 更换大容量变压器
线圈间或线圈对地绝缘下降	① 变压器受潮 ② 变压器油油质变坏	① 对变压器进行干燥处理 ② 取油样检验并处理或换新油
高压侧熔断器有一相烧断	① 变压器内部短路故障 ② 变压器外部故障	① 停止运行，排除故障 ② 检查二次回路或变压器外部短路点
绝缘套管闪络和爆炸	① 套管密封不严进水 ② 套管质量不好	① 改善密封 ② 更换套管
变压器着火	① 铁芯及穿心螺栓绝缘损坏 ② 线圈层间短路 ③ 严重过载 ④ 套管破裂和闪络引起漏油并着火	① 修理铁芯和螺栓绝缘并涂绝缘漆 ② 处理短路故障或更换线圈 ③ 减小负载 ④ 及时更换损坏的套管
分接开关放电	① 开关触头压力小 ② 开关接触不良 ③ 开关烧坏 ④ 绝缘性能降低	① 更换或调整弹簧，加大压力 ② 清除氧化膜及油垢 ③ 修整触头或更换 ④ 清洁开关触头，进行绝缘处理

第六章

电动机的安装与检修

电动机的作用是将电能转换为机械能，用以带动各种生产机械。电动机在农业生产中是不可缺少的，如各种小型农用加工设备、抽水泵等都用到交流电动机。因此，农村电工必须掌握交流电动机的安装、维护、修理等技能。

第一节　电动机的结构与工作原理

一、电动机的特点与应用

1. 电动机的定义　电动机是一种将电能转换成机械能，以拖动生产机械进行生产的动力机械。例如一种水泵机组设备，水泵是生产机械，用来抽水；电动机是动力机械，拖动水泵转动。这样，电动机由电源获取电能带动水泵旋转转变成机械能，把水抽上来。可见电动机是一种动力，也称原动力的供给者。

2. 电动机的优点

（1）能提供的功率范围很大，从毫瓦级到万千瓦级。

（2）使用和控制非常方便，具有自启动、加速、制动、反转、掣住等能力，能满足各种运行要求。

（3）工作效率较高，没有烟尘、气味，不污染环境，噪声也较小。

（4）运行可靠、价格低廉、结构牢固。

（5）体积小，安装方便，维修保养简单。

3. 电动机的应用

（1）在农业中的应用　在农业中，随着农业机械化的进展，在排灌、脱粒、米面加工、榨油、铡草等农牧业机械中广泛采用电动机拖动，如图 6-1 所示。

（2）在人们日常生活中的应用　电动机在人们日常生活中也得到广泛应用，为人们的生活提供各种方便，如电风扇、电冰箱、空调器、洗衣机、豆浆

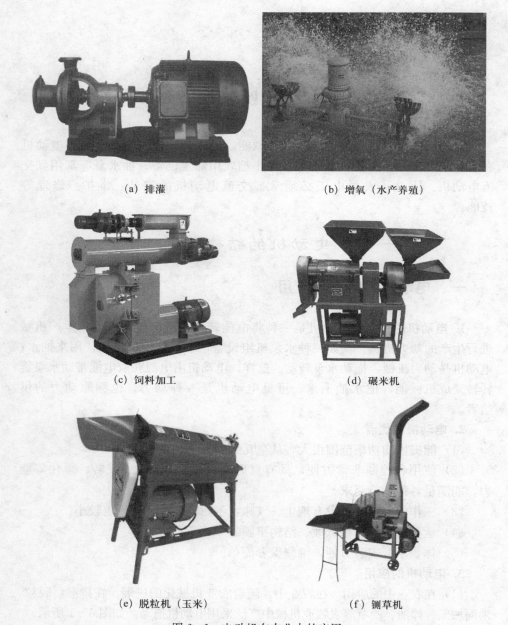

(a) 排灌

(b) 增氧（水产养殖）

(c) 饲料加工

(d) 碾米机

(e) 脱粒机（玉米）

(f) 铡草机

图 6-1 电动机在农业中的应用

机、微波炉、抽油烟机、吸尘器、吹风机等，如图 6-2 所示。

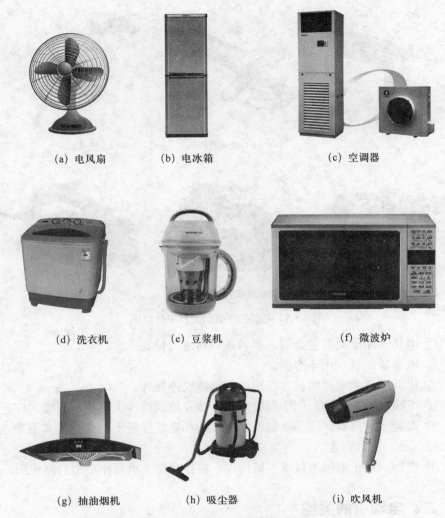

(a) 电风扇　　　　(b) 电冰箱　　　　　(c) 空调器

(d) 洗衣机　　　　(e) 豆浆机　　　　　(f) 微波炉

(g) 抽油烟机　　　　(h) 吸尘器　　　　(i) 吹风机

图 6-2　电动机在人们日常生活中的应用

（3）在电动工具中的应用　为了减少工作强度，改善工作环境，人们发明了各种各样的电动工具。所谓电动工具是指小功率电动机作为动力，通过传动机构来驱动作业工作等的工具。

以电动机为动力的电动工具主有金属切削电动工具、研磨电动工具、装配电动工具和铁道用电动工具。常见的电动工具有电钻、电动砂轮机、电动扳手和电动螺丝刀、电锤和冲击电钻、混凝土振动器、电刨等，如图 6-3 所示。

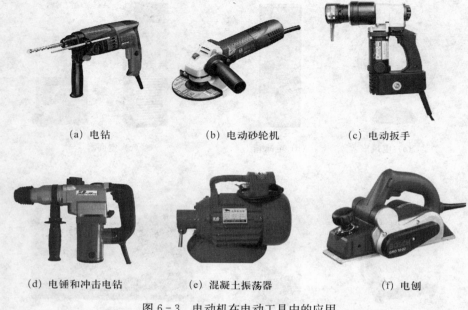

图 6-3　电动机在电动工具中的应用

　　① 电钻。用于对有色金属、塑料等材料进行钻孔。

　　② 电动砂轮机。用于磨削。

　　③ 电动扳手和电动螺丝刀：用于装卸螺纹连接件。

　　④ 电锤和冲击电钻。用于混凝土、砖墙及建筑构件上凿孔、开槽、打毛。

　　⑤ 混凝土振荡器。用于浇筑混凝土基础和钢筋混凝土构件时捣实混凝土，以消除气孔，提高强度。

　　⑥ 电刨。用于刨削木材或木结构件，装在台架上也可作小型台刨使用。

二、电动机的类型

　　电动机的类型繁多，用途各异，分类方法也很多，但各分类方法之间是有联系的，不能机械地将其分开。按工作电源不同，电动机可分为交流电动机和直流电动机两大类。

　　1. 交流电动机　是以交流电为电源，多采用 220 V、380 V 两种交流电。

　　交流电动机根据工作原理的不同，分为异步电动机（又称感应电动机）、同步电动机；又根据电源相数的不同，分为单相电动机和三相电动机。同步电动机还可以分为永磁同步电动机、磁阻同步电动机和磁滞同步电动机。异步电动机又分为感应电动机和交流换向电动机。感应电动机又分为三相异步电动机、单相异步电动机和罩极式异步电动机。交流换向电动机又分为单相串励电动机和交直流两用电动机。

交流电动机的分类如图6-4所示。

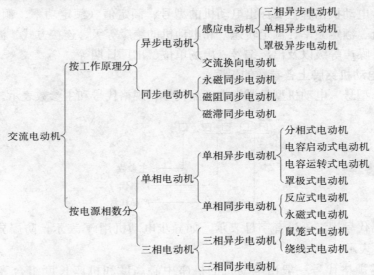

图6-4　交流电动机的分类

在农村，广泛采用三相异步电动机作为动力，来驱动作业机旋转而工作，如驱动水泵进行农田排灌，驱动脱粒机进行农作物脱粒，驱动粉碎机进行谷物或饲料的粉碎加工，驱动搅拌机进行面粉、饲料等搅拌混合等。

因此，作为农村电动机修理工应首先掌握三相异步电动机的构造原理与修理方法。

在农村，单相交流电动机也得到广泛应用，在家用电器中，风扇、洗衣机、电冰箱、空调、冰柜、电吹风机、电唱机等均采用单相交流电动机；在电动工具中，如手电钻、电动刮刀、电铰刀、电动锯、切割机、电剪刀、电动攻丝机、电动扳手、电动螺丝刀、电动采茶机、电动剪枝机、冲击电钻、电锤、电镐、电动刨光机等也采用单相交流电动机。

本章主要介绍三相异步电动机的构造、安装、维修等内容。

2. 直流电动机　直流电动机是以直流电为电源，多采用5V、12 V、24 V直流电，其中车用电动机一般采用12 V直流电。

三、电动机的铭牌

1. 电动机铭牌的记载事项 电动机铭牌是使用和维修电动机的依据，必须按照铭牌上给出的额定值和要求去使用和维修。

通常电动机铭牌上要标出电动机的型号、额定值（额定功率、额定电压、额定电流、额定频率、额定转速）和电动机的绝缘等级、连接方式、温升、防护等级、噪声等级以及出厂编号、出场单位、出厂日期等。

2. 电动机铭牌上各参数的识读

（1）型号 电动机型号通常由产品代号、规格代号和主参数表示。

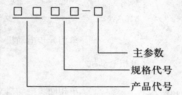

产品代号用汉语拼音字母表示，如异步电动机用 Y 表示，防爆异步电动机用 YB 表示。

产品规格代号一般由电动机的机座中心高度和机座长度组合表示。机座中心高度是指机座底脚平面与轴中心之间的距离，单位为 mm。机座长度分为长型、中型和短型 3 种，长型用 L 表示，中型用 M 表示，短型用 S 表示。

电动机的主参数一般用极数表示。

例如：

Y90L-2：表示机座中心高度为 90 mm，机座长度为长型，极数为 2 极的异步电动机。

YB315M-4：表示机座中心高度为 315 mm，机座长度为中型，极数为 4 极的防爆异步电动机。

Y112M-6：表示机座中心高度为 112 mm，机座长度为中型，极数为 6 极的异步电动机。

（2）额定功率 电动机在额定工况下运行时，转动轴上输出的机械功率称为额定功率，单位为 kW。

（3）额定电压 是指施加在三相异步电动机定子绕组上的线电压，单位为

kW。国内电源电压有 3 kV、6 kV、10 kV、380 kV、220 kV 等。

（4）额定电流 当电动机在额定状态下运行时，定子绕组的线电流称为额定电流，单位为 A。实际电流大于额定电流，电动机过载，电动机过热；小于额定电流，电动机欠载。

（5）额定转速 电动机接入额定电压、额定频率和额定负载时，电动机转轴上的转速称为额定转速，单位为 r/min。电动机过载时，转速降低；欠载时（空载时）转速比额定时稍高些。

（6）额定功率因数 $\cos\varphi$ 当电动机在额定工况下运行时，定子相电压与相电流之间的相位差为 $\cos\varphi$。

（7）绝缘等级 电动机的绝缘等级取决于所用的绝缘材料的耐热等级，按绝缘材料的耐热能力有 A 级、E 级、B 级、F 级、H 级 5 种常见的规格，C 级不常用。

（8）额定频率 电动机电源频率在符合铭牌要求时的频率，叫做电动机额定频率。我国工频为 50 Hz，国外有 60 Hz 的。

（9）绕阻接法 三相绕组每相有两个接头，三相共有 6 个端头，可以接成△连接和丫连接，也有每相中间有抽头的，这样三相共有 9 个端头或更多，可以连接成沿边三角形和双速电动机。一定要按铭牌指示接线，否则电动机不能正常运行，甚至烧毁。

我国低压小型电动机容量在 3 kW 及以下的 380 V 电压为丫-△启动器。电动机接线图如图 6-5 所示。

（10）定额 指电动机符合铭牌规定数据可以持续运行的时间，一般采用连续、短时和断续工作定额表示。

① 连续工作制定额（S1）。在额定负载下不受时间限制可连续运行。

② 短时工作制定额（S2）。短时运行的标准持续时间为 10 min、30 min、60 min 和 90 min 等 4 种。

③ 断续工作制定额（S3）。在额定数据下电动机只能间断运行，以 10 min 为一个周期。电动机负载工作时间所占的百分比称为负载持续率。标准负载持续率分为 15%、25%、40% 和 60% 等 4 种。

（11）防护等级 IP IP 为防护等级的标志符号，IP 后面二位数表示具体防护要求，数字越大，则防护等级越高。

（12）质量 是指电动机的总质量，单位为 kg。

（13）标准编号 是指根据某种标准来制定电动机铭牌各参数。GB 表示国家标准，JB 表示机械行业标准。

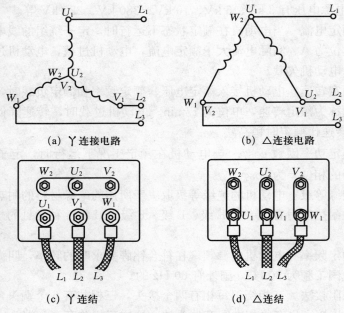

(a) Y 连接电路   (b) △连接电路

(c) Y 连结   (d) △连结

图 6-5 普通三相低电压电动机接线

四、三相异步电动机的结构

三相异步电动机主要由两部分组成：固定不动的部分，叫做定子；旋转的部分，叫做转子。

三相异步电动机（鼠笼式）的结构如图 6-6 所示。

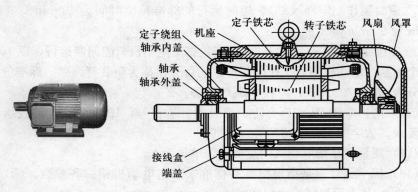

图 6-6 鼠笼式三相异步电动机

1. 定子　定子是三相异步电动机固定不动的部分，它的任务是专门产生一个旋转磁场，驱使转子旋转。三相异步电动机的定子主要由定子铁芯、定子绕组、端盖、接线盒等组成，如图 6-7 所示。

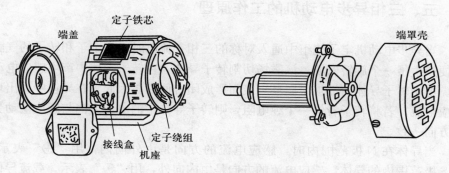

图 6-7　三相异步电动机的定子

2. 转子　转子是三相异步电动机的转动部分，其任务是在旋转磁场的作用下，得到一个扭矩而旋转起来带动生产机械。

转子位于三相异步电动机定子的内部，安装于三相异步电动机两侧端盖的轴承上。

异步电动机的转子主要由铁芯、转子绕组、转轴和轴承组成，如图 6-8 所示。

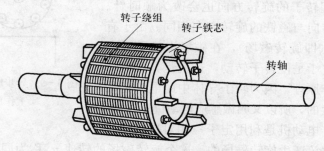

图 6-8　转子的组成

3. 其他部件　三相异步电动机的其他部件主要包括端盖与风扇。端盖是用来支持转子并保护绕组用的，一般是铸铁铸成，用螺钉固定在机座的两端。端盖部分，除了端盖本体之外，还包括前后两只轴承和轴承盖。两只轴承用来支承转轴，转轴在轴承内旋转，可以大大减小摩擦力。小型三相异步电动机的轴承一般两只都是滚珠轴承；较大型的三相异步电动机，一只用滚珠轴承，而在皮带轮的一端用滚柱轴承，滚柱轴承所能承受的负荷较大。轴承盖也是铸铁制成的，用以保护轴承并防止润滑油脂外流。风扇用来通风冷却。

五、三相异步电动机的工作原理

当异步电动机定子绕组中通入对称的三相交流电时，在定子和转子的气隙中便产生了一个旋转磁场，该磁场切割转子导体，在转子导体中产生感应电动势。由于转子导体两端被金属环短接而形成闭合回路，因此，在导体中就出现感应电流。若将转子看做一个纯电阻，则转子导体中的电流方向与感应电动势的方向一致。

当导体在 N 极范围内时，感应电流的方向是由外向内，用"$\oplus$"表示。在 S 极范围内的导体，感应电流的方向是由内向外，用"$\odot$"表示。载流导体在磁场中会受到电磁力的作用，电磁力的方向可按左手法则判定。如图 6-9 所示。

N 极范围内导体的受力方向是向左，而 S 极范围内导体的受力方向则向右。这一对力形成逆时针方向的力矩，于是转子同旋转磁铁一样也按逆时针方向旋转起来了。若旋转磁铁按顺时针方向旋转，同理转子的旋转方向也会改为顺时针。可见转子的转向与磁铁的旋转方向相同。由于有了旋转磁铁（即旋转磁场），在磁场中又受到电磁力的作用，于是使转子转动，这就是异步电动机的基本工作原理。因为转子导体中的电流是靠电磁感应产生的，所以又叫做感应电动机。

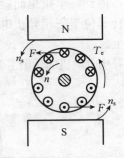

图 6-9　异步电动机的工作原理

三相异步电动机是利用定子三相对称绕阻通入三相对称电流产生旋转磁场的，这个旋转磁场的转速 n_s 称为同步转速。三相异步电动机转子的转速 n 不可能达到定子旋转磁场的转速，即电动机的转速 n 不可能达到同步转速 n_s。因为，如果达到同步转速，则转子导体与旋转磁场之间就没有相对运动，因而在转子导体中就不能产生感应电动势和感应电流，也就不能产生推动转子旋转的电磁力 F 和电磁转矩 T_e，所以异步电动机的转速总是低于同步转速，异步电动机因此而得名。

为了获得异步电动机的旋转磁场，三相绕组的布线需要满足以下要求：

① 一组三相对称绕组。即三相绕组在空间排布上要互差 120°。

② 三相对称绕组内要通有三相对称电流。

通过上面对旋转磁场的分析，可以得出结论：三相对称交流电通过三相对称绕组，在定子铁芯中产生旋转磁场；转子导体与之形成相对运动，因此而切割磁线产生感应电动势；转子导体是一个闭合的电路，所以导体上就会有电流流过；根据电磁力的原理，转子导体作为载流导体，处在定子绕组产生的磁场中，就会受到电磁力的作用，从而产生电磁转矩；转子导体在电磁转矩的作用下开始旋转。

如何改变三相异步电动机的旋转方向？

由三相异步电动机的工作原理可知，三相异步电动机的旋转方向（即转子的旋转方向）与三相定子绕组产生的旋转磁场的旋转方向相同。若想改变三相异步电动机的旋转方向，只要改变旋转磁场的旋转方向就可实现。即只要调换三相异步电动机中任意两根电源线的位置，就能达到改变三相异步电动机旋转方向的目的。

改变三相异步电动机旋转方向的方法如图 6-10 所示。

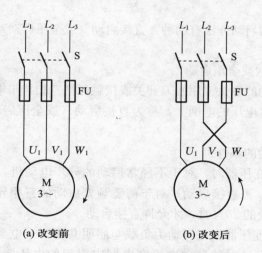

(a) 改变前　　　　　　　　　　(b) 改变后

图 6-10　改变三相异步电动机旋转方向的方法

六、三相异步电动机的启动控制

将三相异步电动机与电源相连接，使三相异步电动机旋转起来，这种过程叫做启动。

由于三相异步电动机启动瞬间，具有启动电流很大和启动转矩过小的特性。而启动电流过大，就会使电网电压降低，使三相异步电动机发热；若启动转矩过小，就不能带负载启动，或使启动时间拖得很长。为此，对异步电动机的启动，需要满足以下要求：

（1）有足够大的启动转矩。因为启动转矩必须大于启动时三相异步电动机的反抗转矩，三相异步电动机才能启动。启动转矩越大，加速越快，启动时间越短。

（2）在具有足够启动转矩的前提下，启动电流应尽可能的小。

（3）启动设备应简单、经济；操作应可靠、方便。

（4）启动过程中能量损耗要小。

为了限制启动电流，并得到适当的启动转矩，对不同容量的异步电动机应采用不同的启动方法。

七、三相异步电动机的启动方式

异步电动机的启动方法有两种：直接启动（或全压启动）和间接启动（降压启动）。

1. 直接启动（或全压启动）

（1）直接启动的方法　用闸刀开关或接触器把三相异步电动机的定子绕组直接接到具有额定电压的电网上，称为直接启动（或全压启动），这是最简便的启动方法。

（2）直接启动的条件

① 有独立的变压器时，对于不经常启动的异步电动机，其容量小于变压器容量的 30％时，可直接启动；对于需要频繁启动的三相异步电动机，其容量小于变压器容量的 20％时，才允许直接启动。

② 无专用的变压器供电（动力负载与照明共用一个电源）时，只要三相异步电动机直接启动时的启动电流在电网中引起的电压降低不超过 10％或 15％（对于频繁启动的三相异步电动机取 10％，对于不频繁启动的三相异步电动机取 15％），即可采用直接启动。

③ 4.5 kW 以下的三相异步电动机均可以直接启动。

（3）直接启动的优点　直接启动的设备简单、投资省，启动时间短，启动方式可靠。如果电源容量足够大，应当尽量采用直接启动。

为了利用直接启动的优点，现在设计的鼠笼式三相异步电动机都是根据直接启动时的电磁力和发热来考虑它的机械强度和热稳定性的。因此，从三相异步电动机本身来说，鼠笼式三相异步电动机都允许直接启动。这样，直接启动方法的应用主要是受电网容量的限制。如果电源的容量足够大，应尽量采用此方法。

（4）直接启动的缺点　直接启动的缺点主要是启动电流对电网的影响较大。

2. 间接启动（降压启动）　如果不具备上述条件，就必须设法限制启动电流。鼠笼式电动机通常采用启动设备降低加在定子绕组上的电压，用以降低启动电流，等启动结束后再使三相异步电动机定子绕组上的电压恢复到额定值，即降压启动。常见的降压启动的方法有星-三角换接启动、定子电路串电阻启动、自耦补偿启动和延边三角形启动。

（1）星-三角（丫-△）换接启动　星-三角换接启动是现在常采用的一种降压启动方法。正常运行时，定子绕组为△形连接的三相异步电动机可以采用星-三角启动方式。即在启动时，将定子绕组接成丫连接，使加在每相绕组上的电压降至额定电压的 $1/\sqrt{3}$，因而启动电流可减小到直接启动时的 1/3，待三相异步电动机转速接近额定转速时，再通过开关改接成△连接，使三相异步电动机在额定电压下运转。由于电压降为 $1/\sqrt{3}$，启动转矩与电压的平方成正比，所以启动转矩也降为△连接直接启动时的 1/3。图 6-11 所示为丫-△启动电路图。

（2）定子电路串电阻启动（或电抗启动）定子电路串电阻或电抗启动时，在定子回路中串接电阻器或电抗器，借以降低在定子绕组上的电压，待转速上升到一定程度时，再将电阻器或电抗器短路，三相异步电动机全压运转。这可通过一个三极刀开关、继电器控制来实现。

串电阻启动方式的优点是设备简单、造价低；缺点是能量损耗较大，可用于中、小容量三相异步电动机的空载或轻载启动。串电抗启动方式的优点是能量损耗小，缺点是电抗器成本高，可用于高压三相异步电动机的启动。

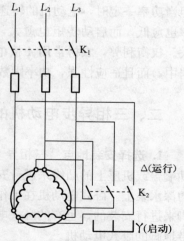

图 6-11　三相异步电动机丫-△启动的控制电路

第二节 三相异步电动机的选用与安装

一、三相异步电动机的选择

合理地选择电动机，是正确使用电动机的先决条件。电动机的选择包括选择电压、功率、频率、转速、启动转矩和防护型式等。

1. 电动机容量的选择 选择电动机容量时，一般应比负载的功率大 10% 左右较适宜。电动机的功率选择过大，对资金和电力都是浪费，选得过小，会使电动机过载，负荷电流会超过额定电流，严重时会烧毁电动机。选择时还应考虑配电变压器的容量，若是直接启动，则电动机的最大功率不应超过变压器额定容量的 30%。

2. 防护型式的选择 电动机的防护型式有开启式、防护式和封闭式，农村一般选用封闭式（IP44）。封闭式电动机定子和转子绕组都装在一个封闭机壳内，潮气和灰尘一般不能进入电动机内部，可用在灰尘较多，水、土飞溅及特别潮湿的地方，如打谷机、碾米机、水泵等都选用这种电动机。

3. 电动机电压的选择 电动机的额定电压一定要与所用电源电压相符，电动机一般选用 380 V，或 380 V 和 220 V 两用的。

4. 电动机转速的选择 电动机的转速是根据生产机械的要求而选择的，但当功率一定时，电动机的转速愈低，其尺寸愈大，价格愈贵，功率因数和效率也愈低，而启动转矩也愈大，高速电动机的缺点是启动转炬小，启动电流大。权衡利弊，农村常用 4 极电动机，其同步转速为 1 500 r/min，它的转速居中，而且适应性强，功率因数和效率也较高。

二、三相异步电动机的安装

1. 选择安装地点 三相异步电动机有立式和卧式之分。立式电动机是借助端盖或机座上的凸缘来进行安装的。工作时，它的轴与地面垂直，如农村用的深水泵上。卧式电动机在工作时，它的轴与地面平行。这种电动机多是靠地脚来进行安装的，也有的卧式电动机端盖上带有凸缘，而不带地脚。农村多用带地脚的卧式电动机。

选择三相异步电动机安装地点时一般应注意以下几点：

（1）尽量安装在干燥、灰尘较少的地方。

（2）尽量安装在通风较好的地方。

（3）尽量安装在较宽敞的地方，以便日常操作和维修。

2. 安装基础的制作　三相异步电动机的安装基础是用来固定作业机和电动机的位置、承受作业机和电动机的质量以及机组运转时的振动力。所以，基础除了应有足够的强度和刚度外，还必须有正确的安装尺寸。

如果安装基础制作不好，安装位置不够吻合，三相异步电动机或作业机就会产生剧烈的振动，使基础下沉，从而造成轴承或轴损坏。

三相异步电动机组的基础如图 6-12 所示。

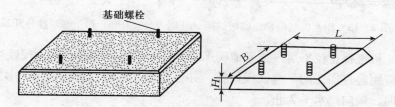

图 6-12　三相异步电动机组的基础

对基础的尺寸要求：

H 一般为 $100 \sim 150$ mm，具体高度应根据三相异步电动机的规格、传动方式和安装条件来决定。

B 和 L 的尺寸应根据底板或三相异步电动机机座尺寸来定，但四周一般要放出 $50 \sim 250$ mm 的余量，通常外加 100 mm 左右。

在农村，常用的临时性安装基础有两种，一种是作业机与电动机装在同一底座上；另一种是作业机和电动机的安装基础分开。

临时性同一基础一般是用两根长短合适的方木作底脚板，并按作业机和电动机的地脚螺栓钻孔，安上底座，装上地脚螺栓，把方木与机组底座固定在一起即可，如图 6-13 所示。

临时性分开基础，是专门为作业机和电动机分别各做一个木机座。使用时，用木桩分别固定好，如图 6-14 所示。

3. 安装程序

（1）先在基础上画出三相异步电动机的纵横中心线。

（2）把三相异步电动机吊放在基础上。套上地脚螺栓、螺母，调整电动机机座位置，使机座上的纵横中心线和浇筑基础时所定的电动机纵横中心线一致。

（3）将水平尺放在基础的加工面上，检查基础的水平度。检查时，应将水平尺放在相互垂直的两个方向上分别进行检查。若发现不平，可在基础下垫铁片来调整。

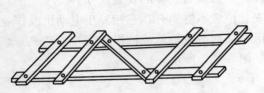

图 6-13　作业机与电动机临时性同一基础

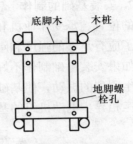

图 6-14　临时性分开基础

（4）机座找正校平后，拧紧地脚螺母。在拧紧螺母之前，若发现铁垫片数很多，应用经过加工的平整铁板代替。并在拧紧之后对机座再校正一次水平，直至纵向、横向都水平为止。

注意：

① 为了防止震动，安装时应在三相异步电动机与基础之间垫衬防震物。

② 4个地脚螺栓上均要套上弹簧垫圈；拧紧螺母时要按对角交错次序逐步拧紧，每个螺母要拧得一样紧。

③ 安装时，还应注意将三相异步电动机的接线盒接近电源管线的管口，再用金属软管伸入接线盒内。

4. 三相异步电动机的校正　三相异步电动机在基础上安装好以后，还应进行校正，校正的内容有：水平校正、带传动的校正、联轴器传动的校正、齿轮传动的校正。

5. 三相异步电动机安装注意要点　三相异步电动机安装好坏，会直接影响电动机是否能正常运转，同时又关系到能否安全运行的大问题。所以，安装工作十分重要。其注意事项如下：

（1）在三相异步电动机搬运过程中，要保证人身和机器的安全。尤其对于较大型电动机，要统一指挥，分工合作，事先检查吊装工具以防止因承受不了重力而发生断裂等事故。抬、吊电动机时，绳索要拴在吊环或底座上，不得拴在轴头或端盖处，以免损坏轴颈及轴承等。

（2）安装地点选择适当，因为电动机的工作地点适当与否，会影响其正常运行，操作和维护方便以及有关传动的机械的合理布局等方面。要考虑防潮湿、雨淋、日晒，要通风良好。

（3）基础要牢固，不因机组运行的振动而发生坍塌、位移等。要保证机组安装位置正确，保证机组运行平稳。

（4）三相异步电动机的外壳一定要良好接地，以确保运行安全。

（5）在不影响安装质量的前提下，可以因地制宜，就地取材，达到节约的目的。

6. 三相异步电动机传动装置的安装　三相异步电动机的传动装置一般采用联轴器和皮带两种方式。

（1）联轴器的安装　联轴器由驱动盘、从动盘和弹性圆柱销组成。采用弹性圆柱销连接，联轴器具有较强的缓冲和吸振能力。

在作业机和三相异步电动机之间安装联轴器时，要求作业机和电动机必须同心（在同一条直线上），且在联轴器两个盘之间保持一定的间隙，一般为1～3 mm。否则，开机后会发生振动，不但浪费功率，而且易造成轴承损坏。

联轴器的连接方法如图6-15所示。

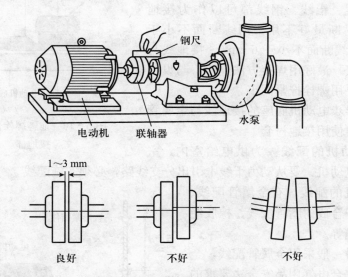

图6-15　联轴器的连接方法

对联轴器传动校正时，可以被传动的机械为基准调整联轴器，使两轴线重合。

（2）带传动的安装　当将电动机与作业机用皮带连接时，应注意皮带的传动方向；两带轮轴的中心线要分别与电动机、作业机轴的中心线在一条直线上；两带轮的宽度中心线要在一条直线上。

7. 三相异步电动机的接地及其安装　将与电器设备带电部分相绝缘的金属外壳或支架进行的接地，称为保护接地。为了防止三相异步电动机绝缘损坏而发生触电的危险，将三相异步电动机的外壳（机座）以导线和接地体相连，实现直接接地。

三相异步电动机的金属外壳接地，是将接地体或称接地装置，按一定要求埋入地中。接地装置包括接地棒（极）与接地线两部分。

（1）接地棒的安装　接地棒一般多用钢管、钢筋、角钢之类金属制成；如用钢管，其直径一般为 20～50 mm；钢筋的直径为 10～12 mm；角钢为 20 mm×20 mm×3 mm 或者 50 mm×50 mm×5 mm。长度为 2.5～3 m。

利用保护盖保护接地棒头部，用锤子等将接地棒打入土中。

由于在三相异步电动机的端子盒或定子机座上已安装有接地用螺栓，则可以利用地脚螺栓作为接地棒，如图 6-16 所示。

（2）接地线的安装　接地线为电器设备外壳与接地棒（极）连接的导线。

裸铜线、铝线、钢线都可以作为接地线，铝线易断最好不用。铜线断面不小于 4 mm^2，铝线断面不小于 6 mm^2。接地线与接地棒（极）最好用焊接方法连接。与设备相接时需要用螺栓拧紧固牢。

三相异步电动机底座的接地线与金属管的连接，要使用接地衬套。

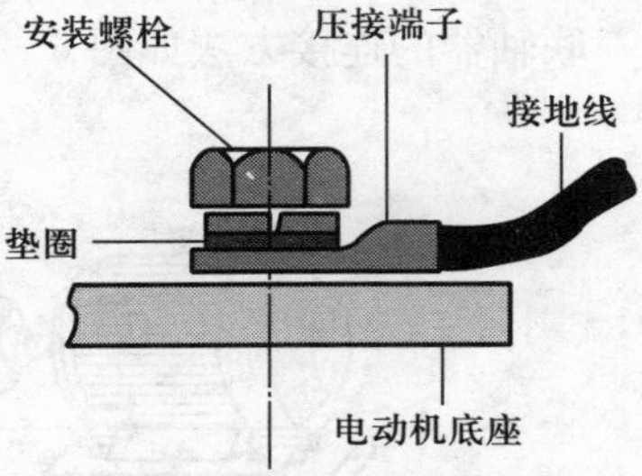

图 6-16　地脚螺栓作为接地棒

8. 电动机的配线　为供电给室内、室外装设的电动机，要从动力干线上引出分支线路，必须实施配线。

电动机的配线，有金属管配线、电缆配线、合成树脂管配线、橡胶绝缘电缆配线等。

在农村一般采用金属管配线，金属管是指符合电气用品安全法要求的金属制管子。

所谓金属管配线是指将绝缘导线装于金属管内为电动机配线，如图 6-17所示。

穿导线的钢管应在浇混凝土前埋好，连接电动机一端的钢管管口离地不得低于 100 mm（图 6-18），并应

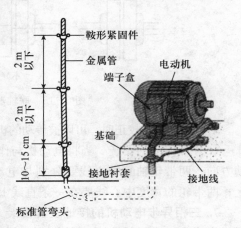

图 6-17　电动机的金属管配线

使它尽量接近电动机的接线盒，最好用蛇形管（带）或其他软管伸入接线盒内。

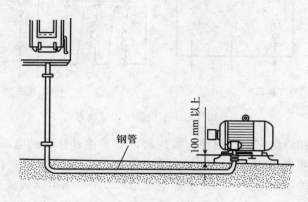

图 6-18　钢管埋入混凝土的方法

金属管配线要点：

（1）金属管的施工要考虑美观，力求垂直或平行铺设。

（2）在金属管的方向或高度改变处，宜安装分线盒，以便于进行施工。

（3）对于墙面上安装的配管，在人容易触碰到的部分（2 m 以下）使用鞍形固定件或没有尖锐突出部分的支撑件。

（4）在通道的地方，要避开在地面上配管。对于天花板上配管的场合，原则上包含支撑物在内安装高度要在 2.1 m 以上。

（5）金属管的端口要平滑，以免损伤导线的外皮。此外，在引入或更换导线时，为防损伤导线包皮，可使用衬套等。

三、三相异步电动机定子绕组的接线

在电动机的外壳上，设有一个专用的接线盒，在电动机的铭牌上标有电动机的接线方式。按照我国规定的标准电压等级，三相电源电压为 380 V，单相电源电压为 220 V。有些电动机铭牌上标明：额定电压 220/380 V，接线方式 △/丫。表示当三相电源线电压为 220 V 时，电动机三相绕组接成三角形，当电源线电压为 380 V 时，电动机三相绕组接成星形。

异步电动机定子绕组共有 6 个线端，分别以 U_1—U_2、V_1—V_2、W_1—W_2 表示（即电动机接线盒内的 6 个接线桩柱），接法如图 6-19 所示。

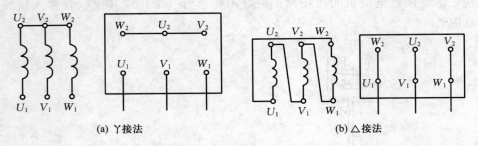

(a) 丫接法　　　　　　　　　　　　(b) △接法

图 6 - 19　定子三相绕组的接线方式

电动机三相绕组究竟按何种方式连接，要看铭牌标明的电压和接线方式，如果铭牌上标明电压为 220/380 V，接法为△/丫，表明该电动机有两种接线方式，适应两种不同电压。如果电源电压是 220 V，绕组就应接成三角形，如果误接成星形，就会使接到每相绕组上的电压由 220 V 降到 $\frac{220}{\sqrt{3}} = 127$ V，电动机就会因电压过低启动不起来，如仍承受额定负载，就容易造成过载而烧毁。如果电源电压是 380 V，绕组就应接成星形，如果误接成三角形，每相绕组就会承受 380 V 的电压，而造成定子电流增大烧毁绕组。有些电动机铭牌标明额定电压为 380 V，接线方式为△，这种电动机只能按三角形接线，不能接成星形，如果将三角形接线错接成星形的，那么定子绕组的电压就只有它所规定电压的 57.5%，电动机会因电压过低而不能启动，或者因电压过低、电流过大而被烧毁。

所以电动机的实际接线方式，只有符合电动机铭牌上的规定，才能保证电动机安全使用，否则电动机可能不启动或者被烧毁。

第三节　三相异步电动机的运行与维护

一、三相异步电动机的运行

如果一台新安装的三相异步电动机或者一台长期不用的三相异步电动机准备投入运行，那么必须首先进行详细地检查，然后通过试机，才能正式投入运行。

1. 试机前的检查

（1）检查三相异步电动机的绕组绝缘电阻是否符合要求。若没有兆欧表，至少要检查三相异步电动机绕组与机座之间，各相绕组之间有否短路的现象。检查三相异步电动机是否受潮，是否有水进入三相异步电动机内部的痕迹，若有这种迹象，则一定要测量绝缘电阻或采取干燥措施。

（2）检查三相异步电动机铭牌上标明的额定电压和接法是否与实际情况相符。

（3）检查三相异步电动机内部和外部有无杂物。清除电动机各部分的灰尘。内部灰尘不能用水冲或用湿布擦，也不能用汽油擦，最好用"皮老虎"或者打气筒（一般用于自行车打气的就可以）吹去灰尘。

（4）用手扳动电动机轴或皮带轮，检查转子能否灵活转动，如果有卡住或相擦的现象，要加以排除。

（5）三相异步电动机轴承室内有无润滑油，也是一项检查内容，对于新电动机，一般不必检查。对长期放置不用的电动机要检查其润滑油是否已经变质或干涸，根据情况加以补充或更换。

（6）用扳手检查电动机地脚螺丝是否紧固，同时观察接零线（接地线）是否牢固可靠。

（7）检查启动设备是否合乎要求。

（8）对于某些只允许单方向旋转的生产机械（反向旋转将造成设备损坏），要首先判断合闸后电动机的转向。转向的判断可以在电动机与生产机械末连接之前来进行。判断正确后，不能再任意改动电源到电动机的连接导线。

（9）检查与电动机相连接的生产机械是否有故障，传动与联结是否符合要求。

2. 三相异步电动机的启动　对于新装的三相异步电动机（或长期不用的三相异步电动机）经过上面的检查之后，应该按照下列的步骤进行启动试车。对于日常运行的三相异步电动机，在停车后再次启动时，也要参考下列的第4步、第5步、第6步、第8步、第9步进行启动。

第1步：用试电笔检查三相电源是否全部有电。

第2步：检查保险丝是否合乎规定，接触是否良好。

第3步：导线与三相异步电动机接线端、启动设备的接线端、电源开关等的连接要可靠、接触良好。三相异步电动机接线盒盖，开关设备的防护盖都要安装好。三相异步电动机接线盒盖不要装颠倒，否则可能造成短路。

第4步：合闸前要注意三相异步电动机和生产机械周围是否有人或其他东西。要清除附近的杂物，提醒在场人员注意。

第5步：合闸启动时，操作人员要眼看三相异步电动机、耳听声响。如果发现三相异步电动机不转或有冒火冒烟现象，或者三相异步电动机虽然转动，但发出强烈的振动或声响，都应该立即切断电源。要等到三相异步电动机启动完毕，正常运行 1 min 左右后，才可离开操作的位置。

第 6 步：在降压启动时，启动设备的操作要根据三相异步电动机启动情况来进行。采用星-三角启动时，启动开始一定要扳向星接的方向，等到转速不再升高（可以听出来）再倒向角接一边。在利用自耦减压启动器启动三相异步电动机时，操作手柄应该在启动位置上停留一段时间，不要在三相异步电动机转速还没有升高的时候就把手柄推向运转位置。

第 7 步：在启动时发现三相异步电动机转向与要求方向不符，则应切断电源，把 3 根电源线中的任意两根对调一下，也可以在三相异步电动机接线板上或在启动设备上任意对调两根导线。

第 8 步：同一台三相异步电动机不能连续多次启动，因为较大的启动电流会使三相异步电动机过分发热。一般连续启动的次数不宜超过 2～3 次。

第 9 步：当需要几台三相异步电动机同时工作时，应该由容量最大到容量最小的顺序来进行启动。如果同时启动，由于几台三相异步电动机的启动电流加在一起，造成电压严重下降，三相异步电动机可能启动困难，熔丝也可能熔断。

3. 三相异步电动机启动后的检查

（1）启动装置是否正常。

（2）启动时间是否正常。

（3）启动电流是否正常，电压降大小是否影响周围电器设备正常工作。

（4）检查三相异步电动机的旋转方向是否正确。

（5）在启动加速过程中，三相异步电动机有无振动和异常声响。

（6）负载电流是否正常，三相电压电流是否平衡。

（7）冷却系统和控制系统动作是否正常。

4. 三相异步电动机运行中的监视　一般来讲，三相鼠笼式异步电动机运行是相当可靠的。但是，为了防止意外的发生，延长三相异步电动机的使用寿命，必要的运行监视和定期维修也是需要的。

（1）监视三相异步电动机工作环境状况　三相异步电动机运行地点的周围要保持清洁、干燥，通风良好。在多尘条件下工作的三相异步电动机，其外部的灰尘要经常打扫，否则会影响三相异步电动机的散热。在多雨季节，要防止三相异步电动机被水淹没。在热天时，三相异步电动机应避免直接受到日晒。

（2）监视电流表或电压表　如果控制线路中装有电流表，要经常注意观察电流表上的指示，防止三相异步电动机的电流超过其铭牌上所规定的额定数值。

（3）监视三相异步电动机的温升 把手放在三相异步电动机机座的散热片上，如果能够长时间地保持接触而不感到很烫，则说明散热片的温度不超过60 ℃；如果与散热片接触5 s左右就觉得不能忍受，说明散热片的温度可能超过了60 ℃。由于散热片在机座的最外边，又有风不断地吹过，它的温度与定子内部的温度要相差三、四十度或更多。所以，当散热片温度超过60 ℃时，三相异步电动机内部可能已经过热了。

（4）监视三相异步电动机的声响、震动和气味等情况 正常三相异步电动机的转动发出轻微的"嗡嗡"声，另外，还可以听到风扇扇动空气的"呼呼"声。如果三相异步电动机发出的"嗡嗡"声突然变大，三相异步电动机的振动也剧烈起来，就说明三相异步电动机出现了故障，要停车加以检查。很可能的原因是：电源一相断电或保险丝烧断；也可能是生产机械有问题，使得三相异步电动机的负载加重。

二、三相异步电动机的维护

三相异步电动机一旦出现故障，将导致农用机械停止运行而影响生产，贻误农时，严重的还会造成安全事故。引起农用三相异步电动机故障的原因，除部分是由于自然老化引起的外，有相当部分的故障是因为忽视了对农用三相异步电动机的日常维护、保养和定期检修造成的。为延长三相异步电动机的使用寿命，保证农用机械正常运行，提高农业机械的利用率和劳动生产率，就必须充分重视三相异步电动机的日常维护、保养和定期检修工作。

1. 日常维护保养

（1）保持三相异步电动机表面清洁 如果三相异步电动机的表面积灰过多，会影响其散热性能，导致绕组过热。同时由于农用电动机的使用环境往往尘土飞扬，因此农用电动机应有防尘措施，还要经常给三相异步电动机的外部打扫卫生，不要让三相异步电动机的散热筋内有尘土和其他杂物，确保三相异步电动机的散热状况良好。

（2）通风、防水 各种类型的三相异步电动机都应保持良好的通风条件。三相异步电动机的进、出风口必须保持畅通无阻，风扇应完好无损，不要倒装。不允许有水、油污和其他杂物落入机内，以免形成短路而烧毁三相异步电动机。

（3）检查三相异步电动机绝缘电阻　对工作环境条件较差的三相异步电动机应经常检查绝缘电阻。农用三相异步电动机通常采用 380 V 的三相异步电动机，其绝缘电阻至少为 0.5 kΩ，才能使用。对工作在正常环境下的三相异步电动机，也应定期进行检查绝缘电阻。若发现三相异步电动机的绝缘电阻低于规定标准，应作相应处理后，重新检查绝缘电阻，达到标准规定的数值后才能继续使用。

（4）三相异步电动机启动前的检查　启动前，首先应检查三相异步电动机的装配是否正确，转动部分有无卡阻，还要检查三相异步电动机的启动和保护设备是否合乎要求，比如三相异步电动机接地装置是否完好，所选的低压断路器、接触器、熔断器配置是否正确等。

（5）启动　三相异步电动机启动时，注意观察启动是否困难，启动次数不能过多，否则三相异步电动机可能过热烧坏。

（6）避免超负荷运行　经常查看三相异步电动机是否有超负荷运行的情况，通常用钳形电流表查看三相电流是否在正常范围之内。三相异步电动机由于拖动的负荷过大，电压过低或被带动的机械卡滞等都会造成三相异步电动机过载运行。若过载运行时间过长，三相异步电动机从电网中吸收大量的有功功率，电流便急剧增大，温度也随之上升，在高温下三相异步电动机的绝缘便老化失效而烧毁。因此，三相异步电动机在运行中，要注意经常检查传动装置运转是否灵活、可靠；联轴器的同心度是否标准；若发现有卡滞现象，应立即停机排除故障后再运行。

（7）经常检查三相异步电动机三相电流是否平衡　经常用钳形电流表查看三相电流是否平衡。三相电流中任一相电流与其他两相平均值之差不允许超过 10%，才能保证三相异步电动机的正常安全运行。如果超过，则表明三相异步电动机有故障，必须查明原因并及时排除。

（8）经常检查三相异步电动机的温度和温升　要经常检查三相异步电动机的轴承、定子、外壳等部位的温度有无异常变化，尤其对无电压、电流和频率监视及没有过载保护的三相异步电动机，对温升的监视更为重要。三相异步电动机轴承是否过热、缺油，若发现轴承附近的温升过高，应立即停机检查。轴承的滚动体、滚道表面有无裂纹、划伤或损缺，轴承间隙是否过大，内环在轴上有无转动等。出现上述任何一种现象，都必须更新轴承。

（9）密切监视异常情况　在日常的维护中，还应密切监听三相异步电动机有无异常杂音或振动，检查螺丝是否脱落或松动，发现异常情况应尽快停机检查并及时排除。

2. 三相异步电动机的定期维护与检修　没有故障的三相异步电动机经过一段时间的运行后，也要进行维护，即定期维护。定期维护可安排在三相异步电动机比较空闲的时候来进行。一般每隔半年左右，要检查一次三相异步电动机轴承室内的润滑油情况，缺了补充，脏了要更换。

（1）定期检修及其周期　三相异步电动机的定期检修包括小修、中修和大修三种。检修周期要根据三相异步电动机的型号、工作条件确定。其中连续运行的中小型鼠笼式电动机小修周期为 1 年，中修周期为 2 年，大修周期为 7～10 年；连续运行的中小型绕式电动机小修周期为 1 年，中修周期为 2 年，大修周期为 10～12 年；短期反复运行、频繁启制动的三相异步电动机小修周期为半年，中修周期为 2 年，大修周期为 3～5 年。

（2）小修项目　当三相异步电动机使用一段时间后，必须进行较为全面的检查与维修保养，不能人为地认为没有问题就放松这项工作。小修的项目有：

① 清除三相异步电动机外壳上的积尘，进行外观检查。

② 检查接线盒压线螺丝的坚固状态。

③ 拆下轴承端盖检查润滑油脂，缺少应补充，变脏应更换新油。

④ 拆下一边大端盖，检查定子、转子之间的间隙是否均匀，以判定轴承磨损情况。如果发现不均匀，应拆下轴承进行检查，磨损严重的要更换。

⑤ 清扫、启动等各电气部件，检查触头和导线接头处松动、腐蚀情况。检查三相触头同时接触与同时分离状况，如发现其中有一相触头不合要求，必须修理。

（3）中修项目　中修项目除包含全部小修项目外还包括，对三相异步电动机进行清扫和干燥，更换局部线圈和修补加强绕组绝缘；对三相异步电动机解体检查，处理松动的线圈和槽楔以及各部的紧固零部件；处理松动的零部件，必要时进行点焊加固；做转子动平衡试验；改进机械零部件结构并进行安装和调试；做检查试验和分析试验。

（4）大修项目　大修项目除包含全部中修项目外还包括，绕组全部重绕更新；更换三相异步电动机铁芯、机座、转轴等；对于机械零部件进行改造、更换、加强和调整等；对转子进行调校动平衡；对三相异步电动机进行浸漆、干燥、喷漆等处理；做全面试验和特殊检查试验。

3. 三相异步电动机的保管　经过检修以后的三相异步电动机如果暂时不用或长期不用，都要妥善保管。

三相异步电动机要放在干燥清洁的场所，不要直接放在泥土地上。要防止三相异步电动机受雨淋和日晒。三相异步电动机各处的螺丝、轴上的键、风罩、风扇等零部件，最好都装在三相异步电动机上或者固定在三相异步电动机的某些部位上，比如可用胶布把键固定在键槽内，不要乱堆乱放，以免丢失。在三相异步电动机轴上涂一些润滑脂，防止生锈。机座或端盖掉漆的地方刷漆防锈。

第四节　三相异步电动机的常见故障诊断与排除

三相异步电动机的故障是多种多样的，同一故障可能有不同的表面现象，而同样的表面现象也可能由不同的原因引起，因此，应认真分析，准确判断，及时排除。三相异步电动机的常见故障诊断与排除方法见表 6 - 1。

表 6 - 1　三相异步电动机的常见故障诊断与排除方法

故障现象	故障原因	排除方法
电动机空载不能启动	① 熔丝熔断	① 更换同规格熔丝
	② 三相电源线或定子绕组中有一相断线	② 查出断线处，将其接好、焊牢
	③ 刀开关或启动设备接触不良	③ 查出接触不良处，予以修复
	④ 定子三相绕组的首尾错接	④ 先将三相绕组的首尾端正确辨出，然后重新连接
	⑤ 定子绕组短路	⑤ 查出短路处，增加短路处的绝缘或重绕定子绕组
	⑥ 转轴弯曲	⑥ 矫正转轴
	⑦ 转轴严重损坏	⑦ 更换同型号转轴
	⑧ 定子铁芯松动	⑧ 先将定子铁芯复位，然后固定
	⑨ 电动机端盖或轴承组装不当	⑨ 重新组装，使转轴转动灵活
电动机不能满载运行或启动	① 电源电压过低	① 查明原因，待电源电压恢复正常后使用
	② 电动机带动的负载过重	② 减少所带动的负载，或更换大功率电动机
	③ 将三角形连接的电动机误接成星形连接	③ 按照铭牌规定正确接线
	④ 鼠笼式电动机转子笼条或端环断裂	④ 查出断裂处，予以焊接修补或更换转子
	⑤ 定子绕组短路或接地	⑤ 查出绕组短路或接地处，予以修复或重绕
	⑥ 熔丝松动	⑥ 拧紧熔丝
	⑦ 刀开关或启动设备的触点损坏，造成接触不良	⑦ 修复损坏的触头或更换新的开关设备

（续）

故障现象	故障原因	排除方法
电动机启动时熔丝烧断或断路器跳闸	① 电动机缺相启动	① 检查电源线、电动机引出线、熔断器、开关各触点，找出断线或假接故障后，进行修复
	② 定子、转子绕组接地或短路	② 用仪表检查，进行修理
	③ 电动机负载过大或被机械部分卡住	③ 将负载调至额定，排除被拖动机构的故障
	④ 熔体截面积过小	④ 如果熔体不起保护作用，可按下式选择，即：熔体额定电流=启动电流的1/3～1/2
	⑤ 绕线转子电动机所接的启动电阻过小或被短路	⑤ 消除短路故障或增大启动电阻
	⑥ 电源至电动机之间连接线短路	⑥ 检查短路点后，进行修复
电动机启动时有"嗡嗡"声，但不启动	① 极数改变重绕的电动机槽配合选择不当	① 选择合理绕组型式和节距；适当车小转子直径；重新计算绕组系数
	② 定子、转子绕组断路	② 查明断路点，进行修复；检查绕组转子电刷与集电环接触状态；检查启动电阻是否断路或电阻过大
	③ 绕组引出线始末端接错	③ 检查绕组始末端（可用冲击直流检查极性），判定绕组始末端接线是否正确
	④ 电动机负载过大或被卡住	④ 对负载进行调整，并排除机械故障
	⑤ 三相电源未能全部接通	⑤ 更换熔断的熔丝，紧固松动的接线螺钉；用万用表检查电源线一相断线或虚接故障
	⑥ 电源电压过低	⑥ 三角形接线误接成星形接线时，应改正；电源电压过低时，应与供电部门联系解决；配线电压降过大时，应改用粗电缆
	⑦ 小型电动机的润滑脂过硬、变质或轴承装配过紧	⑦ 更换合格的润滑脂；检查调整轴承装配尺寸
电动机运行时，电流表指针不稳	① 绕线转子电动机有一相电刷接触不良	① 调整刷压和改善电刷与集电环的接触面质量
	② 绕线转子集电环的短路装置接触不良	② 检查和修理集电环短路装置
	③ 鼠笼式电动机转子的笼条开焊或断条	③ 焊接笼条，或更换笼条
	④ 电源电压不稳	④ 降低电压或减少负载
	⑤ 绕线转子绕组一相断路	⑤ 修复转子绕组

（续）

故障现象	故障原因	排除方法
电动机外壳带电	① 电源线与接地线搞错 ② 电动机绕组受潮、绝缘严重老化 ③ 引出线与接线盒接地 ④ 线圈端部接触端盖接地	① 纠正接线错误 ② 对电动机进行干燥处理；老化的绝缘应更新或绕组重绕 ③ 包扎或更新引出线绝缘，修理接线盒 ④ 拆下端盖，检查绕组接地点；将接地点绝缘加强，端盖内壁垫以绝缘纸
三相电流不平衡，且相差很大	① 三相绕组匝数分配不均 ② 绕组首末端接错 ③ 电源电压不平衡 ④ 绕组有故障（匝间短路） ⑤ 绕组接头有局部虚接或断线处	① 重绕并改正 ② 查明首末端，并改正 ③ 测量三相电压，查出不平衡原因并消除 ④ 解体检查绕组故障，排除匝间短路 ⑤ 测直流电阻或通大电流查找发热点，重新焊接接头
三相电流平衡，但均大于正常值	① 重绕时，线圈匝数少 ② 星形接线错接为三角形接线 ③ 电源电压过高 ④ 电动机装配不当（如转子装反，定子、转子铁芯未对齐，端盖螺钉固定不对称，使端盖偏斜或松动等） ⑤ 电动机定子与转子之间的气隙不均或增大 ⑥ 拆除电动机绕组时烧损铁芯，降低了导磁性能 ⑦ 电网频率降低或 60 Hz 电动机使用在 50 Hz 电源上	① 重绕线圈，加大匝数 ② 改正接线 ③ 测量电源电压，并设法降低电压 ④ 检查装配质量，重新装配电动机 ⑤ 调整气隙使其均匀，过大的气隙可调整线圈匝数 ⑥ 修理铁芯，或重绕线圈增加匝数 ⑦ 检查电源，在与电动机铭牌标注一致的电源上使用电动机
电动机过热或冒烟	① 电源电压过高，使铁芯过饱和，造成电动机温升超限 ② 电源电压过低，在额定负载下电动机温升过高 ③ 拆除电动机绕组时，铁芯被烧伤，使铁损耗增大 ④ 定子、转子铁芯相擦 ⑤ 线圈表面沾满污垢或油泥，影响电动机散热	① 与供电部门联系，解决电源电压过高问题 ② 如果因电压降引起，应更换较粗的电源线；如果电源本身电压低，可与供电部门联系解决 ③ 做铁损耗试验，检修铁芯 ④ 更换新轴承，调轴，处理铁芯变形等 ⑤ 清扫或清洗绝缘表面污垢

（续）

故障现象	故障原因	排除方法
电动机过热或冒烟	⑥ 电动机过载或拖动的机械设备阻力过大	⑥ 排除机械故障，减少阻力，或降低负载
	⑦ 电动机频繁启制动和正反转	⑦ 更换合适的电动机，或减少正反转和启制动次数
	⑧ 鼠笼式电动机转子断条、绕线转子绕组接线开焊，电动机在额定负载下转子发热使温升过高	⑧ 查明断条和开焊处，重新补焊
	⑨ 绕组匝间短路和相间短路以及绕组接地	⑨ 用开口变压器和绝缘电阻表检查并排除
	⑩ 进风或进水温度过高	⑩ 检查冷却水装置是否有故障并排除；采取降温措施
	⑪ 风扇有故障，通风不良	⑪ 检查电动机风扇是否有损伤，扇片是否破损和变形，修理或更换
	⑫ 电动机两相运行	⑫ 检查熔丝、开关触点，并排除故障
	⑬ 绕组重绕后，绝缘处理不好	⑬ 采取浸二次以上绝缘漆，最好采取真空浸漆处理
	⑭ 环境温度增高或电动机通风道堵塞	⑭ 改善环境温度，采取降温措施；隔离电动机附近的高温热源，使电动机不在日光下曝晒
	⑮ 绕组接线错误	⑮ 星形连接绕组误接成三角形或相反，均要改正过来
轴承过热	① 润滑油（脂）过多或过少	① 拆下轴承盖，调整油量，要求油脂填充轴承室容积的 $1/2\sim2/3$
	② 油质不好，含有杂质	② 更换新油
	③ 轴承与轴颈配合过松或过紧	③ 过松时，可采用农机2号胶粘剂处理；过紧时，适当车细轴颈，使配合公差符合要求
	④ 轴承与端盖轴承室配合过松或过紧	④ 在轴承室内涂农机2号胶粘剂，解决过松问题；过紧时，可车削端盖轴承室
	⑤ 油封过紧	⑤ 修理或更换油封
	⑥ 轴承内盖偏心与轴承相擦	⑥ 修理轴承内盖，使之与转轴间隙适合
	⑦ 电动机两侧端盖或轴承盖没有装平	⑦ 按正确工艺将端盖或轴承盖装入止口内，然后均匀紧固螺钉
	⑧ 轴承有故障、磨损，轴承内含有杂物	⑧ 更换轴承，对于含有杂物的轴承要彻底清洗，换油
	⑨ 电动机与传动机构连接偏心、或传动带拉力过大	⑨ 校准电动机与传动机构连接的中心线。并调整传动带的张力

（续）

故障现象	故障原因	排除方法
轴承过热	⑩ 轴承型号选小、过载，滚动体承载过重	⑩ 更换合适的新轴承
	⑪ 轴承间隙过大或过小	⑪ 更换新轴承
	⑫ 滑动轴承的油环转动不灵活	⑫ 检修油环，使油环尺寸正确、校正平衡
集电环过热，有火花	① 集电环椭圆或偏心	① 将集电环磨圆或车光
	② 电刷压力过小或刷压不均	② 调整刷压，使其符合要求
	③ 电刷被卡在刷握内，使电刷与集电环接触不良	③ 修磨电刷，使电刷在刷握内配合间隙正确
	④ 电刷牌号不符	④ 采用制造厂规定的牌号电刷或选性能符合制造厂要求的电刷
	⑤ 集电环表面污垢，表面粗糙度不符合要求，导电不良	⑤ 清除污物，用干净布蘸汽油擦净集电环表面，并排除漏油故障
	⑥ 电刷数目不够或截面积过小	⑥ 增加电刷数目或增加电刷接触面积，使电流密度符合要求
电动机振动过大	① 轴承磨损，轴承间隙不合要求	① 更换轴承
	② 气隙不均匀	② 调整气隙，使符合规定
	③ 机壳强度不够	③ 找出薄弱点，加固并增加机械强度
	④ 铁芯变椭圆形或局部凸出	④ 车或磨铁芯内、外圆
	⑤ 转子不平衡	⑤ 紧固各部螺钉，清扫加固后进行校动平衡工作
	⑥ 基础强度不够，安装不平，重心不稳	⑥ 加固基础，将电动机地脚找平固定，重新找正，使重心平稳
	⑦ 电扇片不平衡	⑦ 校正几何尺寸，找平衡
	⑧ 绕线转子绕组短路	⑧ 用开口变压器检查短路点并排除
	⑨ 定子绕组故障（短路、断路、接错）	⑨ 采用仪表检查并排除
	⑩ 转轴弯曲	⑩ 矫直转轴
	⑪ 铁芯松动	⑪ 紧固铁芯和压紧冲片
	⑫ 联轴器或带轮安装不符合要求	⑫ 重新找正，必要时重新安装
	⑬ 齿轮接合松动	⑬ 检查齿轮接合，进行修理，使其符合要求
	⑭ 电动机地脚螺栓松动	⑭ 紧固电动机地脚螺栓，或更换不合格的地脚螺栓
电动机噪声异响	① 重绕改变极数时，槽配合不当	① 校正定子、转子槽配合
	② 转子擦绝缘纸或槽楔	② 修剪绝缘纸或检修槽楔
	③ 轴承间隙过度磨损，轴承有故障	③ 检修或更换新轴承

（续）

故障现象	故障原因	排除方法
电动机噪声异响	④ 定子、转子铁芯松动 ⑤ 电源电压过高或三相不平衡 ⑥ 定子绕组接错 ⑦ 绕组有故障（如短路等） ⑧ 线圈重绕时，每相匝数不均 ⑨ 轴承缺少润滑脂 ⑩ 风扇碰风罩或风道堵塞 ⑪ 气隙不均匀，定子、转子相擦	④ 紧固铁芯冲片或重新叠装 ⑤ 检查原因并进行处理 ⑥ 用仪表检查后进行处理 ⑦ 检查后，对故障线圈进行处理 ⑧ 重新绕线，改正匝数，使三相绕组匝数相等 ⑨ 清洗轴承，添加适量润滑脂（一般为轴承室的 1/2～2/3） ⑩ 修理风扇和风罩，使其几何尺寸正确，清理通风道 ⑪ 调整气隙
电动机断轴	① 安装时定中心不一致 ② 紧固螺钉松动 ③ 传动带张力过大 ④ 轴头伸出过长 ⑤ 转轴材质不良	① 定好中心或采用弹性联轴器 ② 紧固松动的螺钉 ③ 调整传动带张力 ④ 调整轴头伸出长度 ⑤ 更换合格的轴料重新车制

第五节　单相交流电动机

一、单相交流电动机的结构特点

单相交流电动机是指有一相定子绕组由单相交流电源供电的电动机。功率一般在 750 W 以下，属于小功率电动机类。

单相交流电动机结构简单，使用方便，应用广，其品种规格繁多。

按工作原理不同，单相交流电动机主要分为单相异步电动机、单相同步电动机和单相换向器电动机。

单相异步电动机又可分为分相电动机、电容启动电动机、电容启动与运转电动机、罩极电动机等。

单相同步电动机又可分为反应式磁滞电动机和永磁式磁滞电动机。

单相换向器电动机又可分为单相串励电动机和交直流两用电动机。

几种单相交流电动机的结构特点见表 6－2。

表 6-2　几种单相交流电动机的结构特点

电动机的类型	示意图	结构特点
电容启动电动机		电容启动电动机在小型设备中比较常见。这种电动机不但启动转矩大，而且效率也非常高。有些小设备只需要 0.37～1.12 kW 的功率，电容启动电动机是这类小型设备的最佳选择。除了运转绕组以外，这类电动机还有一个启动绕组。启动绕组通过一个电容器和离心开关接到电源上。当有电源输入而转子处于静止状态时，电容器会引入一个相位的偏差，使启动绕组在磁场中产生一个非对称磁场，这样即可以使转子旋转起来。随着转子旋转速度的增加，离心开关断开，切断启动绕组，此时电动机在运转过程中只有运转绕组处于工作状态
分相电动机		分相电动机与电容电动机结构基本相同，唯一不同的地方在于：其内部电路中没有电容。通过改变启动绕组和运转绕组的相对位置即可调整内部磁场的对称性。分相电动机的输出功率一般为 0.19～0.56 kW。这类电动机不像电容启动电动机那样可以有一个很大的启动转矩，它们通常应用于不需要大启动转矩的设备中，例如，家用以及一些小型的商业中心用的空气处理设备等。值得注意的是，这类电动机绝大多数都有一个弹性安装基座，可以减小噪声和振动

（续）

电动机的类型	示意图	结构特点
罩极电动机	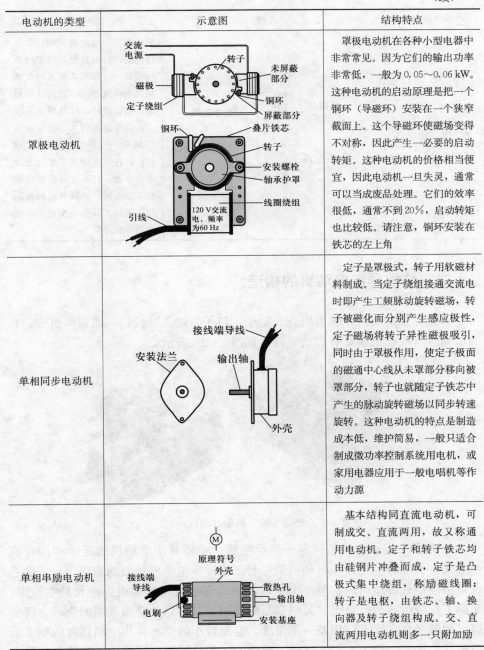	罩极电动机在各种小型电器中非常常见。因为它们的输出功率非常低，一般为 0.05～0.06 kW。这种电动机的启动原理是把一个铜环（导磁环）安装在一个狭窄截面上。这个导磁环使磁场变得不对称，因此产生一必要的启动转矩。这种电动机的价格相当便宜，因此电动机一旦失灵，通常可以当成废品处理。它们的效率很低，通常不到20%，启动转矩也比较低。请注意，铜环安装在铁芯的左上角
单相同步电动机		定子是罩极式，转子用软磁材料制成。当定子绕组接通交流电时即产生工频脉动旋转磁场，转子被磁化而分别产生感应极性，定子磁场将转子异性磁极吸引，同时由于罩极作用，使定子极面的磁通中心线从未罩部分移向被罩部分，转子也就随定子铁芯中产生的脉动旋转磁场以同步转速旋转。这种电动机的特点是制造成本低，维护简易，一般只适合制成微功率控制系统用电机，或家用电器应用于一般电唱机等作动力源
单相串励电动机		基本结构同直流电动机，可制成交、直流两用，故又称通用电动机。定子和转子铁芯均由硅钢片冲叠而成，定子是凸极式集中绕组，称励磁线圈；转子是电枢，由铁芯、轴、换向器及转子绕组构成。交、直流两用电动机则多一只附加励

（续）

电动机的类型	示意图	结构特点
单相串励电动机	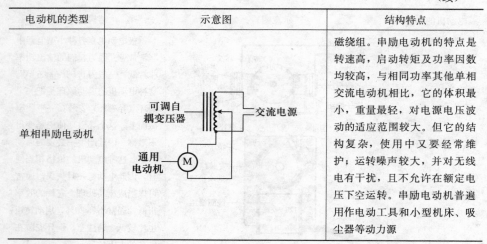	磁绕组。串励电动机的特点是转速高，启动转矩及功率因数均较高，与相同功率其他单相交流电动机相比，它的体积最小，重量最轻，对电源电压波动的适应范围较大。但它的结构复杂，使用中又要经常维护；运转噪声较大，并对无线电有干扰，且不允许在额定电压下空运转。串励电动机普遍用作电动工具和小型机床、吸尘器等动力源

二、单相异步电动机的构造

单相异步电动机一般由机壳、定子、转子、端盖、转轴、风扇等组成，有的单相异步电动机还具有启动元件，如图 6-20 所示。

图 6-20　单相电动机

1. 定子　定子由铁芯和定子绕组组成。单相异步电动机的定子结构有两种形式，大部分单相异步电动机采用与三相异步电动机相似的结构，定子铁芯也是用硅钢片叠压而成。但在定子铁芯槽内嵌放有两套绕组：一套是主绕组，又称工作绕组或运行绕组；另一套是副绕组，又称启动绕组或辅助绕组。两套绕组的轴线在空间上应相差一定角度。容量较小的单相异步电动机有的制成凸极形状的铁芯，如图 6-21 所示。磁极的一部分被短路环罩住。凸极上放置主绕组，短路环为副绕组。

2. 转子　单相异步电动机的转子与鼠笼式三相异步电动机的转子相同。

3. 启动元件　单相异步电动机的启动元件串联在启动绕组（副绕组）中，启动元件的作用是在电动机启动完毕后，切断启动绕组的电源。常用的启动元件有：离心开关和启动继电器。

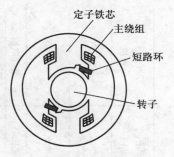

图 6-21　凸极式罩极单相异步电动机

三、单相异步电动机的工作原理

单相异步电动机的定子绕组与电源 220 V 相连接，转子为鼠笼结构的电动机。它的结构型式基本上与三相异步电动机相同，工作原理也相同——定子绕组产生旋转磁场，转子鼠笼条切割磁力线产生感应电流而转动。

单一的一相绕组通以交流电流时只能产生脉动磁场，脉动磁场与转子作用虽然也能产生感应电流，但当转子静止时不产生电磁转矩。因此，若不采取措施，单相电动机便不能启动。为使单相电动机能启动，应使其定子绕组产生旋转磁场，通常采取以下两项措施。

（1）在定子工作绕组上并联一个启动绕组，两绕组的轴线在空间上互差 90°电角度。

（2）在启动绕组电路串联电容器，使其电流相应超前工作绕组电流相位约 90°电角度，即进行移相。

采取上述两项措施后，单相电动机实际已成为由单相电源供电的两相电动机。接通电源后，定子两个绕组产生的合成磁场为两相旋转磁场，在两相旋转磁场作用下，电动机便能够产生电磁转矩，使之启动。启动后，无论启动绕组是否继续通电，电动机仍可运转。因为这时正向的旋转磁场已得到加强，虽然存在反向的旋转磁场，但已被正转的转子产生的电流削弱，故仍能产生正向的电磁转矩使转子按原方向旋转。

四、单相交流电动机的性能特点与应用范围

单相电动器具的品种繁多，所采用的电动机型式也各异，表 6-3 是家用电器及电动工具设备所常用的单相交流电动机的结构特征、性能特点和应用范围简介。

表 6-3 常用单相交流电动机的结构特征、性能特点和应用范围

电动机类型	电阻分相启动式	电容分相启动式	电容运转式	罩极式	反应式同步电动机	串励电动机
基本系列型号	YU(BO, BO2, JZ)	YC(CO, CO2, JY, JDY)	YY(DO, DO2, JX)	YJ	TU, (TX)	HL, (SU), G
功率范围 (W)	18~600	120~750	5~600	0.5~120	0.5~800	8~750
转子结构	鼠笼式	鼠笼式	鼠笼式	鼠笼式	凸极软磁铁芯	叠片电枢
启动装置	启动开关	启动开关	不需要	不需要	不需要	不需要
调速性能	一般不能调速	一般不能调速	可采用抽头式改变主、副绕组阻抗或串联外接电抗器调速	一般不能调速，但可制成特殊型式的多速电动机	不能调速，但能得到恒定的同步转速	待负载降压调速
结构特点	定子是分布绕组，主、副绕组轴线空间相差90°电角。一般是主绕组导线粗，副绕组导线较细、副绕组匝数少，副绕组细以增加电阻。启动绕组经启动开关并接于电源，当转速达到75%~80%同步转速时，启动开关断开副绕组接入电源，由主绕组单独工作	定子嵌有主、副绕组。主、副绕组匝数相同，但副绕组导线较粗。副绕组串联启动电容器接通电源启动，经过启动开关接入电源后，启动情况与电阻分相式同	定子有主、副绕组，副绕组在空间轴线相差90°电角。一般副绕组导线匝数较多，导线是较细（也有采用主、副绕组导线与电匝数与电阻分相式同的）。主绕组相与副绕组串联，然后和电容器并联	一般采用凸极式集中绕组，主绕组是集中绕组，主绕组是嵌在极靴上有罩极绕组（短路环）。隐极式定子也均采用分布绕组，但启动绕组匝数较少，导线组，且自行闭合。它们的轴线在空间一般相差45°左右电角	定子有4种结构型式，与单相异步电动机相似；转子有反应式，可分为外反应式及内反应式，内反应式又外反应式3种结构。反应式供启动用的鼠笼式绕组	定子为凸极式集中绕组，转子是电枢并采用单叠绕组。电枢由换向器经电刷与定子励磁绕组串联后接入电源

（续）

电动机类型	电阻分相启动式	电容分相启动式	电容运转式	罩极式	反应式同步电动机	串励电动机
性能特点	制动转矩一般为 $T_k=1.1\sim1.7\,\mathrm{N\cdot m}$；制动电流大，$I_k=7\sim11\,\mathrm{A}$。能用改变接法获得反转	制动转矩大，$T_k=2.5\sim3.0\,\mathrm{N\cdot m}$；制动电流中等，$I_k=4.8\sim6.4\,\mathrm{A}$。可用改变接法反转	制动转矩小，$T_k=0.35\sim1.0\,\mathrm{N\cdot m}$，运行性能优越，并可逆转和调速，但不宜空载或轻载运行	制动转矩小，一般 $T_k<0.5\,\mathrm{N\cdot m}$，一般只能单向旋转	制动转矩大，$T_k=2\sim3.5\,\mathrm{N\cdot m}$，转速恒定且噪声小，运行可靠，过载能力小，但功率因数小	制动转矩特大，可达 $T_k=1.5\sim6.0\,\mathrm{N\cdot m}$，而且转速可高到 $4\,000\sim12\,000\,\mathrm{r/min}$，调速范围广，过载能力强，但结构复杂，维护困难，成本高
应用范围	使用于中等启动转矩和中等过载能力，负载不经常启动，且不变而要求速度基本不变的场合。如小型车床、鼓风机、医疗器械、工业缝纫机、排风扇等	适用于较大启动转矩的设备，如空气压缩机、电冰箱、磨粉机以及各种泵类设备的满载启动	适用于负荷率高、噪声小的场合，如电风扇、吊扇、录音机、电影放映机、记录仪表、电吹风等载启动的电器	适用于对制动转矩要求不高的场合，如小型电风扇、电吹风、电动模型、小功率电动机以及各种小功率电动设备	适用于小功率恒转速的场合，如录音、摄影及通讯装置、工仪表	适用于单相交流电流或直流电源上使用，常用于医疗器械、日用电器、小型机床及电动工具等高速、质量轻及变负载特性的场合

五、单相交流电动机的常见故障诊断与排除

1. 分相电动机的常见故障诊断与排除 分相电动机的常见故障诊断与排除方法见表 6-4。

表 6-4 分相式单相交流电动机的常见故障诊断与排除方法

故障现象	故障原因	排除方法
电动机不能启动	① 电源电压不符合 ② 启动开关触点损坏处，于开断状态 ③ 分相电容器损坏、失效或容量过小 ④ 主绕组有断路、短路或接地 ⑤ 电动机过负载，使保护装置动作切断电源 ⑥ 转子严重断条或端环断裂 ⑦ 轴承卡死、锈蚀或损坏 ⑧ 端盖安装位置不正 ⑨ 转轴弯曲造成与定子相擦（扫膛） ⑩ 转子铁芯与转轴配合过松产生滑动 ⑪ 负载过重或机械部分局部卡死	① 检查电源电压，至 220 V ② 修复启动开关触点，或更换启动开关 ③ 更换分相电容器 ④ 排除主绕组的短路或短路之处 ⑤ 减轻电动机的负荷 ⑥ 修复电动机转子 ⑦ 润滑轴承；更换轴承 ⑧ 重新安装端盖 ⑨ 对于直径较大的转轴可进行修复，对于小直径转轴则更换 ⑩ 重新装配转轴 ⑪ 减轻负载或润滑
电动机转速变慢	① 电源电压过低 ② 电动机超负载 ③ 副绕组没有脱离电源 ④ 主绕组有局部短路 ⑤ 主绕组有部分接线错误 ⑥ 转子导条脱焊或严重断裂 ⑦ 轴承损坏或轴承室与轴承配合过紧 ⑧ 转子没有轴窜量，运行发热卡紧 ⑨ 端盖安装不正，没有校正好 ⑩ 负载过重或有机械故障	① 检查电源电压，至 220 V ② 减轻电动机的负荷 ③ 排除离心开关短路之处 ④ 排除主绕组短路之处 ⑤ 重新对主绕组进行接线 ⑥ 拆卸电动机，修复转子导条 ⑦ 重新装配端盖 ⑧ 适当安装端盖 ⑨ 重新安装端盖 ⑩ 减轻负载或排除机械故障
电动机温升过高	① 主绕组有短路 ② 主副绕组间有短路、接地 ③ 副绕组没有脱离电源运行 ④ 电源电压过低或过高 ⑤ 电动机超负载运行 ⑥ 轴承损坏，轴承油过多或缺油，有杂质 ⑦ 电动机冷却风道堵塞	① 排除主绕组短路之处 ② 排除主、副绕组之间的短路 ③ 排除离心开关短路之处 ④ 调整电源电压至 220 V ⑤ 减轻电动机负荷 ⑥ 更换轴承或轴承润滑油 ⑦ 清洗冷却风道

（续）

故障现象	故障原因	排除方法
电动机噪声过大	① 绕组极性有错接 ② 绕组有局部短路 ③ 转子导条脱焊或松动、断裂 ④ 铁芯硅钢片有个别断裂、振动 ⑤ 纸屑或杂物进入电动机内腔 ⑥ 槽楔高出铁芯或绝缘纸凸出 ⑦ 风罩开裂或松动 ⑧ 风罩装配位置不正造成与叶片碰擦 ⑨ 风冷却叶片松动 ⑩ 轴承间隙过大 ⑪ 轴承油混入杂质或尘粒 ⑫ 转子的轴向窜动量过大 ⑬ 转子的动平衡没有校正好 ⑭ 离心开关部件松动产生机械碰撞	① 重新对绕组进行接线 ② 排除绕组的短路之处 ③ 拆卸电动机，修复转子导条 ④ 更换铁芯硅钢片 ⑤ 排除进入电动机内腔的杂物 ⑥ 拆卸电动机，重新安装槽楔 ⑦ 更换风罩或紧固风罩 ⑧ 重新安装风罩 ⑨ 紧固叶片 ⑩ 适当调整轴承的预紧力 ⑪ 更换轴承润滑油 ⑫ 紧固轴承 ⑬ 拆卸电动机，重新校正转子的动平衡 ⑭ 更换离心开关

2. 罩极式单相异步电动机的常见故障诊断与排除　罩极式单相异步电动机具有噪声小、耗电省、温升低、效率高、使用寿命长、可靠性好等特点。主要用于冰柜压缩机、冷凝器风扇冷却、冰箱内部空气循环，也可用于啤酒机搅拌电动机及其他仪器、仪表、电器设备的通风散热。

罩极式单相异步电动机的常见故障与其排除方法见表6-5。

表6-5　罩极式单相异步电动机的常见故障及其排除方法

故障现象	故障原因	排除方法
通电后电动机不能启动	① 电源线或定子主绕组断路 ② 短路环断路或接触不良 ③ 罩极绕组断路或接触不良 ④ 主绕组短路或被烧毁 ⑤ 轴承严重损坏 ⑥ 定子、转子之间的气隙不均匀 ⑦ 装配不当，使轴承受外力 ⑧ 传动带过紧	① 查出断路处，并重新焊接好 ② 查出故障点，并重新焊接好 ③ 查出故障点，并焊接好 ④ 重绕定子绕组 ⑤ 更换新轴承 ⑥ 查明原因，予以修复，若转轴弯曲应矫直 ⑦ 重新装配，上紧螺钉，合严止口 ⑧ 适当放松传送带
空载时转速过低	① 小型电动机的轴承缺油 ② 短路环或罩极绕组接触不良	① 添充适量润滑油 ② 查出接触不良处，并重新焊接好

（续）

故障现象	故障原因	排除方法
负载时转速不正常或难于启动	① 定子绕组匝间短路或接地 ② 罩极绕组绝缘损坏 ③ 罩极绕组的位置、线径或匝数有误	① 查出故障点，予以修复或重绕定子绕组 ② 更换罩极绕组 ③ 按原始数据重绕罩极绕组
运行中产生剧烈振动和异常噪声	① 电动机基础不平或固定不紧 ② 转轴弯曲造成电动机转子偏心 ③ 转子或皮带轮不平衡 ④ 转子断条 ⑤ 轴承严重缺油或损坏	① 校正基础板，拧紧地脚螺栓，紧固电动机 ② 矫正电动机转轴或更换转子 ③ 校平衡或更换新品 ④ 修复或更换转子 ⑤ 清洗轴承，添充新润滑油或更换轴承
绝缘电阻降低	① 潮气浸入或雨水浸入电动机内 ② 引出线的绝缘损坏 ③ 电动机过热后，绝缘老化	① 进行烘干处理 ② 重新包扎引出线 ③ 根据绝缘老化程度，分别予以修复或重新浸渍处理

3. 单相串励电动机的常见故障诊断与排除　单相串励电动机曾称单相串激电动机，是一种交直流两用的有换向器的电动机。

单相串励电动机主要用于要求转速高、体积小、质量轻、启动转矩大和对调速性能要求高的小功率电器设备中。例如电动工具、家用电器、小型机床、化工、医疗器械等。

单相串励电动机常常和电动工具等制成一体，如电锤、电钻、电动扳手等。

在单相串励电动机运行中，应经常观察电刷火花的大小，检查电刷、换向器表面的磨损情况。当电动机运行中电刷产生的火花较大时，应及时查明原因，并采取措施予以处理。

由于单相串励电动机轻载时转速很高。所以，在修理单相串励电动机或电动工具后，要带上负载或带上减速机构一起试运行，否则，将造成"飞车"（又称"飞速"）而损坏绕组。

单相串励电动机的常见故障与排除方法见表6-6。

表6-6　单相串励电动机的常见故障与排除方法

故障现象	故障原因	排除方法
电路不通，电动机不能启动	① 熔丝熔断 ② 电源断线或接头松脱 ③ 电刷与换向器接触不良 ④ 励磁绕组或电枢绕组断路 ⑤ 开关损坏或接触不良	① 更换同规格熔丝 ② 将断线处重新焊接好，或紧固接头 ③ 调整电刷压力或更换电刷 ④ 查明断路处，接通断电或重绕 ⑤ 修理开关触点或更换开关

（续）

故障现象	故障原因	排除方法
电路通，但电动机空载时也不能启动	① 电枢绕组或励磁绕组短路 ② 换向片之间严重短路 ③ 电刷不在中性位置 ④ 轴承过紧，以致电枢被卡	① 查出短路处，予以修复或重绕 ② 更换换向片之间的绝缘材料或更换换向器 ③ 调整电刷位置 ④ 更换轴承
电动机空载时能启动，但加负载后不能启动	① 电源电压过低 ② 励磁绕组或电枢绕组受潮，有轻微的短路 ③ 电刷不在中性线位置	① 调整电源电压 ② 烘干绕组或重绕 ③ 调整电刷，使之位于中性线位置
电刷冒火花	① 电刷过短或弹簧压力不足 ② 电刷或换向器表面有污物 ③ 电刷含杂质过多 ④ 电刷端面与换向器表面不吻合 ⑤ 换向器表面凹凸不平 ⑥ 换向片之间的云母片凸出 ⑦ 电枢绕组或励磁绕组短路 ⑧ 电枢绕组或励磁绕组接地 ⑨ 电刷不在中性线位置 ⑩ 换向片间短路 ⑪ 换向片或刷握接地 ⑫ 电枢各单元绕组有接反的	① 更换电刷或调整弹簧力 ② 清除污物 ③ 更换新电刷 ④ 用细砂纸修磨电刷端面 ⑤ 修磨换向器表面 ⑥ 用小刀或锯条剔除云母片的凸出部分 ⑦ 查出短路处，进行修复或重绕 ⑧ 查出接地处，进行修复或重绕 ⑨ 调整电刷位置 ⑩ 重新进行绝缘处理 ⑪ 加强绝缘或更换新品 ⑫ 查出错接处，并予以纠正
励磁绕组发热	① 电动机负载过重 ② 励磁绕组受潮 ③ 励磁绕组有少部分线圈断路	① 适当减轻负载 ② 烘干励磁绕组 ③ 重绕励磁绕组
电枢绕组发热	① 电枢单元绕组有接反的 ② 电枢绕组中有少数单元绕组短路 ③ 电枢绕组中有极少数单元绕组短路 ④ 电动机负载过重 ⑤ 电枢绕组受潮 ⑥ 电枢铁芯与定子铁芯相互摩擦	① 找出接反的单元绕组，并正确改接 ② 可去掉短路的单元绕组，不让它通电流，或重绕电枢绕组 ③ 查出短路处，予以修复或重绕 ④ 适当减轻负载 ⑤ 烘干电枢绕组 ⑥ 更换轴承或矫直转轴
轴承过热	① 电动机装配不当，使轴承受外力 ② 轴承内无润滑脂 ③ 轴承的润滑油内有铁屑或其他赃物 ④ 转轴弯曲使轴承受外界应力 ⑤ 传动带过紧	① 重新进行装配，拧紧螺钉，合严止口 ② 适量加入润滑脂 ③ 用汽油清洗轴承，适量加入新润滑脂 ④ 矫直转轴 ⑤ 适当放松传动带

（续）

故障现象	故障原因	排除方法
电动机转速过低	① 电源电压过低 ② 电动机负载过重 ③ 轴承过紧或轴承严重损坏 ④ 轴承内有杂质 ⑤ 电枢绕组短路 ⑥ 换向片间短路 ⑦ 电刷不在中性线位置	① 调整电源电压 ② 适当减轻负载 ③ 更换轴承 ④ 清洗轴承或更换轴承 ⑤ 重绕电枢绕组 ⑥ 重新进行绝缘处理或更换换向器 ⑦ 调整电刷位置
电动机转速过高	① 电动机负载过轻 ② 电源电压过高 ③ 励磁绕组短路 ④ 单元绕组与换向片连接错误	① 适当增加负载 ② 调整电源电压 ③ 重绕励磁绕组 ④ 查出故障所在，予以改正
反向旋转时火花大	① 电刷位置不对 ② 电刷分布不均匀 ③ 单元绕组与换向片的焊接位置不对	① 调整电刷位置 ② 调整电刷位置，使电刷均匀分布 ③ 将电刷移到不产生火花的位置，或重新焊接
电动机运行中产生剧烈振动或异常噪声	① 电动机基础不平或固定不牢 ② 转轴弯曲，造成电动机电枢偏心 ③ 电枢或带轮不平衡 ④ 电枢上零件松动 ⑤ 轴承严重磨损 ⑥ 电枢铁芯与定子铁芯相互摩擦 ⑦ 换向片凹凸不平 ⑧ 换向片间云母片凸出 ⑨ 电刷太硬 ⑩ 电刷压力过大 ⑪ 电刷尺寸不符合要求	① 校正基础板，拧紧地脚螺钉，紧固电动机 ② 矫正电动机转轴 ③ 校平衡或更换新品 ④ 紧固电枢上的零件 ⑤ 更换轴承 ⑥ 查明原因，予以排除 ⑦ 修磨换向器 ⑧ 用小刀片或锯条剔除云母片的凸出部分 ⑨ 换用较软的电刷 ⑩ 调整电刷弹簧压力 ⑪ 更换合适的电刷
绝缘电阻降低	① 电枢绕组或励磁绕组受潮 ② 绕组上灰尘，油污太多 ③ 引出线的绝缘损坏 ④ 电动机过热后，绝缘老化	① 进行烘干处理 ② 清除灰尘、油污后，进行浸渍处理 ③ 重新包扎引出线 ④ 根据绝缘老化程度，分别予以修复或重新浸渍

（续）

故障现象	故障原因	排除方法
机壳带电	① 电源线接地 ② 刷握接地 ③ 励磁绕组接地 ④ 电枢绕组接地 ⑤ 换向器接地	① 修复或更换电源线 ② 加强绝缘或更换刷握 ③ 查出接地点，重新加强绝缘，接地严重时应重绕励磁绕组 ④ 查出接地点，重新加强绝缘，接地严重时应重绕电枢绕组 ⑤ 加强换向片与转轴之间的绝缘或更换换向器

第七章

电气接地装置与避雷装置的安装与检修

第一节 电气接地装置的安装与检修

一、电器设备为何要安装接地装置

电器设备在运行中由于某种原因而漏电时，其外壳、支架及与其相连的金属部分都会呈现危险电压，成为意外带电体。人若触及这些意外带电体，就会发生触电事故。为了防止这类事故的发生，保护人身安全，必须采取各种安全保护措施，其中常用的就是接地保护和接零保护。

二、哪些电器设备需要接地或接零

根据 GB50169—2006《电气装置安装工程——接地装置施工及验收规范》规定，电气装置的下列金属部分，均应接地或接零。

（1）电机、变压器、电器、携带式或移动式用电器具等的金属底座和外壳。

（2）电气装置的传动装置。

（3）屋内外配电装置的金属或钢筋混凝土构架以及靠近带电部分的金属遮栏和金属门。

（4）配电、控制、保护用的屏、柜、箱及操作台等的金属框架和底座。

（5）交、直流电力电缆的接头盒、终端头和膨胀器的金属外壳和电缆的金属护层、可触及的电缆金属保护管和穿线的钢管。

（6）电缆桥架、支架和井架。

（7）装有避雷器的电力线路杆塔。

（8）装在配电线路杆上的电力设备。

（9）在非沥青地面的居民区内，无避雷线的小接地电流架空电力线路的金属杆塔和钢筋混凝土杆塔。

（10）电除尘器的构架。

（11）封闭式母线的外壳及其他裸露的金属部分。

（12）六氟化硫封闭式组合电器和箱式变电站的金属箱体。

（13）电热设备的金属外壳。

（14）控制电缆的金属护层。

但下列电气装置的金属部分可不接地或接零。

（1）在木质、沥青等不良导电地面的干燥房间内，交流额定电压为 380 V 及以下或直流额定电压为 440 V 及以下的电器设备的外壳（但当有可能同时触及上述电器设备外壳和已接地的其他物体时，则仍应接地）。

（2）在干燥场所，交流额定电压为 127 V 及以下或直流额定电压为 110 V 及以下的电器设备外壳。

（3）安装在配电屏、控制屏和配电装置上的电气测量仪表、继电器和其他低压电器等的外壳，以及当发生绝缘损坏时，在支持物上不会引起危险电压的绝缘体的金属底座等。

（4）安装在已接地金属构架上的设备，如穿墙套管等。

（5）额定电压为 220 V 及以下的蓄电池室内的金属支架。

（6）由发电厂、变电所和工业企业区域内引出的铁路轨道。

（7）与已接地的机床、机座之间有可靠电气接触的电动机和电器的外壳。

三、有关接地的常用术语

1. 接地　电器设备或装置的某部分与大地之间做良好的电气连接，称为"接地"。

2. 接零　电器设备金属外壳或构架，与中性点直接接地系统中的零线相连接，称为接零。

3. 接地体或接地极　埋入地中并直接与大地接触的金属物体，称为"接地体"或"接地极"。

4. 人工接地体　专门为接地而人为装设的接地体，称为"人工接地体"。

5. 自然接地体　兼作接地体用的直接与大地接触的各种金属物件、金属管道及建筑物的钢筋混凝土基础等，称为"自然接地体"。

6. 接地线　连接接地体与电器设备或装置接地部分的金属导体，称为"接地线"。接地线在电器设备或装置正常运行情况下是不载流的，但在故障情况下要通过接地故障电流。

7. 接地装置　接地线与接地体合称"接地装置"。

8. 接地网　由若干接地体在大地中相互用接地线连接起来的一个整体，称为"接地网"。其中接地线又分接地干线和接地支线，如图 7-1 所示。接地干线一般应采用不少于两根导体在不同地点与接地网连接。

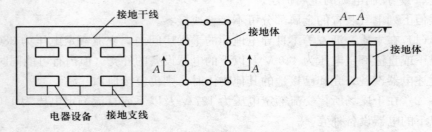

图 7-1　接地网示意图

9. 接地电流　当电器设备发生接地故障时，电流就通过接地线和接地体向大地作半球形散开，这一电流，称为"接地电流"，用 I_E 表示。由于这半球形的球面，在距接地体越远的地方，球面越大，其散流电阻越小，相对于接地点的电位来说电位越低，其电位分布曲线如图 7-2 所示。

试验说明，在距离接地故障点约 20 m 的地方，实际上散流电阻已趋近于零。这电位为零的地方，称为电气上的"地"或"大地"。

10. 接地电压　电器设备的接地部分，如接地的外壳和接地体等，与零电位的"地"（大地）之间的电位差，称为接地部分的"对地电压"（图 7-2 中的 U_E）。

11. 接触电压　接触电压是指设备的绝缘损坏时，在身体可触及的两部分之间出现的电位差，例如人站在

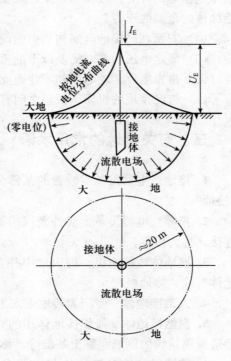

图 7-2　接地电流、对地电压及接地
电流电位分布曲线

发生接地故障的设备旁边，手触及设备的金属外壳，这时人手与脚之间所呈现的电位差，即为接触电压（图 7 - 3 中的 U_{tou}）。

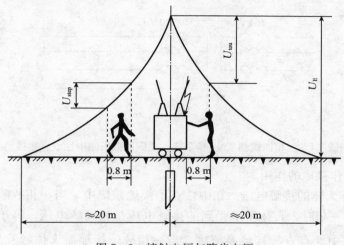

图 7 - 3　接触电压与跨步电压

12. 跨步电压　跨步电压是指在接地故障点附近行走时，两脚之间所呈现的电位差（图 7 - 3 中的 U_{step}）。在带电的断线落地点附近及雷击时防雷装置泄放雷电流的接地体附近行止时，同样也会出现跨步电压。跨步电压大小与离接地故障点的远近及跨步大小有关，越靠近接地故障点及跨步越大，跨步电压越大。一般离接地故障点 8～10 m 范围内，跨步电压对人比较危险。离接地故障点达 20 m 时，跨步电压一般为零。

13. 接地电流　电器设备的带电部分，偶尔与大地或金属支架发生电气连接时，叫做接地短路。发生接地短路时，经接地短路点流入地中的电流，叫做接地电流。

14. 接地电阻　接地电流自接地体向周围大地流散所遇到的全部电阻称为流散电阻。接地体的流散电阻与接地线电阻的总和，叫做接地装置的接地电阻。接地电阻在数值上，等于接地装置的对地电压与接地电流之比。

四、接地（接零）的类型

接地（接零）一般有工作接地、保护接地、保护接零、重复接地等类型。

1. 工作接地

（1）工作接地的定义　为了保证电器设备在正常和事故情况下可靠工

作而进行的接地，称为工作接地。如发电机、变压器的中性点接地等，如图 7 - 4 所示。

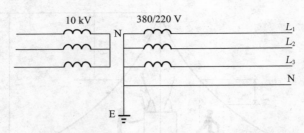

图 7 - 4　三相四线制 TN - C 系统，变压器低压侧中性点直接接地

（2）工作接地的作用

① 降低人体的接触电压。在中性点不接地系统中，当一相故障接地而人体又触及另一相时，人体所承受到的接触电压是相间线电压，等于相电压的 $\sqrt{3}$ 倍。而在中性点直接接地系统中，当一相故障接地而人体触及另一相时，由于中性点的接地电阻很小，中性点与大地间的电位差几乎为零，所以人体所受到的接触电压是相电压。

② 迅速切断故障。在中性点不接地系统中，当一相发生接地短路时，接地短路电流很小，熔丝难以熔断，因此故障不能及时切除。而在中性点直接接地系统中，当一相发生接地短路时，通过接地装置形成了一个电流回路，接地短路电流很大，熔丝能迅速熔断，将故障切除。

③ 降低电气设备的绝缘水平。在中性点不接地系统中，当一相接地时，其他两相对地电压为相电压的 $\sqrt{3}$ 倍，所以带电体对地绝缘按相电压的 $\sqrt{3}$ 倍设计。而在中性点直接接地的系统中，带电体对地电压在任何时候都不会超过相电压，因此带电体对地绝缘按相电压设计即可，这样可以节约投资，降低建设费用。

2. 保护接地

（1）保护接地的定义　当电器设备的绝缘破坏时，其金属外壳或构架可能带上危险电压，为了保证人身安全，防止触电事故，而将电器设备的金属外壳或构架进行的接地，称为保护接地，如图 7 - 5 所示。

（2）保护接地的作用　如果电动机外壳未接地，则当电动机发生一相碰壳故障时，其外壳将呈现相电压，人体触及外壳，接地电容电流将全部通过人体，非常危险（图 7 - 6a）。如果电动机外壳接地，则由于人体电阻远远大于

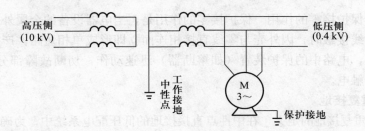

图 7-5 保护接地

接地电阻，因此人体触及外壳，接地电容电流主要由接地装置通入地下了，而通过人体的电流相对地大大减小，从而对人比较安全（图 7-6b）。

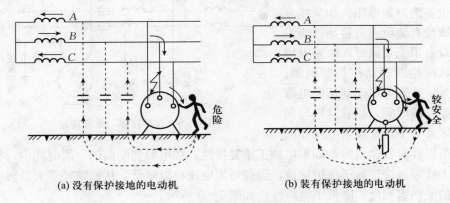

(a) 没有保护接地的电动机   (b) 装有保护接地的电动机

图 7-6 保护接地的作用

3. 保护接零

（1）保护接零的定义 所谓保护接零就是将电器设备的金属外壳与电网的零线做良好的电气连接，如图 7-7 所示。在 TN-C 系统中，即从电源点的保护中性线上分别引出中性线 N 和保护线 PE，电器设备外露可导电部分与保护线 PE 相连，电器设备不再单独做保护接地。注意：中性线和保护线不得混用。

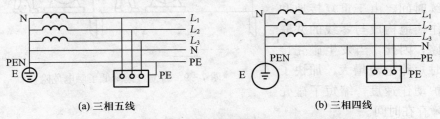

(a) 三相五线   (b) 三相四线

图 7-7 电器设备外露可导电部分接保护中性线

（2）保护接零的作用　　保护接零的作用是，当电器设备的金属外壳与绝缘损坏的相线接触时，因外壳与零线直接相连而立即形成单相短路，产生很大的短路电流，电路中的保护装置（如熔断器）迅速动作，切断故障部分的电流，避免人身触电。

4. 重复接地

（1）重复接地的定义　　在中性点直接接地的低压配电系统中，为确保保护接零的安全可靠，除在电源（变压器、发电机）中性点进行工作接地外，还必须在零线的其他地方进行三点以上的接地，这种接地叫做重复接地，如图7-8所示。

（2）重复接地的作用

① 重复接地可以降低漏电设备的对地电压。如果接零系统没有装设重复接地，当发生设备罩壳短路时，短路电流应该使熔断器动作切断电源。但是，从发生罩壳到切断电源需要一段时间，尽管这段时间很短，对于正在设备上操作的

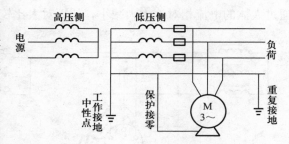

图7-8　保护接零与重复接地

人员同样有致命危险。如果增加了重复接地，在电源切断前的一段时间内，相当于接零系统进行了保护接地，设备对地电压得以降低，从而减轻了人员触电时的受伤害程度，降低了危险性，如图7-9所示。

② 改善低压架空线路的防雷特性。架空线路上的零线重复接地，对雷电流起分流作用，有利于限制雷电过电压。

③ 缩短碰壳或接地短路持续时间。由于重复接地和工作接地构成与零线的并联回路，因此，当发生碰壳接地时短路电流增大，加快了保护动作速度，缩短了碰壳故障存在时间。

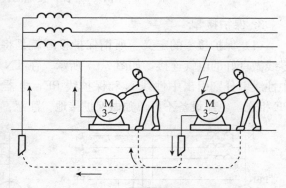

图7-9　重复接地降低了触电危险

④ 减轻了零线断线时的触电危险。单纯采用保护接零的设备，在零线断

线时，断线点以后的设备就失去
了保护。如有一台设备发生碰壳
故障，则后面的接零设备外壳全
部带有危险的相电压。即使没有
设备碰壳漏电，当三相负荷严重
不平衡时，零线上也会带有危险
的对地电压（见图7-10）。采取
重复接地后，相当于后段接零的
设备单纯保护接地，这种情况尽

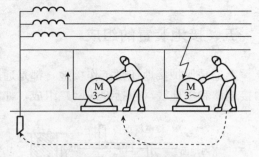

图7-10　无重复接地零线断线的危险

管不十分安全，但降低了触电者的接触电压，减轻了触电伤害程度。

同一系统中为何不能既接地又接零？

必须注意：在同一系统中，只能采取一种保护方式，全部采取接地保护，
或者全部采取接零保护，而不应对一部分设备采取保护接地，另一部分设备又
采取保护接零。如果同一系统中，有的设备采取保护接地，有的设备又采取保
护接零，则如果采取接地保护的设备发生一相碰壳故障时，零线（PEN线或
PE线）的电位将升高，而使所有采取接零保护的设备外壳都带上危险的电
压，就会发生触电事故，如图7-11所示。

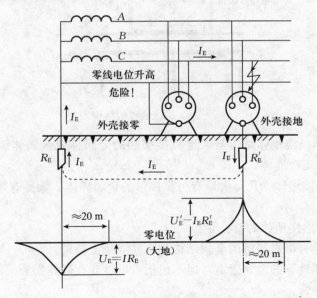

图7-11　同一系统中有的保护接地，有的又保护接零

五、接地装置的组成

无论是保护接地还是工作接地，都是通过接地装置实现接地的。接地装置由接地体和接地线（包括地线网）组成，如图 7-12 所示。

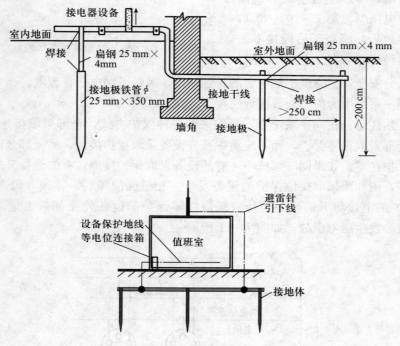

图 7-12　接地装置的结构

1. 接地体　接地体是指与大地直接接触的金属体或金属体组，可分为自然接地体和人工接地体。

（1）自然接地体　凡与大地有可靠接触的金属导体，除另有规定外，均可作为自然接地体。

可作为自然接地体的有：

① 与大地有可靠接触的金属结构和钢筋混凝土基础。

② 埋设在地下的金属管道，但不包括有可燃或有爆炸物质的管道。

③ 金属井管。

④ 构筑物的金属管、桩等。

利用自然接地体时，一定要保证良好的电气连接。在建筑物结构的结合处，除已焊接者外，凡用螺栓连接或其他连接的，都要采用跨接焊接，而且跨接线不得小于规定的要求。

（2）人工接地体　人工接地体可采用钢管或角钢垂直打入地下，也可用圆钢、扁钢水平埋入地下。

2. 接地线（接地网）　接地线是将电器设备与接地体连为一体。

电器中，接地线就是接在电器设备外壳等部位及时地将因各种原因产生的不安全的电荷或者漏电电流导出的线路。

在电力系统中接地线，是为了在已停电的设备和线路上意外地出现电压时保证工作人员安全的重要装置。按部颁规定，接地线必须是 $25\ mm^2$ 以上裸铜软线制成。

六、接地装置的安装

1. 自然接地体的安装

（1）利用自然接地体接地时，最少要有两根引出线与接地干线相连。

（2）利用金属管道作为自然接地体或自然接地线时，自来水管、下水管道、热力管道等（液体燃料和爆炸性气体的金属管道，以及包有黄麻、沥青等绝缘物的金属管道除外），管接头和接线盒处都要采用跨接线连接，连接方法一般用焊接。

（3）利用配线的钢管作为自然接地线时，其管壁厚度不得小于 1.5 mm。

（4）利用建筑物、构筑物的金属结构作为接地线时，凡是用螺栓或铆钉连接的地方，都要采用跨接线连接。跨接线通常都采用扁钢。

（5）禁止利用裸铝导体作为接地体和地下接地线。

2. 人工接地体的安装

（1）人工接地体的选用　选择接地体的材料，主要根据两个原则：一是耐久性（抗腐蚀性）；二是机械强度。通常金属的机械强度比较容易满足要求，所以实际上耐久性是主要的。根据这两个原则，通常一般采用钢管、圆钢、角钢、扁钢等钢材制作接地体。

接地体的埋设分垂直和水平两种。垂直接地体所使用的钢管，其壁厚不得小于 3.5 mm，管径应在 $25\sim50\ mm$；圆钢的直径为 $12\sim20\ mm$；角钢的厚度不得小于 4 mm。水平安装接地体所采用的扁钢厚度不得小于 4 mm，截面不得小于 $48\ mm^2$；圆钢直径不得小于 8 mm。

（2）人工接地体的形式　人工接地体有垂直埋设和水平埋设两种基本结构形式，如图 7 - 13 所示。

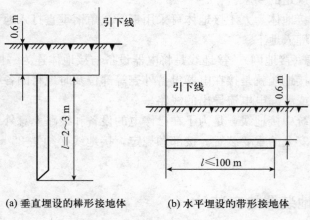

(a) 垂直埋设的棒形接地体　　(b) 水平埋设的带形接地体

图 7 - 13　人工接地体的形式

（3）人工接地体的制作　垂直埋设的接地体常采用直径 $d=25\sim50$ mm 的钢管或 40 mm×40 mm×4 mm～75 mm×75 mm×6 mm 的角钢，或用直径 $d=12\sim20$ mm 的圆钢制成，接地体的长度以 2.5 m 左右为宜。接地体的下端应加工成尖形，便于打入地下。用角钢制作时，其尖点应在角钢的角脊线上，且两个斜边要对称，便于打入地下。用钢管制作接地体时要单边斜削，保持一个尖点。用圆钢制作的，把下端磨尖即可。如图 7 - 14a 所示。

接地体与接地线通常采用焊接或螺钉连接。凡用螺钉连接的接地体，应先钻好螺钉通孔。垂直埋设接地体，为便于连接和打入地下，也为防止在打入地下的过程中，头部被锤击变形，常在接地体头部焊上连接板（图 7 - 14b）。

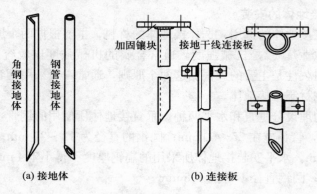

(a) 接地体　　　　　　(b) 连接板

　　　　图 7 - 14　垂直安装接地体的制作

（4）人工接地体的埋设 垂直打入的接地体由两根以上的角钢或钢管组成，可以成排布置，也可以作环形布置或放射形布置。相邻角钢或钢管之间的距离以不超过 3～5 m 为宜。

采用打桩法将制作好的接地体打入地下，如图 7－15 所示。接地体应与地面垂直，不可歪斜，头部埋入地面 0.6 m 以下的深度。用锤子敲打角钢时，应敲打角钢端面角脊处，锤击力会顺着角脊线直传到角钢另一端的尖端，容易打入、打直。若接地体是钢管，则锤击力应集中在尖端的切点位置，否则，不但打入困难，而且不易打直，致使接地体与土壤产生缝隙，增加接触电阻。

将接地体打入地下后，应在其四周用土壤填入夯实，以减小接触电阻。角钢接地体的安装如图 7－16 所示。

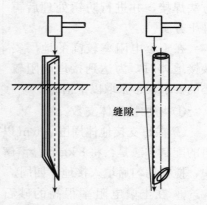

(a) 角钢接地体　(b) 钢管接地体

图 7－15　将接地体打入地下

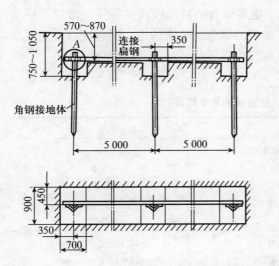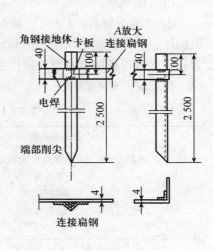

图 7－16　角钢接地体的安装（单位：mm）

如果车间电器设备较多，宜敷设接地干线，如图 7－17 所示。各电器设备分别与接地干线连接，而接地干线与接地体连接。干线宜采用 15 mm×4 mm～40 mm×4 mm 扁钢沿车间四周敷设，离地面高度由设计者定，与墙之间保持

有 200～250 mm 的距离。若接
地体与接地干线在地面下连接，
应先将接地体与接地线用电焊的
方法焊接，并进行防锈处理后再
堆土夯实。

在土壤电阻率较高的地层安
装接地体时，为达到接地电阻较
小的要求，常采取以下措施。

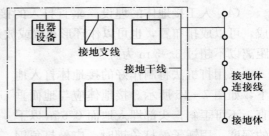

图 7－17　接地干线布局简图

① 增加接地体支数。

② 在每支接地体周围 0.5 m 以下，1.2 m 以上的地层中填放化学填料。填
料的配制方法是：将 8 kg 食盐溶解于水中，然后慢慢浇入 30 kg 粉状木炭炭粉
中，搅拌均匀后填入接地体四周。

③ 在土壤电阻率很高的砂石地层，可采用挖坑换土的方法降低接地
电阻。

3. 接地线或接地网的安装

（1）接地线的安装

① 接地线材料。1 000 V 及以下电器设备的接地线或接零线，可以利用金
属构件、钢筋混凝土构件的钢筋、配线的钢管、电缆的铅、铝包皮以及上下水
管、暖气管等各种金属管道等作接地线或接零线。

接地线的最小截面见表 7－1。

表 7－1　接地线的最小截面

接地线类别		最小截面（mm²）
携带式用电设备的接地线（多股软铜线）		1.5
绝缘铜线		1.5
裸铜线		4.0
绝缘铝线		2.5
裸铝线		6.0
扁钢	户内	24（厚度≥3 mm）
	户外	48（厚度≥4 mm）
圆钢	户内	20（直径≥5 mm）
	户外	28（直径≥6 mm）

② 接地线的选用。对于输配电系统的工作接地线，10 kV 避雷器的接地

支线宜采用多股钢芯或铝芯绝缘线或裸线；一般接地线既可用钢芯或铝芯绝缘导线或裸线，也可用扁钢，圆钢或镀锌铁丝绞线，截面积不小于 16 mm²；用作避雷线的接地线，其截面积不小于 25 mm²；接地干线通常使用扁钢，截面积不小于 (4×12)mm²，或圆钢，直径不小于 6 mm。

　　配电变压器低压侧中性点的接地支线，应使用裸铜绞线，截面积不小于 35 mm²；容量在 100 kV·A 以下的变压器，其中性点接地支线可采用截面积为 25 mm² 的裸铜纹线。避雷器接地干线通常是与变压器接地干线共用，不另作规定。变压器外壳保护接地用的接地线可参考表 7-1。

　　对于电器设备金属外壳的保护接地线可参考表 7-1。埋于地下的接地线不得采用铝线；移动式电器设备的接地支线必须采用铜芯绝缘软线，不许采用单股铜线，也不许采用铝芯绝缘导线，更不得采用裸导线。

　　③ 接地线的敷设。接地干线与接地体的连接，应尽可能采用电焊焊接，连接处应加镶块，以增加焊接面积。无条件用电焊焊接时，也允许用螺钉压接，但接触面必须经过镀锌或镀锡防锈处理；螺钉也要采用镀锌螺钉，其规格以大于 M12 为宜。安装时，接触面应保持平整、严密，不可有缝隙，螺钉要拧紧，在有振动的场所，螺钉上应加弹簧垫圈，还应考虑将连接处置于检查和维修方便的地方。

　　接地干线与各接地支线间通常采用焊接的方法进行连接，焊接的方法比较可靠。也有将接地干线安装在接地干线沟中，如图 7-18 所示。沟上应有沟盖，沟盖可抬起，且与地面平齐。干线采用扁钢安装时，应预先钻好支线连接的通孔，在孔处镀锡，便于装接支线；如不再装设支线，则应埋入地下 500～700 mm，并在地面标明干线的走向和连接位置，便于检修。埋入地下的连接点尽量采用电焊焊接。

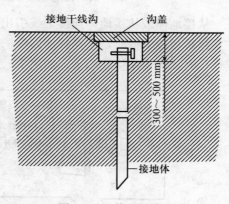

图 7-18　接地干线沟

　　公用配电变压器或房屋避雷器等的接地干线与接地体连接的方法同上，连接点一般埋入地下 500～700 mm。在接地干线引出地面 2～2.5 m 处断开，再用螺钉压接的方法接牢，以便拆开可测量接地电阻，如图 7-19 所示。

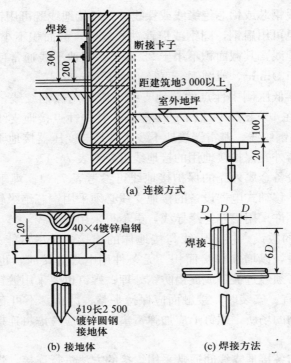

图 7 - 19　接地干线与接地体的连接（单位：mm）

从接地体或从接地体连接干线引出的接地干线应明线敷设，并涂以黑漆；在穿越楼板或墙壁时，应穿管加以保护；接地干线应支持牢固；若采用多股电线连接时，应采用接线端子，如图 7 - 20 所示。

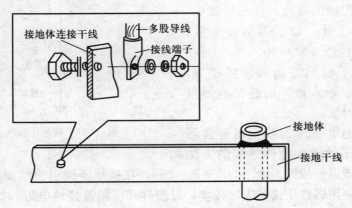

图 7 - 20　接地干线用多股导线的连接方法

采用扁钢或圆钢作接地干线，需要接长时，必须采用电焊焊接。焊接处两端要搭头，扁钢搭头为其宽边的 2 倍，圆钢搭头为其直径的 6 倍。

接地支线的安装。每个设备的接地点必须用一根接地支线与接地干线连接。不允许用一根接地支线把几个设备接地点串联起来，也不允许几根接地支线并接在接地干线的各连接点上。

在户内，接地支线采用多股绝缘导线；户外一般采用多股导线。明设的接地线，在人容易触及的地方，穿越墙壁或楼板时应套入管内加以保护。

明设的接地线与接地干线或与设备连接点的连接，一般采用螺钉压接，接地端点要用接线端子。固定敷设的接地支线需要接长时，连接必须正规，钢芯线连接处要钎焊加固。用于移动电具的接地支线，中间不允许有接头。接地支线的每一个连接处，都应置于明显部位，便于检修。

（2）接地网的安装　接地网的布置，应尽量使地面的电位分布均匀，以降低接地网地面及其附近的接触电压和跨步电压。人工接地网的外缘应闭合。外缘各角应作成圆弧形。6～10 kV 变电所的接地网内应敷设水平均压带。为保障人身安全，应在经常有人出入的走道处，采用高绝缘路面（如沥青碎石路面），或者加装帽檐式均压带。如图 7-21 所示。

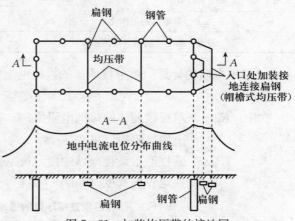

图 7-21　加装均压带的接地网

七、接地电阻的测量

1. 接地装置安装后的外观检查　接地线的外观检查主要包括下列内容：

检查绝缘已损坏且可能产生危险的对地电压的金属部分是否已经接地；检查接地线与电器设备和接地干线的连接是否牢固，接触是否良好。当用螺栓连接时，是否有弹簧垫圈防止松动脱落；检查接地线相互间是否焊接良好，叠焊长度与焊缝是否合乎要求。当利用电线管、封闭式母线外壳或行车钢轨等自然金属体作接地线时，各段之间是否有良好的焊接，有无脱节现象；检查接线、接地线穿越建筑物墙壁、经过建筑物伸缩缝时，是否采取了适当的保护措施。在有腐蚀物质的环境中，检查接零线、接地线表面是否涂有必要的防腐涂料。

2. 几种电器设备对接地电阻的要求　接规程规定各种接地装置的接地电阻不应大于表 7-2 的要求。

表 7-2　各种接地装置的标准接地电阻值

接　地　种　类		对接地电阻的要求（Ω）
保护接地和变压器中性点的工作接地	配电变压器总容量在 100 kV·A 以下	$R \leqslant 10$
	配电变压器总容量超过 100 kV·A	$R \leqslant 4$
零线重复接地		$R \leqslant 10$
当配电变压器总容量不超过 100 kV·A，且重复接地有 3 处以上者，每一重复接地的电阻		$R \leqslant 30$
避雷器的工作接地		$R \leqslant 20$
避雷针的工作接地（单独接地网）		$R \leqslant 10$

3. 接地电阻的计算　单根接地体的接地电阻按下式计算：

$$R_Z = K_1 \times \rho / l$$

式中　R_Z——单根接地体的接地电阻值；

ρ——土壤电阻率，见表 7-4；

K_1——圆柱形垂直接地体的接地极系数，见表 7-3；

l——接地极的长度（cm）。

表 7-3　圆柱形垂直接地体的接地极系数 K_1

直径（d）(cm)		2	2.5	3	3.5	4	4.5	5	6	7	8
长度 l(cm)	200	0.89	0.85	0.83	0.80	0.78	0.76	0.75	0.72	0.69	0.67
	250	0.93	0.90	0.86	0.84	0.82	0.80	0.79	0.76	0.73	0.71
	300	0.97	0.93	0.90	0.88	0.86	0.84	0.82	0.79	0.77	0.75

注：本表所列数据系圆柱体埋深 60 cm 时计算而得。

表 7-4　土壤电阻率

土壤种类	土壤电阻率 ρ(Ω·cm)
沙土	$4 \times 10^4 \sim 7 \times 10^4$
夹沙土	$1.5 \times 10^4 \sim 4 \times 10^4$
沙质黏土	$4 \times 10^3 \sim 1.5 \times 10^4$

（续）

土壤种类	土壤电阻率 $\rho(\Omega \cdot cm)$
黑壤土	$0.96 \times 10^3 \sim 5.3 \times 10^4$
黏土	$0.8 \times 10^3 \sim 0.7 \times 10^4$
河土	$10 \sim 10^4$

注：土壤电阻率随土壤中含水量而变化，含水量越大，电阻率越小，应以干燥季节的数值为计算标准。

如单根接地体的接地电阻不能满足要求时，可以采用多根接地体并联起来组成复合接地体，以降低接地电阻。复合接地体的电阻并不等于单根接地体接地电阻的并联接地电阻值，而是略高些。这是因为单根接地体之间存在散流电流相互干扰妨碍了单根接地体电流的散流，这种影响称为屏蔽作用。复合接地体的接地电阻 R_0 按下式计算：

$$R_0 = R_z / n \cdot \eta$$

式中　R_0——复合接地体的接地电阻值；

　　　R_z——单根接地体的接地电阻值；

　　　n——接地体根数；

　　　η——接地装置利用系数，一般可取 $0.7 \sim 0.8$。

例：用一根直径为 40 mm，长为 2.5 m 钢管，垂直埋于地下作为接地体，土壤电阻率为 1×10^4 $\Omega \cdot cm$，求接地电阻 R_Z。

解：从表 7-3 中查出系数 $K_1 = 0.82$，钢管长 $l = 2.5$ m $= 250$ cm，

则　$R_Z = K_1 \times \rho / l = 0.82 \times 10^4 / 250 = 32.8(\Omega)$

4. 用绝缘电阻表测量接地电阻　用 ZC-8 型接地电阻绝缘电阻表测量接地电阻的步骤如下。

第 1 步：首先拆开接地干线与接地体的连接点，或拆开接地干线上所有接地支线上的连接点。

第 2 步：将一支测量接地棒插入离接地体 40 m 远的地中，把另一支测量接地棒插在离接地体 20 m 远的地中，两支接地棒均应垂直插入地面 400 mm 深。

第 3 步：将接地电阻测试绝缘电阻表置于接地体附近平整的地方后进行接线。

①用一根最短的连接线连接表上接线端（E）和接地装置的接地体。

②用一根最长的连接线连接表上接线端（C）和一支 40 m 远的接地棒。

③用一根较短的连接线连接表上接线端（P-P）和一支 20 m 远的接地棒。

第 4 步：根据被测接地体的接地电阻要求，调节好粗调旋钮（表上有 3 挡可调范围）。

第 5 步：以 120 r/min 的转速匀速摇动手柄，当表针偏离中心时，边摇动手柄，边调节细调拨盘，直至表针居中为止。以细调拨盘的读数乘以粗调定位倍数，其结果即是被测接地体的接地电阻。如细调拨盘读数是 0.4，粗调定位倍数是 10，那么被测得的接地电阻为 4 Ω。

接地电阻的测量方法如图 7-22 所示。

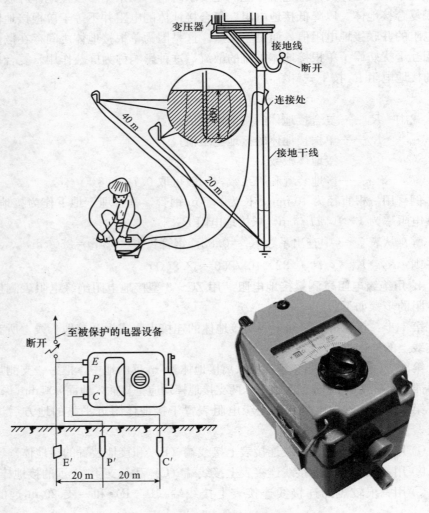

图 7-22　用绝缘电阻表测量接地电阻

八、接地装置的维护

1. 接地装置的日常维护　接地装置在安装完毕后，必须认真地检查和测试，确认符合规程要求后，方可投入运行。此外，为便于日后维护管理，运行单位应备有接地装置接线图、安装记录和测量记录。

运行中的接地装置，必须定期进行检查和测试。每年在雷雨季节到来之前，应对接地装置进行一次检查，以消除缺陷。检查的主要内容有：

（1）接地线外露部分有无严重锈蚀、断线或损伤。

（2）接地螺母有无丢失，连接是否可靠。

（3）接地支线和接地干线的连接是否牢固可靠。

（4）自然接地体连接是否牢固。

（5）接地线同电器设备及接地网的接触是否完好，有无松动脱落现象。

（6）焊接处有无脱焊或锈蚀现象。

接地装置的地下部分至少每隔 5 年测量一次接地电阻。当接地电阻值超过规定值的 20％及以上时，应安装新的接地体。

2. 接地装置的常见故障与排除方法

（1）连接点松散或脱落　容易出现松脱的地方有：移动电具的接地支线与外壳（或插销）间的连接处，接地线的连接处，经常振动的设备的接地线连接处。发现松动或脱落应及时拧紧或重新接妥。

（2）遗漏接地或接错位置　在设备维修或更换后重新安装时，往往会因疏忽而把接地线头漏接或接错位置。如发现有接错位置或漏接应及时纠正。

（3）接地线局部电阻增大　这是由于连接点或跨接过渡线存在轻度松散；连接点的接触面存在氧化层或其他污垢。应重新拧紧螺钉或清除氧化层及污垢并将连接处接妥。

（4）整个接地体的接地电阻增加　通常是由于接地体严重锈蚀或接地体与接地干线之间的接触不良所引起。应重新打入数根接地体或重新把连接处接妥。

第二节　电器设备防雷装置的安装与检修

一、雷电的形成

1. 雷云形成的基本条件　雷电是带有电荷的雷云之间或雷云对大地

（或大地上的物体）之间产生急剧放电的一种自然现象，通常伴有雷鸣和电闪。

雷云的形成有三个基本条件：

（1）空气潮湿含有足够的水蒸气。

（2）潮湿的空气在太阳的照射下上升，其中的水蒸气凝成水珠。

（3）上升的气流强烈而持久。

2. 雷电的形成　雷电的形成过程比较复杂，简要说明如下：

在闷热的天气里，空气潮湿，由于太阳的照射，接近地面的空气层很快受热上升，加上无风，使气流能持久地上升。含有水蒸气的潮湿空气上升到一定的高度，温度下降，水蒸气凝结为水珠或冰粒，形成云。云里的水珠逐渐增大，质量渐渐增加，于是就要向下降落。下降的水滴，遇到强烈持久上升的气流，就会分裂而产生电荷。带正（或负）电荷的较大水滴下降，气流挟带着带负（或正）电荷的较小水滴继续上升。这种上升和下降的带电水滴，由于在运动过程中不断摩擦分裂，使电荷逐渐增加。等到一定量的电荷聚集在一起后，电压升高到很大值时，使带有不同电荷的两朵云之间，或云和大地之间的绝缘被击穿，即产生放电现象。这时就可以看到强烈的闪光，并听到轰鸣声，这就是雷电，也就是我们平常所说的闪电和打雷。因为声音的传播速度是 330 m/s，而光的传播速度是 300 000 km/s，光的速度要比声音的速度快得多，所以，我们总是先看到闪光，然后才听到雷声。

雷电的形成如图 7-23 所示。

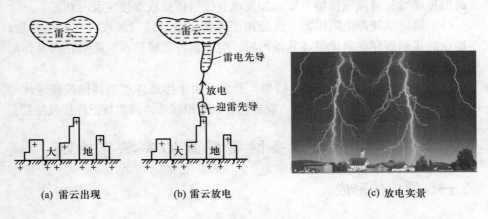

(a) 雷云出现　　　(b) 雷云放电　　　(c) 放电实景

图 7-23　雷电的形成

3. 雷云的放电过程　雷云对大地的放电过程如图 7 - 24a 所示，这种放电先由雷云发出一个不太明亮、以跳跃式向大地前进的通路开始，这种现象叫做先驱放电。当先驱放电的通路到达地面以后，才开始我们肉眼所能看到的主放电。主放电是从大地开始向云端发展的极明亮的放电通路。随着它的向上发展，它的亮度逐渐减弱，一到云端，主放电就中止了。主放电以后有很微弱的余光。余光阶段后就结束了一个放电的过程。大约有 50％ 的闪电具有重复放电的性质，平均每一次闪电有 3～4 次冲击，最多的闪电有几十次冲击的。但重复放电的先驱放电不是跳跃式向前发展，而是一次完成的，与第一次放电有所不同。

图 7 - 24b 所示为雷电放电过程中，雷电流的变化情况。从图上可以看出，先驱放电的雷电流是不大的，而主放电的雷电流却很大，能达几万甚至几十万安培。

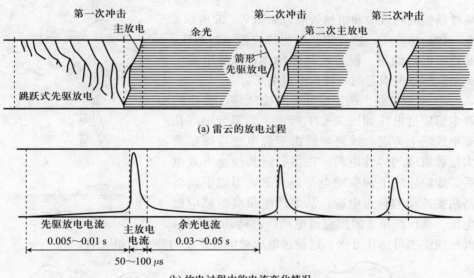

(a) 雷云的放电过程

(b) 放电过程中的电流变化情况

图 7 - 24　雷云对大地的放电过程

图 7 - 25 所示为先驱放电和主放电时正负电荷的中和情况。当先驱放电到达大地后，大地的电荷便很快和放电通路中的电荷中和，这就是主放电。

4. 雷电的形式　雷电的两种基本形式使物体产生过电压，一种是直击雷，另一种是感应雷。

（1）直击雷　直击雷又称为直接雷电过电压，是指雷电直接对建筑物或其他物体放电，其过电压所引起的强大雷电流将通过这些物体入地，从而产生破

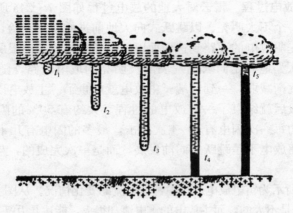

图 7-25 主放电时闪电通路中电荷的中和情况

坏性很强的热效应和机械效应，如图 7-26 所示。

（2）感应雷 感应雷又称为感应雷电过电压，是指雷电对线路、设备或其他物体，以静电感应或电磁感应所引起的一种雷电过电压。

① 架空电路上的感应雷。架空线路上产生的静电感应过电压如图 7-27 所示。当雷云出现在架空线路上方时，线路导线由于静电感应而积聚大量被束缚的异性电荷。在雷云向其他地方放电后，线路导线上的束缚电荷被释放，形成了向线路两端流动的自由电荷，从而产生很高的感应过电压。高压线路上的感应过电压可高达几十万伏，

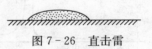

图 7-26 直击雷

低压线路也可达几万伏，这种过电压对供电系统的危害是很大的。

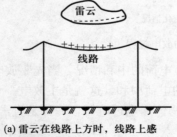

(a)雷云在线路上方时，线路上感应的束缚电荷

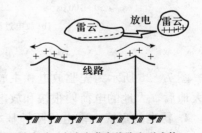

(b)雷云消失后，自由电荷在线路上形成的感应过电压波

图 7-27 架空线路上产生的静电感应过电压

②开口金属环上的感应雷。当强大的雷电流沿着导体（如接地线）泄放入地时，由于雷电流具有很大的幅值和陡度，因此在它周围产生强大的电磁场。如果附近有如图7-28所示的开口的金属环，则其电磁场将在该金属环的开口（间隙）处感生相当大的电动势而产生火花放电，这对于存放易燃易爆物品的建筑物是十分危险的。为了防止雷电流电磁感应引起的危险过电压，应该用跨接导体或焊接将开口金属环（包括包装箱上的铁皮箍）连成闭合回路后接地。

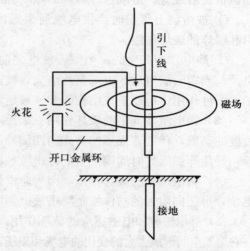

图7-28　开口金属环的电磁感应过电压

二、雷电的危害

1. 雷电危害的形式

（1）直接雷击的危害　地面上的人、畜、建筑物、电器设备等直接被雷电击中，叫做直接雷击，发生直接雷击时，巨大的雷电流（200～300 kA）通过被击物，在被击物内部产生极高的温度（约20 000 ℃），使被击物起火燃烧，使架空导线熔化等。

（2）感应雷的危害　雷云对地放电时，在雷击点主放电的过程中，位于雷击点附近的导线上，将产生感应过电压，过电压幅值一般可达几十万伏，它会使电器设备绝缘发生闪络或击穿，甚至引起火灾和爆炸，造成人身伤亡。

（3）雷电侵入波的危害　雷电侵入波是指落在架空线路上的雷电，沿着线路侵入到变电所或配电室内，致使设备或人遭受雷击。

2. 雷电的破坏作用　雷电的破坏作用有很多种，主要有如下几种。

（1）雷电流热效应的破坏作用　主要是当雷电流通过被击物时，使建筑物起火燃烧，导线断股熔化等，这是因为雷电流数值很大，在被击物内产生很高的温度而造成的。

（2）雷电流机械效应的破坏作用　最常见的有木电杆和树木被劈裂，建筑物被击倒摧毁等。造成这种破坏的原因有两种：

① 被击物上落雷时，雷电流通道温度极高，通道内部的水分急剧蒸发，引起爆炸的破坏作用。

② 静电作用产生的。当雷云放电之前，被击物各部都感应出同一极性的电荷，当雷云放电后，电场突然消失，被击物各部分同一极性的电荷产生相斥的冲击性作用，可能造成结构碎裂、塌崩。

（3）雷电激波气浪的破坏作用 来源于雷击时雷电通道能产生几千度至几万度的高温，伴随着强烈的声光向四周冲击，形成高温、高压、高速的激波气浪，好像炸弹爆炸时周围产生的冲击波一样，也具有一定的破坏力。

（4）雷电跳击的破坏作用 因为防雷保护接地装置的引下线上产生很高的电位，可能向附近的物体发生跳击放电，以致引起事故。

（5）静电感应和电磁感应的破坏作用 因为雷电流具有很大的幅值和陡度，在它周围空间形成强大的变化的电场和磁场，从而造成破坏作用。电磁感应能使开路导体的开口处产生火花放电，在有易燃，易爆物的房屋内，这种火花放电就可能引起燃烧爆炸事故。在闭合导体中能产生大量感应电流，引起发热燃烧。

（6）跨步电压和接触电压的危害 如果人站在离雷击地点 10 m 以内，也会因跨步电压而受到伤害。所以在建筑物防雷保护设计中，在人畜常到的地方和建筑物的主要入口处，应避免装设接地装置；独立避雷针与道路的距离，也不应小于 3 m，以防止造成跨步电压触电事故。

（7）架空线路 包括电力线、电话线、广播线等，常常由于雷击使线路产生高电压，以致烧毁电器设备，造成人身伤亡事故。造成线路高电压的原因，一个是线路直接受雷；另一个是由于雷电的感应电压造成的。

此外，在雷雨结束时，常常会出现一种所谓"球形雷"，它是一种发红光或眩目白光的火球，运动速度大约 2 m/s，并且有嗡嗡的声音和极高的温度。球形雷可能从门户、窗口、烟囱等通道侵入屋内，与人接触后使人灼伤，甚至死亡。它的实质至今还不十分明确，一般认为是一种带电的游离气体混合成的凝聚体，其中含有氮、氢、氧、少量的臭氧和氧化氮。

三、避雷装置的类型与原理

电力系统的防雷主要包括发电机的防雷、变配电装置的防雷和电力线路的防雷。

常用的防雷装置有避雷针、避雷线、避雷带、避雷网、避雷器等。一套防雷装置包括接闪器、引下线和接地装置。

防雷装置是指接闪器、引下线、接地装置、过电压保护器及其他连接导体的总和。

接闪器是指直接截受雷击的避雷针、避雷带（线）、避雷网，以及用作接闪的金属面和金属构件等。

引下线是指连接接闪器与接地装置的金属导体。

接地装置是指接地体和接地线的总和。

接地体是指埋入土壤中或混凝土基础中作散流用的导体。

1. 避雷针　避雷针一般采用镀锌圆钢（针长 1 m 以下时，直径不小于 12 mm；针长 1～2 m 时，直径不小于 16 mm）或镀锌钢管（针长 1 m 以下时，内径不小于 20 mm；针长 1～2 m 时，内径不小于 25 mm）制成。它通常安装在电杆（支柱）或构架或建筑物顶上，它的下端要经金属引下线与接地装置连接。

避雷针的功能实质上是引雷作用，它能对雷电场产生一个附加电场（这附加电场是由于雷云对避雷针产生静电感应引起的），使雷电场畸变，从而将雷云放电的通道，由原来可能向被保护物体发展的方向，吸引到避雷针本身，然后经与避雷针相连的引下线和接地装置将雷电流泄放到大地中去，使被保护物体免受直接雷击。所以，避雷针实质是引雷针，它将雷电流引入地下，从而保护了线路、设备和建筑物等。

避雷针是装在高出建筑物顶端一定高度的金属导体，一般是棒形的，它借金属引下线沿建筑物的屋顶和边缘与地下的接地极相连接，如图 7 - 29 所示。避雷针通常用截面积较大的镀锌或镀铬铁棒、钢管、圆钢来做成。

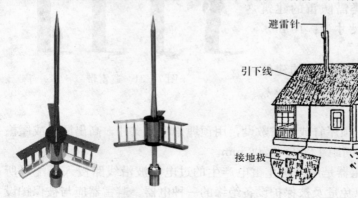

(a) 避雷针　　　　　　　　　(b) 装有避雷针的房屋

图 7 - 29　避雷针的构造与安装

2. 避雷线　避雷线俗称架空地线，其作用和避雷针一样，是为了将雷电引向自己，然后通过引下线和接地装置，使雷电流入地。避雷线主要用来保护架空电力线路，一般采用截面积为 $30\sim70$ mm² 的镀锌钢绞线。

避雷线的保护范围，常用保护角 α 表示，如图 7-30 所示。保护角越小，保护效果越好。一般 $\alpha=20°\sim30°$。只要两根避雷线间的距离 L 不超过避雷线与被保护导线高差的 5 倍，即 $L<5h$，基本上就可以消除雷击导线事故。

3. 避雷带和避雷网　避雷带和避雷网主要用来保护高层建筑物，使之免遭直击雷和感应雷。

避雷带和避雷网宜采用圆钢或扁钢，优先采用圆钢。圆钢直径应不小于 8 mm；扁钢截面应不小于 48 mm²，厚度应不小于 4 mm。当烟囱上采用避雷环时，其圆钢直径应不小于 12 mm；扁钢截面应不小于 100 mm²，厚度应不小于 4 mm。

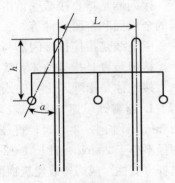

图 7-30　避雷线的保护角

避雷带的形状如图 7-31 所示。

避雷网的网格尺寸要求如下：

（1）对于第一类需防雷的建筑设备，其避雷网格尺寸为：5 m×5 m 或 6 m×4 m。

（2）对于第二类需防雷的建筑设备，其避雷网格尺寸为：10 m×10 m 或 12 m×8 m。

（3）对于第三类需防雷的建筑设备，其避雷网格尺寸为：20 m×20 m 或 24 m×16 m。

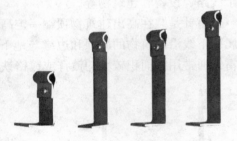

图 7-31　避雷带

避雷带一般沿屋顶屋脊或屋檐敷设，用预埋角钢作支柱，高出屋脊或屋檐 $100\sim150$ mm，支柱间距 $1\,000\sim1\,500$ mm。

4. 避雷器　避雷器是用来防止雷电产生的过电压波沿线路侵入变配电所或其他建筑物内，以免危及被保护设备绝缘的一种电器。避雷器应与被保护设备并联，且装在被保护设备的电源侧，如图 7-32 所示。当线路上出现危及设备绝缘的雷电过电压时，避雷器的火花间隙就被击穿，或由高阻变为低阻，使过电压对大地泄放，使加在设备上的残余电压降低，从而保护了设备的绝缘。

避雷器的结构型式有阀式避雷器、排气式避雷器、保护间隙、金属氧化物避雷器及电涌保护器等。

农村电网中常用的避雷器一般为阀型避雷器，主要用来保护变压器、电动机、架空线等电力设施，也用于防止高电压侵入室内。

阀式避雷器通称阀型避雷器，主要由火花间隙和阀电阻片串联组成，装在密封的瓷套管内。

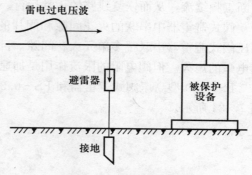

图 7-32　避雷器的连接

火花间隙用铜片冲制而成。每对间隙用厚 0.5～1 mm 的云母垫圈隔开，如图 7-33a 所示。正常情况下，火花间隙阻断工频电流通过，但在雷电过电压作用下，火花间隙被击穿放电。

阀电阻片是用陶料粘固的电工用金刚砂（碳化硅）颗粒压制而成的，如图 7-33b 所示。这种阀片具有非线性电阻特性，正常电压时，阀片电阻很大，而过电压时，阀片电阻则变得很小，其特性曲线如图 7-33c 所示。

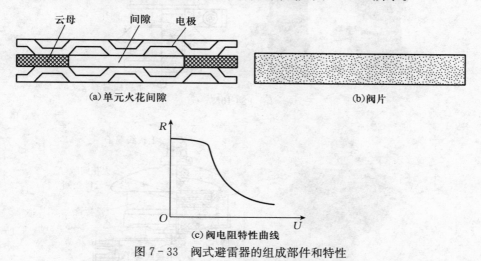

(a) 单元火花间隙　　　　　　　　　(b) 阀片

(c) 阀电阻特性曲线

图 7-33　阀式避雷器的组成部件和特性

因此，阀式避雷器在线路上出现雷电过电压时，其火花间隙被击穿，阀片电阻又变得很小，从而使雷电流顺畅地向大地泄放。当雷电过电压消失、线路上恢复工频电压时，阀片电阻又变得很大，使火花间隙电弧熄灭，绝缘恢复而切断工频续流，从而恢复线路的正常运行。

阀式避雷器中串联的火花间隙和阀片的数量，与其工作电压高低成比例。高压阀式避雷器串联很多单元火花间隙，目的是将长弧分割成多段短弧，以加速电弧的熄灭。但阀电阻的限流作用是加速灭弧的主要因素。

FS4-10 型高压阀式避雷器和 FS-0.38 型低压阀式避雷器的结构图，如图 7-34 所示。

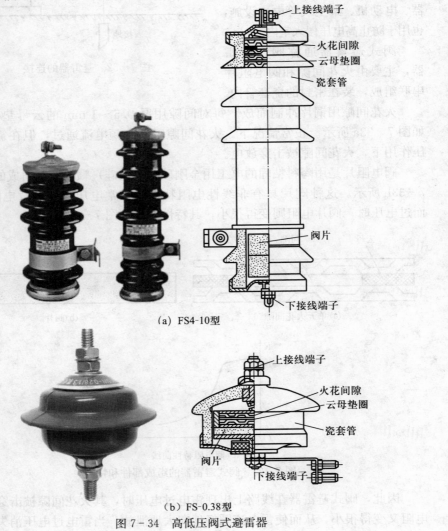

（a）FS4-10型

（b）FS-0.38型

图 7-34　高低压阀式避雷器

避雷器的基本原理是：正常工作情况下，阀片电阻的电阻值很大，工频电流对地不导通。当加在阀片电阻上的电压很高时，其阻值变得很小，而当电压降低时，其阻值变得很大。当发生雷电过电压时，避雷器的火花间隙被击穿，阀片电阻变得很小，雷电流经过阀片电阻很快流入大地；雷电过电压消失后，阀片电阻又迅速地变得很大，恢复到正常工频电流对地不导通的状态。因为它好像个自动阀门，对工频和雷电流分别起着"闭"和"开"的作用，所以把它叫做阀型避雷器。

四、避雷装置的安装

1. 避雷针（避雷带、避雷线、避雷网）装置的安装

（1）避雷针、避雷带、避雷线的选择

① 避雷针一般选用圆钢或焊接钢管制成，其顶端呈针尖状。避雷针的最小直径见表 7 - 5。

表 7 - 5　避雷针的最小直径

避雷针类别		最小直径（mm）
针长 1 m 以下	圆钢	12
	钢管	20
针长 1～2 m	圆钢	16
	钢管	25
烟囱顶上的避雷针	圆钢	20

② 避雷带一般可用 $\varphi 8$ mm 圆钢或 12 mm×1 mm 扁钢敷设在保护建筑物易受雷击的部位。

③ 避雷线一般采用镀锌钢绞线，其截面不小于 35 mm^2。

（2）避雷针、避雷带的安装　在墙上和屋面上安装避雷针如图 7 - 35 和图 7 - 36 所示。安装时将针尖和钢管进行热镀锌，并刷红丹一次，防锈漆两次。

避雷带的安装如图 7 - 37 所示。安装时同样要进行防腐处理。

（3）引下线的选择与安装　引下线一般采用圆钢，扁钢，其最小尺寸见表 7 - 6。

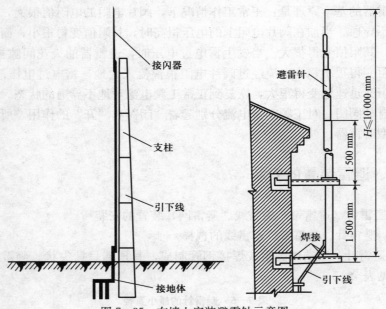

图 7 - 35　在墙上安装避雷针示意图

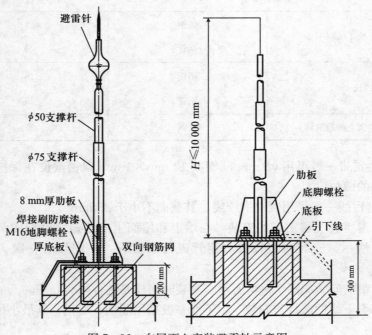

图 7 - 36　在屋面上安装避雷针示意图

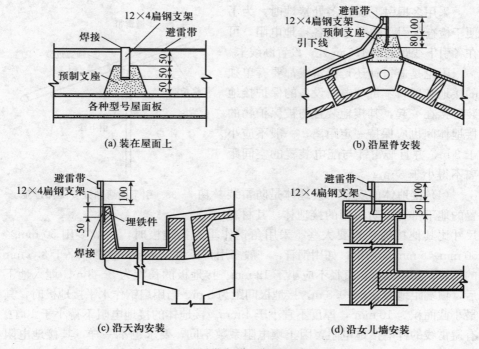

(a) 装在屋面上　　　　　　　　(b) 沿屋脊安装

(c) 沿天沟安装　　　　　　　　(d) 沿女儿墙安装

图 7-37　避雷带安装示意图（单位：mm）

表 7-6　引下线的最小尺寸

引下线材料		最小尺寸（mm）
圆钢	一般情况	直径 8
	烟囱上	直径 12
扁钢	一般情况	厚度 4（截面 48 mm²）
	烟囱上	厚度 4（截面 100 mm²）

　　引下线是防雷装置的中间部分，为满足机械强度、耐腐蚀和热稳定的要求，引下线常用镀锌圆钢或扁钢制成。如用圆钢，直径不应小于 8 mm，如用扁钢，其规格不应小于 12 mm×4 mm，如用钢绞线作引下线，其截面积不应小于 25 mm²。

　　引下线要尽量避免弯曲，非弯曲不可时，其弯曲度应大于 90°（图 7-38）。引下线地面以上 2 m 至地面以下 0.2 m 的一段应加竹管或钢管保护。采用钢管时，应与引下线可靠地连接在一起，以减小通过雷电流时的电抗。引下线沿墙敷设时，应与墙体保持 15 mm 的距离，各支持卡子间距为 1.5～2 m。

采用多根引下线和多处接地时，为了便于检查各引下线和测量各接地电阻，可在各引下线距地面 1.5 m 处，设置断线卡。

不论是避雷针还是避雷线都要有单独的接地装置，不可与电器设备的保护接地装置接在一起，其接地装置与被保护物的接地体间也应保持一定距离，一般不应小于 3 m，并且避雷针与配电装置的空间距离不得小于 5 m。

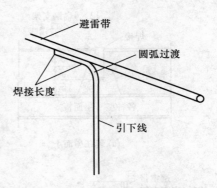

图 7-38　引下线弯曲处要圆弧过渡

（4）接地体的安装　接地体是防雷装置的地下部分。防雷用的接地体，其材料尺寸比其他接地装置要大些。采用角钢作垂直接地极时，一般多用 50 mm×50 mm×5 mm 的角钢；如用钢管，一般多用直径为 50 mm、壁厚不小于 3.5 mm 的钢管，如用圆钢，直径不应小于 12 mm。接地极的长度为 2~3 m，埋入地下后，顶端距地面 0.5~0.8 m，接地极间距为 5 m。当用扁钢作水平接地极时，其最小截面积为 10 mm²，厚度不宜小于 4 mm。接地体的接地电阻不得小于 10 Ω。有避雷线的杆塔接地电阻，因土壤电阻系数不同，要求也不一样，其接地电阻应为 10~30 Ω。

为防止跨步电压伤人，防雷接地体距建筑物的出入口和人行道的距离，不应小于 3 m。接地线不能迂回盘绕，要短而直。

防雷装置的接地体一般可分垂直埋设和水平埋设。垂直埋设的接地体。采用角钢、圆钢等。水平埋设的接地体采用扁钢、圆钢等。接地体最小尺寸见表 7-7。垂直接地体的长度为 2.5 m，接地体间距一般为 5 m，埋设深度应大于 0.5 m，接地电阻小于 10 Ω。

表 7-7　接地体的最小尺寸

接地体材料	最小尺寸（mm）
圆钢	直径 8
扁钢	厚度 4（截面≥48 mm²）
角钢	厚度 4
钢管	壁厚 3.5

注：在腐蚀性较强的土壤中，应采取镀锌等防腐措施，或较大截面。

2. 防雷器的安装

（1）安装前应检查防雷器的外观，检查的主要内容有：

① 避雷器额定电压与线路电压是否相同。

② 瓷件表面有无裂纹、破损、脱釉和闪络痕迹。

③ 胶合及密封情况是否良好。

④ 向不同方向轻轻摇动，避雷器内部应无响声。

⑤ 试验是否合格，有无试验合格单。

（2）安装时应符合以下要求：

① 当用阀型避雷器来保护配电变压器时，其安装地点要尽量靠近被保护物。一般避雷器与变压器的距离不得大于 5 m。与周围物体之间应保持一定的距离，带电部分相邻导线或金属架构的距离不得小于 0.35 m，底座对地不得小于 2.5 m。避雷器的上下引线不应过紧或过松，安装在变压器台上的避雷器，其上端引线（即电源线）最好接在跌落开关的下端，以便与变压器同时投入或同时退出运行。避雷器安装时要垂直其支持物，不得倾斜，不论是上端（火线）或下端（地线）都要压接紧固，接触良好。为了防止螺栓松动，最好用弹簧垫圈或双螺母。避雷器上下引线的截面积都不得小于规定值（铜线高压不小于 16 mm²，低压不小于 4 mm²，铝线高压不小于 25 mm²，低压不小于 6 mm²），引线不许有接头，引下线应附杆而下。容量在 100 kV·A 以上的变压器，其接地电阻不应大于 4 Ω；容量在 100 kV·A 以下的变压器接地电阻不应大于 10 Ω。

避雷器的安装如图 7 - 39 所示。

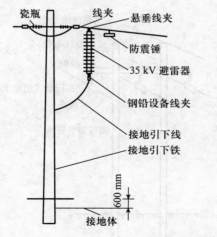
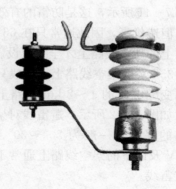

图 7 - 39　避雷器的安装

② 避雷器用于保护配电变压器时的接线。三相变压器通常采用 3 只阀型

避雷器进行防雷保护。三相配电变压器防雷保护接线如图 7-40 所示。阀型避雷器的接地线应与变压器外壳、低压侧中性点并接在一起后共同接地。

采用三点共同接地的道理是，当避雷器放电时，高压线端对变压器外壳、高压绕组对低压绕组之间的过电压，仅仅是避雷器的残压（避雷器放电时两端的残压），与接地电阻值无多大关系。残压数值比较小，这样比较安全。若三点分开接地，当避雷器放电时，变压器绝缘介质所受到的过电压，除避雷器残片外，还要加上雷电流通过接地电阻时，所产生的电压降，增加了绕组绝缘击穿的可能性。

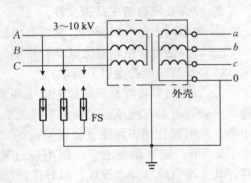

图 7-40　避雷器、变压器外壳及低压侧中性点并接在一起后共同接地

五、农村电器设备与建筑物的防雷措施

1. 架空线路的防雷措施

（1）架设避雷线　在架空线路上方架设避雷线（又称架空地线），如图 7-41 所示，这是防雷的有效措施，但造价高，因此通常只在 66 kV 及以上的架空线路上才全线架设。

35 kV 的架空线路上，一般只在进出变配电所的 1～2 km 线路上装设，如图 7-42 所示。避雷线对架空线路的保护角一般为 20°～30°。而 10 kV 及以下的架空线路上通常不装设避雷线。

（2）提高线路的绝缘水平　在 10 kV 及以下的架空线路上，可采用瓷横担、木横担或高一电压级的绝

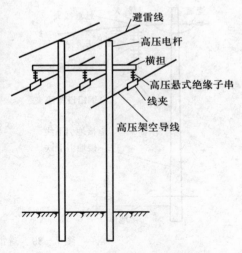

图 7-41　架空线路上方的避雷线

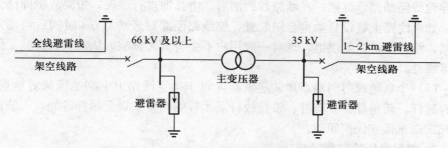

图 7 - 42　35 kV 架空线和 66 kV 及以上架空线上避雷线的不同架设长度

缘子来提高线路本身的防雷水平。图 7 - 43 所示高压电杆上安装的瓷横担绝缘子，兼有绝缘子和横担的双重功能，能节约大量木材和钢材，减少线路造价，在 6～10 kV 架空线路上应用广泛。

（3）利用三角形排列的三相线路顶线兼作避雷线　由于 3～10 kV 线路一般是中性点不接地系统，因此可在其三角形排列的三相线路顶线绝缘子上装设保护间隙，如图 7 - 44 所示。在线路上出现雷电过电压时，顶线绝缘子上的保护间隙被击穿，通过其接地引下线对地泄放雷电流，从而保护下面两根导线不受雷击，一般也不会引起线路断路器跳闸。

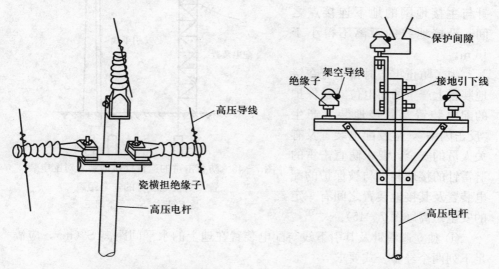

图 7 - 43　高压电杆上安装的瓷横担　　　图 7 - 44　架空三相线路顶线绝缘子
　　　　　　　　　　　　　　　　　　　　　　　　上附加保护间隙

（4）装设自动重合闸装置　架空线路在遭受雷击时可造成线间弧光短路，

会导致线路断路器跳闸。在断路器跳闸后，电弧即自行熄灭，短路故障即已消除。如果线路上装设自动重合闸装置，使线路断路器经约 0.5 s 时间后自动重合闸，线路即可恢复供电，这对一般用户不会有太大影响，从而大大提高了供电可靠性。

（5）个别绝缘薄弱地点加装避雷器　对于架空线路上个别绝缘薄弱地点，如跨越杆、转角杆、分支杆、带拉线杆及木杆线路中个别金属杆等处，可装设排气式避雷器或保护间隙。

2. 变配电所的防雷措施

（1）装设避雷针或避雷带（网）　变配电所及其室外配电装置，应装设独立避雷针以防直击雷。如果没有室外配电装置，则可在变配电所屋顶装设避雷针或避雷带（网）。如果变配电所及其室外配电装置处于相邻建（构）筑物接闪器的保护范围之内时，可不再装设避雷针或避雷带（网）。

独立避雷针宜设独立的接地装置。在非高土壤电阻率地区，其工频接地电阻 $R_E \leqslant 10\ \Omega$。如有困难时，可将接地装置与变配电所的主接地网相连接，但避雷针与主接地网的地下连接点之间，沿接地线的距离不得小于 15 m。

为了防止雷击时雷电流在接地装置上产生的高电位对被保护的配电装置及其接地装置产生"反击闪络"，危及配电装置及有关人员的安全，要求防直击雷的避雷针的接地装置与被保护的配电装置及其接地装置之间有一定的安全距离（图 7 - 45）。

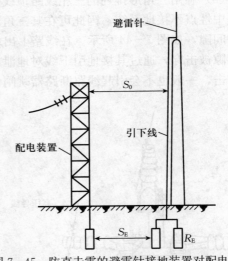

图 7 - 45　防直击雷的避雷针接地装置对配电装置及其接地装置的安全距离
S_0. 地上间距　S_E. 地下间距

① 独立避雷针及其引下线与配电装置在地上的水平间距离 S_0(m)，应满足下列两个经验公式要求

$$S_0 \geqslant 0.2 R_{sh} + 0.1h$$

且

$$S_0 \geqslant 5\ \text{m}$$

式中　S_0——独立避雷针及其引线与配电装置在地上的水平间距离（m）；

R_{sh}——避雷针的冲击接地电阻（Ω）；

h——避雷针检验点离地的高度（m）。

② 独立避雷针的接地装置与变配电所主接地网在地下的水平间距 S_E（m），应满足下列两式要求

$$S_E \geqslant 0.3 R_{sh}$$

且

$$S_E \geqslant 3\ \text{m}$$

（2）装设避雷线　对处在峡谷地区的变配电所，可装设避雷线来防护直击雷。

在 35 kV 及以上的变配电所进线上，可架设一段避雷线，用来消除架空线路上可能的直击雷闪络，并防止其引起的雷电波对变配电所电气装置的侵害，如图 7-46 所示。

（3）装设避雷器　装设避雷器，是用来防止雷电波侵入对变配电所电气装置特别是对主变压器的危害。

① 高压架空线路的终端杆装设阀式或排气式避雷器。如果变配电所进线是具有一段引入电缆的架空线路，则架空线路终端装设的避雷器应与电缆头处的电缆金属外皮相连接，并一同接地。

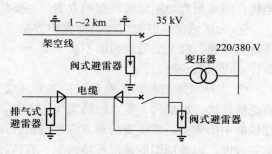

图 7-46　35 kV 变配电所对雷电波侵入的防护接线

② 每组高压母线上应装设阀式避雷器或金属氧化物避雷器。变配电所内所有避雷器应以最短的接地线与配电装置的主接地网连接。

③ 在 3～10 kV 配电变压器低压侧中性点不接地的 IT 系统中，应在其中性点装设击穿保险器。35/0.4 kV 配电变压器的两侧均应装设阀式避雷器。变压器两侧的避雷器应与变压器的中性点和外壳一同接地。

3. 低压线路的防雷措施　低压线路直接通到广大用户室内，分布很广，很容易遭受雷击，造成人、畜伤亡事故，特别是在多雷地区，从 380/220 V 低压配电线路引入用户房屋内的高压是不可忽视的。当架空配电线路遭到雷击时，沿木杆放电的电压一般为 3 000～5 000 kV。因此，沿线路传入房屋内的电压很高，潜在危险很大。

（1）变压器的防雷措施　在多雷地区（年平均雷电日大于 30 日的地区）和易受雷击地段，变压器低压侧的每个相线上宜装设低压避雷器。同时应将临

近房屋的电杆上绝缘子的铁脚接地，其接地电阻不宜大于 30 Ω。

（2）电能表的防雷措施　在多雷地区或易受雷击地段，直接与架空线相连的电能表，因易遭受雷电威胁，故应装设低压避雷器或保护间隙。

（3）架空线路与地埋线路连接处的防雷措施　在架空线路与地埋线路的连接处，也应装设避雷器或保护间隙。

4. 山区防雷措施　山区雷电活动的规律比平原地区更复杂。在山区运动着的大气气流，它的温度、湿度、压力、密度和电荷分布等，都是不均匀的，因此雷电放电的路径是不规则的。雷电的路径不单受地面高耸物体的影响，更重要的还受地形、地质和小区域气象条件的影响而发生变化。山区防雷措施，有以下几个特点：

（1）山区防雷保护，应根据山区雷电活动规律，充分利用山区有利地形、地物，因地制宜地制定防雷保护方案。主要的防雷保护方案有：

① 大区域建筑群避雷线全面保护方案。它是利用建筑群周围有利的地形条件，在建筑群上空敷设截面不小于 35 mm² 的钢绞线来代替防止直击雷的避雷针，可以防止侧击。

② 大区域建筑群局部重点保护方案。这是对于处在雷击区的建筑群进行有选择性的、局部的、重点的防雷保护方案，首先要对当地进行雷击调查，在建筑群中历史上经常落雷的地方设置避雷针，另外再根据建筑群中某些单体的重要程度，以及周围的地形环境情况，有选择地在几处设置避雷针。

（2）确定避雷针的具体位置要结合现场条件，在建筑群的范围内，在孤立的山脊、重要建筑物附近，以及古树、泉眼、水井、水库、河流边缘、风口、建筑群边缘凸出的单体等地方，有选择地在几处设置避雷针，将雷电流在指定地方引导下来。

（3）在山区雷击事故中，由于架空线引入高电压而引起的雷害占有很大的比例，应引起我们的足够重视。为了防止架空线引入高电压，应优先采用钢筋混凝土电杆、铁脚瓷瓶、铁横担，并利用电杆的钢筋接地。进户线杆、转角杆、终端杆加辅助接地极，要求冲击电阻不大于 20 Ω。进户线采用铁管穿线，将铁管接地，重要的用户应加装避雷器或 2 mm 的放电间隙。

（4）山区防雷保护装置中的接地。为了使接地电阻达到较低的数值，可以采取下列几种办法：

① 换土法。将接地坑内换上附近低电阻率的土壤，采用这种方法效果显著。当附近有金属切削碎末等金属导电体时也可采用此法。

② 深埋法。如果周围的土壤电阻率很不均匀，可在电阻率较低又容易深

挖的地方，深埋接地极。

③ 接地极延长法。当接地电阻不合格时，可在原接地极钢绞线的末端再连接上适当的长度，以增大与土壤的接触面积，也能达到降低接地电阻的效果。

④ 外引接地法。主要是将接地极外延到附近的水井、泉眼、水沟、河边、水库边、古树下等水土保持较好的地方，这种方法效果非常显著，能够得到较低的电阻值。外引接地装置要注意避开主要人行通道，以防止跨步电压触电，同时外引距离也不应超过 60～100 m，若过远，则泄流作用就不大了。

⑤ 化学处理法。如果当地只有岩石，没有覆盖泥土等物，又不便于采用其他办法时，可采用这种方法。有一种具体做法是：用人工开钻，炸药爆破直径 3 m、深 2.5 m 的接地坑，在坑内分层填入食盐，木炭（就地取材）和一定数量的菜园地黑土。接地坑的地面上加设 1.3 m 见方、深 0.5 m 的补充液体的小井，不定期补充稀盐水，接地采用 45 m 长的 TJ - 50 mm² 裸铜线绕成的螺环状接地极。

六、避雷装置的检修

1. 防雷装置的日常检测　防雷装置不仅要合理设计和正确施工，而且接闪器、引下线、防雷接地装置的选材要符合规定标准，还要建立必要的检查、检测制度。

（1）每年至少应在雷雨季节前、后对防雷装置进行检查和维护，当建筑物或室内设备、线路进行维修整改后必须对防雷装置进行检测和维护，以确保防雷装置的安全性能。

（2）检查是否由于维修建筑物、构筑物，或建筑物、构筑物本身变形，使防雷装置保护范围发生变化。

（3）在检查、检测各种明装导体时，如发现有熔化、断损、结构支架腐朽、防雷装置有裂纹和锈蚀 30% 以上的部件，应立即检修或更换。

（4）要检查从地表高 2.0 m 到地下 0.3 m 处的引下线有无破损情况。验收后的引下线地网有没有交叉或平行的电气线路。检查断接卡有无接触不良的情况。

（5）要检查检测引下线及地网的接地电阻值，有无因挖土、敷设其他管道或因植树而挖断了防雷接地装置。检查防雷接地装置周围的土壤有无沉陷现象。

要检测全部防雷接地装置的接地电阻。

（6）霓虹灯、广告栏、标志牌、航空信号灯的电力线路，应根据建筑物的特点，采取等电位连接与相应的防雷电波侵入的措施。严禁在独立的避雷针、避雷线支柱上悬挂电话线、广播线及低压架空线等。

2. 防雷装置的检查和维护

（1）避雷器的检查和维护

① 避雷器的外部瓷套是否完整，如有破损和裂纹者不能使用。检查瓷表面有无闪络痕迹。

② 检查密封是否良好。配电用避雷器顶盖和下部引线处的密封混合物若有脱落或龟裂，应将避雷器拆开干燥后再装好。高压用避雷器若密封不良，应进行修理。

③ 摇动避雷器检查有无响声，如有响声表明内部固定不好，应予检修。

④ 对有放电计数器与磁钢计数器的避雷器，应检查它们是否完好。

⑤ 避雷器各节的组合及导线与端子的连接，对避雷器不应产生附加应力。

（2）防雷针的运行及巡视检查　保持防雷装置处于正常状态下运行，做好运行维护工作是很重要的，变电运行人员除了日常巡视检查外，在每次雷电过后和系统发生过电压等异常情况后，都应对防雷装置进行检查，检查内容如下。

① 检查避雷针、避雷线以及它们的引下线有无锈蚀。按照一定检查周期检查避雷针埋入地下 50 cm 深度以上部分有无腐蚀。

② 检查导电部分的连接处，如焊接点、螺栓接点等连接是否紧密牢固，检查过程中可用小锤轻轻敲击检查，发现有接触不良或脱焊的接点，应立即予以修复。

③ 检查避雷针本体是否有裂纹、歪斜等现象。水泥接合缝及其上的油漆是否完好。

④ 与避雷器连接的导线及接地引下线有无烧伤痕迹或烧断、断股现象，接地端子是否牢固，动作记录器内部（罩内）有无积水。

⑤ 每年雷雨季节前应测量一次变电所内避雷器绝缘电阻，每 5 年至少应对接地网的接地电阻进行一次测量，电阻应符合接地规程的要求。

⑥ 6～10 kV 的避雷器以及 110 kV 及以上的避雷器均应常年投入运行。

⑦ 低式布置时，遮栏有无杂草，如有，应及时清除以防避雷器表面的电压分布不均匀或引起瓷套管短接。

⑧ 雷雨时，人员严禁接近防雷装置，以防雷击泄放雷电流产生危险的跨步电压对人的伤害，防止避雷针上产生较高电压对人的反击，防止有缺陷的避

雷器在雷雨天气可能发生爆炸对人的伤害。

（3）连接导体的检修　主要观察连接导体的固定情况，接口连接情况以及老化情况。发现有接触不良、接口松动、线路断裂、线路老化等情况，应及时更换，保证可能遭受雷击时雷电流的有效泄放。

（4）电涌保护器的检修　在雷雨季节期间，不管设备是否有异常或损坏现象都应多次检查电涌保护器。对于现在电源线路使用率较高的瓷瓦式电涌保护器，其使用寿命较短，几次动作后就失效了，要注意及时更换。一般氧化锌（压敏电阻）电涌保护器的使用寿命较长，长的可达 $30 \sim 50$ 年。安装后每年均应做定期检测（尤其是在安装后的第一个雷暴季节后），当发现漏电流超过 $20 \mu A$ 时建议更换；当漏电流比上一次测试增加两倍以上，绝对值虽然不超过 $10 \mu A$，也应更换；当连续两次检测（每次间隔一周以上）漏电流均爬升者一般都应更换。此外雷击后，阀片一般都会老化，当阀片的压敏电阻值（用压敏电阻测试仪测试）降低至原来的 90% 以下时应视为损坏，必须更换。更换时应注意连接良好，必须做好接地。

现在许多厂家生产的氧化锌（压敏电阻）电涌保护器有雷击记数功能或老化显示指示。在雷雨季节期间应不定时地查看，特别是查看老化显示指示，当老化显示达到其说明需要更换时应及时更换。

有条件的在雷雨季节前将 PCS 峰值电流感应器利用一个固定栓固定于防雷引下线或电涌保护器接地线成直角的地方。当有高压雷电流通过时，周围的磁场发生急剧变化，PCS 胶片背后的磁带能较准确地记录雷电峰值电流，过后将 PCS 取下，插入厂家提供的可摘式阅读器就可测量范围在 $3 \sim 120$ kA 的雷电流强度。

另外可能时用可携带式测试仪表检测模块式电涌保护器的拐弯电压，通过查看厂家提供的资料中该元器件的拐弯电压范围就可知道该元件是否老化。

对于信号电涌保护器，一般无雷击记数功能和老化显示指示，检查主要是观察其有无破损、线路有无脱掉、接口是否连接良好、设备工作是否异常等，若有这种情况应及时更换。

3. 防雷接地装置的维护检查　防雷接地装置的良好与否，直接关系到人身及设备的安全，甚至涉及系统的正常与稳定运行。切勿以为已经装设了防雷接地装置便太平无事了。实用中，应对各类防雷接地装置进行定期维护与检查，平时也应根据实际情况需要，进行临时性检查及维护。

防雷接地装置是过电压保护装置的一个重要组成部分，正确地进行检查和维护，经常保持它的良好状态，是保证安全运行的重要环节。由于防雷接地装置埋设在地下,除了检查其外观和接地引下线的连接情况外,主要靠测量接地电阻的结果来进行判断。

根据检查情况,若发现有不合格的地方,应及时进行补救处理。如接地引下线的断续卡接触不良就应除锈拧紧;当导体腐蚀达 30%以上时则应更换导体等。应该注意,对电器设备或建筑物的防雷接地装置进行修理或补救处理时,必须按原设计图纸要求施工。

防雷接地装置维护检查的周期一般是:对变电所(配电所)的接地网或工厂车间设备的防雷接地装置,应每年测量一次接地电阻值,看是否合乎要求,并对比上次测量值分析其变化。对其他的防雷接地装置,则要求每两年测试一次,根据防雷接地装置的规模、在电气系统中的重要性及季节变化等因素,每年应对防雷接地装置进行 1~2 次全面性维护检查,检查的具体内容包括:

(1) 接地线是否有折断、损伤或严重腐蚀。

(2) 接地支线与接地干线的连接是否牢固。

(3) 接地点土壤是否因受外力影响而与接地线松动。

(4) 重复接地线、接地体及其连接处是否完好无损。

(5) 检查全部连接点的螺栓是否松动,并应逐一加以紧固。

(6) 挖开接地引线周围的地面,检查地下 0.5 m 左右地线受腐蚀的程度,若腐蚀严重时应该立即更换。

(7) 检查接地线的连接线卡及跨接线等的接触是否完好。

(8) 对移动式电器设备,每次使用前须检查接地线是否接触良好,有无断股现象。

(9) 人工接地体周围地面上,不应该堆放及倾倒有强烈腐蚀性的物质。

(10) 防雷接地装置在巡视检查中,若发现有下列情况之一时,应予以修复:

① 摇测防雷接地装置,发现其接地电阻值超过原规定值时。

② 连接线连接处焊接开裂或连接中断时。

③ 接地线与用电设备压接螺丝松动、压接不实和连接不良时。

④ 接地线有机械损伤、断股、断线以及腐蚀严重(截面减小 30%时)。

⑤ 地中埋设件被水冲刷或由于挖土而裸露地面时。

4. 避雷器的检修

(1) 避雷器的运行与维护　每年雷雨季节之前,应对阀型避雷器进行一次绝缘电阻测量。测量时可用 2 500 V 的兆欧表。FS 型避雷器,绝缘电阻应大于 2 000 MΩ，如绝缘电阻小于此值，可能是避雷器密封破坏而受潮，应予以更换。

避雷器投运之后，应经常检查瓷套管是否完好，表面有无污染，有无裂纹、破损或闪络痕迹，引线及接地线有无烧伤现象；避雷器内部有无响声。此外，每次雷雨过后，应检查动作记录器的动作情况，检查避雷器上端引线、密封是否良好，检查避雷器与被保护电器设备之间的电气距离是否符合要求；检查避雷器本体有否摆动；结合停电机会检查阀型避雷器上法兰泄水孔是否畅通。检查避雷器上、下引线连接有无松动，接线螺丝是否短缺；检查接地线夹螺栓有无丢失，接触是否良好，瓷套水泥接缝是否完好。

（2）避雷器常见故障的诊断与排除方法　阀型避雷器在运行中常发生异常现象和故障，应对所发现的异常现象进行分析判断，并及时处理。例如：天气正常时，发现阀型避雷器瓷套有裂纹，则应按规程规定向有关电业部门报告，并将故障相避雷器退出运行，更换合格的避雷器；如果在雷雨中发现避雷器瓷套有裂纹，应尽可能不使避雷器退出运行，待雷雨过后再行处理。

发生避雷器内部有异常音响或套管有炸裂现象，应在保证安全的情况下，使故障相避雷器退出运行。如发现阀型避雷器动作指示器内部烧黑或烧毁，以及接地引下线连接点上有烧痕或烧断现象时，可能存在阀片电阻失效、火花间隙灭弧特性变坏等内部缺陷，应及时对避雷器做电气试验或解体检查。

第八章

用 电 安 全

第一节　触电伤害与触电原因

一、触电伤害的种类

人体是导电的，当有电流通过时，人体的细胞组织将遭受破坏。按人体所受伤害的不同，触电可分为电击和电伤两大类。

1. 电击　电击使触电者产生内伤。电击是触电的人直接接触了设备的带电部分，电流通过了人的身体，当电流达到一定数值后，就会使肌肉发生抽筋现象，如果不能立刻脱离电源，便会造成呼吸困难心脏麻痹，以致死亡。触电死亡事故，大多是由于电击所造成的。

2. 电伤　电伤是指触电者的皮肤局部的创伤，是一种外伤。电伤可分为电灼伤、电烙伤和皮肤金属化三种形式。

（1）电灼伤　这是由电流的热效应引起的，如拉闸时被电弧灼伤，熔丝烫伤等。

电灼伤一般有接触灼伤和电弧灼伤两种。接触灼伤发生在高电压触电事故时，电流通过人体皮肤，一般进口处比出口处的接触灼伤严重，接触灼伤面积较小，但深度深，大多为三度灼伤。灼伤处呈黄色或褐黑色，并可累及皮下组织、肌腱肌肉神经和血管，一般治疗期较长。

当发生带负荷拉、合隔离开关、带地线拉合隔离开关时，所发生的强烈电弧都可能引起电弧灼伤，其情况与火焰烧伤相似，会使皮肤发红、起泡、烧焦组织，并使其坏死。

（2）电烙伤　电烙伤是电流的化学效应或机械效应所引起的。

电烙伤发生在人体与带电体有良好的接触，但人体不被电击穿的情况下，在皮肤表面留下和接触带电体形状相似的肿块痕迹。电烙伤边缘明显，颜色多呈灰黄色，有时在触电后，电烙伤并不立即出现，而相隔一段时间才呈现。电烙伤一般不发炎或化脓，但往往造成局部麻木。

（3）皮肤金属化　在电流作用下，熔化和蒸发的金属微粒渗入皮肤深处，使皮肤呈现特殊颜色。其颜色种类与人体所接触的金属类别有关，如紫铜可使皮肤呈现绿色，铅可使皮肤呈现灰色，黄铜可使皮肤呈现蓝色等。在大多数情况下，皮肤金属化是局部的，并且会逐渐自然退色。

人触电后，电击伤和电伤可能同时发生。

此外，进行电弧焊接工作而没有戴上防护面罩时，往往因电弧强光的辐射作用而引起眼睛伤害；电工高空作业因没有做好安全措施或使用不合格的登高工具，从高处跌下，造成骨折或内伤、外伤，也都属于电伤。

二、触电形式

农村发生的触电事故一般可分为单相触电、两相触电、跨步电压触电和接触电压触电等四种。

1. 单相触电　当人体的某一部位触及一相带电导体时，就有触电电流通过人体，称为单相触电。

（1）电源中性点接地的单相触电

在低压 380/220 V 中性点直接接地系统中单相触电时的情形如图 8-1 所示。在这种系统中，当处于低电位的人体碰触一相导线时，人体所承受的电压是相对低的电压，即相电压 220 V。电流经过人体、大地和中性点的接地装置，再返回到 L₃，形成闭合回路，这会给触电者造成致命的危险。

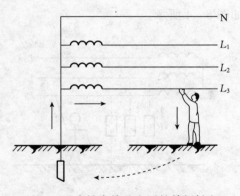

图 8-1　中性点接地电网的单相触电

农村中发生的触电事故，大部分是这种触电方式。图 8-2 所示的由于开关、灯头和电动机有缺陷而发生的触电，都是这种单相触电。

（2）电源中性点不接地的单相触电　在中性点不接地电网中，电气设备对地具有相当大的绝缘电阻，当在低压系统中发生单相触电时，电流通过人体流入大地，此时，通过人体的电流很小，一般不致造成对人体的伤害，但单相触电对人体的危害仍然存在。在高压中性点不接地系统中，由于系统对地电容电

图 8-2　电源中性点接地的单相触电器

流较大，特别在较长的电缆线路上，另外两相对地的电容电流可以通过单相触电危及人体。而一般单相触电时，单相接地电流在 30 A 以下时，继电保护不能动作，使触电的伤害程度更为严重。因此在高压中性点不接地电网中，单相触电很危险。如高压架空线断线，人体碰及断落的导线往往会导致人身触电事故；吊车在高压线路下起吊时，未采取安全措施，吊臂碰触高压导线，致使站在吊车旁手扶吊车的工作人员发生单相触电而死亡，如图 8-3 所示。

2. 两相触电　当人体同时和两根火线接触，或者和一根火线、一根零线接触时，电流从一根导线经过人体流至另一根导线，这种情况称为两相触电，如图 8-4 所示。

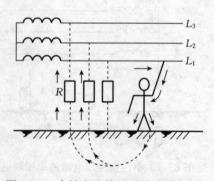

图 8-3　中性点不接地系统的单相触电　　　　图 8-4　两相触电

两相触电常发生在在电杆上工作时。这时，即使触电者穿上绝缘鞋，或站在绝缘台（或干燥的地板）上，也起不了保护作用。因此，两相触电是最危险的。

造成电工两相触电的主要原因是：自以为已经站在木梯子等绝缘物上，便开始带电作业，没有注意旁边带电导线，从而造成两相触电。

3. 跨步电压触电 当架空线路的一根导线断落在地上时，如果人站在距离带电导线落地点 10 m 范围以内，且两脚站在离落地点远近不同的位置上，就会有触电电流通过人体，这种触电就叫跨步电压触电。此时，接地点的电位就是导线的电位，电流就会以落地点为中心沿大地向四面八方流散开去，而在地面上呈现不同的电位，如图 8-5 所示。

断线接地

10 m

图 8-5 跨步电压触电

越靠近接地点电位越高，越远离接地点电位越低。在距接地点 20 m 远的地方电位约降至零。越靠近接地点跨步电压越高，触电的危险就越大，落地电线的电压越高，触电的危险越大。因此，当发现电线落地时，不要靠近，要离开 20 m 以外。如果行走中遇到电线落地应立即合拢双脚或抬起一只脚，蹦出 10 m 之外。跨步电压触电的情形如图 8-6 所示。

从图 8-6 中不难看出，距电流入地点越近，则跨步电压越大，距电流入地点越远，则跨步电压越小，在 20 m 范围外，跨步电压值即可视为零了。

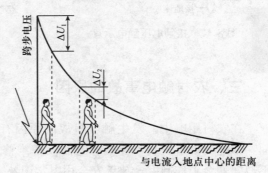

图 8-6 跨步电压值与电流入地点中心距离的关系

4. 接触电压触电 当电器设备的接地保护装置布置不合理时，设备外壳接地后，地面电位分布就会不同，如果人碰到设备外壳就会有触电电流通过人体，这种触电叫接触电压触电。

设备外壳在正常情况下一般是不带电的。但如果内部绝缘损坏产生漏电时，外壳将带电，电流将顺接地线流入大地，向四处散失，从而使地面上不同地点的电位不同，如果此时人与带电的外壳接触，便会发生接触电压触电，如图8-7所示。

接触电压等于设备外壳上的相电压减去人体站立点的地面电位，因此人体站立点离接地体越近，所受的接触电压越小，反之接触电压越大。如果接地线断路，人所承受的电压即为相电压，与单相触电情况相同。接触电压触电时的情形如图8-8所示，图中U_1为电器设备对地电压；U_2为人体站立点地面电压。

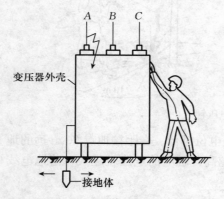

图8-7　接触电压触电示意

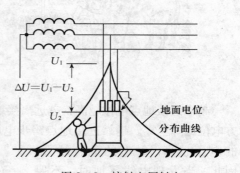

图8-8　接触电压触电

三、农村触电事故的原因

在农村用电中，发生触电事故的原因有很多，归纳起来，主要有五个方面，即电器设备安装不合格；电器设备维修不及时（设备失修）；违章作业，不遵守安全工作制度；缺乏安全用电常识及"私拉乱接"。

1. 电器设备安装不合格　属于安装不合格的主要原因有：

（1）电器设备外壳未接地，或虽有接地，但接地电阻不合格。

（2）用活树当电杆。

（3）电杆直径过小。

（4）导线对地距离过低，不符合规程要求。

（5）落地式变压器无围栏。

（6）导线穿墙无套管。

（7）相线（火线）未接在开关上。

（8）灯头距地面过低。

（9）电力线和广播线同杆架设。

（10）使用不合格的绝缘导线。

农村电器设备应和城市、工厂的电器设备一样正确安装。为了保证安全，必须由专业电工安装、并应符合电气装置的安全要求及电力部门的验收标准。触电事故大多数发生在不符合安装要求的电器设备上。例如采用一线一地安装电灯、黑光诱虫灯，采用三线一地等，当有人无意碰到接地极时，便会发生触电事故，如图 8 - 9 所示。

农村中季节性用电比较多，有些用电设备在农忙时还要随时移动地方，因此需要安装临时线路，供电给小水泵、脱粒机等设备。临时线路虽然与固定线路相比，允许有些差别，但也应当符合电气安全的基本要求，禁止用地爬线作临时线路，以避免触电事故的发生。临时线路要用绝缘良好的电线，并要装得高一些（如离地在 4.5 m 以上），不要让外界的东西很容易碰撞而损坏；要勤加检查，发现缺陷就要及时修好；使用完毕就要拆掉，如图 8 - 10 所示。

图 8 - 9　禁止使用一线一地　　　　图 8 - 10　临时线路要架高装好

小水泵、脱粒机等设备，安装后没有测定绝缘是否良好，又没有保护接地等安全措施，通电以后，往往由于绝缘损坏而使外壳带电，有人接触上去，就会引起触电事故。

广播线和电力线尽可能不要同杆架设。在相互交叉跨越时，因广播线比较细，容易断，应当装在电力线的下面。两种线之间应有一定的距离：低压架空电力线与下面的广播线的垂直距离，应不小于 1 m，如图 8 - 11 所示。

低压户外布线或接户线，当采用绝缘导线时，与其下面的广播线的垂直距离应不小于 0.6 m，严禁电力线与广播线、通信线同孔进户，否则容易发生广播线与电力线相碰，在有人偶尔接触到广播线时，便会引起触电事故（图 8-12）。

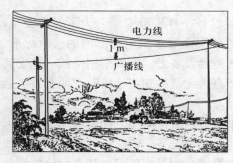 

图 8-11 电力钱和广播线的架设　　图 8-12 要防止电力线碰广播线

电器设备安装得不合格，还包括选用的电器设备不符合安全要求或不符合用电环境的要求。例如：插头和插座不配套，插脚过长等，通电以后，还有可能接触到带电的插脚；在户外田间或灰尘多、环境潮湿的地方采用胶盖闸刀开关等，都是引起触电事故的原因。

2. 电器设备维护不及时　农村电器设备，包括线路、灯头、开关、插座、小水泵、扬场机、脱粒机等，安装后虽经检查试验合格，但通电使用以后，时间一长，便会产生缺陷，有所损坏，如果不能及时修理，让电器设备继续"带病"运行，很容易发生触电事故。例如，家中的开关、灯头、电线和插座坏了，有人碰上去，就会触电。所以一发现损坏，就要请电工及时修好。

电动机的接线端头本来有盒盖盖着，防止有人无意中接触到而引起触电事故，但有些地方的电动机接线盒盖因损坏或遗失，使带电端头露在外面，很容易造成触电事故，如图 8-13 所示。

落地安装的配电变压器，四周应当有铁丝网围栅或耐久可靠的围墙，防止有人进去发生触电事故，如图 8-14 所示。如果围栅坏了不修，有人进去，接触带电的地方，就容易发生严重的触电事故。

3. 不遵守电气安全工作制度　属于不遵守电气安全工作制度，所造成的触电事故原因主要有：

（1）由于约时停、送电或打信号送电而造成的误送电。一定要严格禁止约时停、送电，因往往没按约定时间停、送电而引起触电事故。

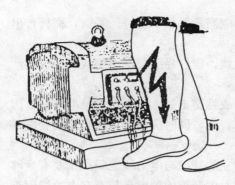

图8-13　电动机的接线端头不可外露　　　　图8-14　落地安装变压器要有围栅

(2) 非电气人员操作或维修电器设备。

(3) 带电移动电器设备。

(4) 带电维修电器设备。

(5) 带电登杆或爬上变压器台作业。

(6) 湿手、赤脚维修电器设备。

(7) 用非绝缘工器具带电操作电器设备。

(8) 在带电导线下面修建房屋、打井、堆柴等。

(9) 在电线上晒衣服。

(10) 先接电源后接负荷。

(11) 采用"一线一地"照明。

(12) 未停电即收电线。

(13) 私拉乱接临时电线。

(14) 私设电网防盗和用电捕鱼、捕鼠等。

(15) 检修时不认真执行停电、验电、挂接地线制度，甚至两组接地线只挂一组，或不挂；在停电的开关把手上不挂"禁止合闸，有人工作"的标志牌；工作时思想不集中，错登上临近带电设备等。

(16) 只拉电灯开关，不拉闸刀开关就修灯。这种做法，有引起事故的可能。因为如果开关没装在相线（俗称火线）上，拉开电灯开关，灯头上还是有电的，碰上去便会触电。

(17) 使用挂钩线、破股线、地爬线。

4. 缺乏安全用电常识　缺乏安全用电的常识，也是造成触电事故的一个原因。例如：把晒衣服的铁丝和电线绑在一起，磨破了电线的绝缘，使铁丝带电，引起触电事故。

船只通过上面有电线跨过的河道时，应当及时放下桅杆。否则，桅杆传电或碰断电线就会引起严重的触电事故。

用电捕鱼，随便从附近线路上拖接电线，很容易引起触电事故，所以要严禁用电狩猎、捕鱼、捕鼠和灭害。

电线断落在地，在落地点附近若有人或牲畜走过，也会引起触电事故。因此，在电线落地处附近，应禁止人或牲畜行走，同时应尽快报告当地的管电部门进行处理。

此外，在抗旱打井、造房工作中，树立的井架与电力线之间一定要有足够的安全距离，以避免因井架碰触高压线而发生严重的触电事故。在电力线附近砍伐树木、平整土地、开山放炮等，都要采取可靠的安全措施，同时严禁在果园、菜园四周私自架设电网，防止发生误触电事故。

5. 私拉乱接　在现实生活中，有不少人没有经过专业培训，就自以为是地干起电工工作。认为只要电灯能亮，电机会转就可以做电工。却不知道电工还分高压电工和低压电工，初级电工和可以进行带电作业的高级电工等。有些电工工作必须要有比他高级的电工进行监护。一些人由于缺乏必要的电气安全知识，不是按照电业的有关规定进行工作，而是"私拉乱接"，造成本人或他人的触电伤亡事故。

四、决定触电伤害程度的因素

触电伤害的程度，主要取决于电流种类和频率、电流的大小及通过人体的途径、电压的高低、触电时间的长短以及人体电阻的大小等因素。

（1）通过人体电流的大小　一般情况下，通过人体的电流越大、人体的生理反应越明显、越强烈，生命的危险性也就越大。而通过人体的电流大小则主要取决于：

① 施加于人体的电压，电压越高，通过人体的电流越大。

② 人体电阻的大小，人体电阻与皮肤干燥、完整、接触电极的面积以及人体的接触电压有关。一般情况下，人体电阻可按 $1\,000\sim2\,000\,\Omega$ 考虑，而潮湿条件下的人体电阻约为干燥条件下的1/2。人体电阻越小，危险性越大。

触电电流对人体的伤害程度及生理反应见表8-1。

表 8-1　触电电流（工频）对人体的伤害程度及生理反应

伤害程度	电流大小（mA）	通电时间	人体生理反应
无感觉	0～0.5	连续通电	没有感觉
不致产生严重后果	0.5～5	连续通电	有感觉，手指、手腕等处有痛感，但无痉挛，可以摆脱带电体
	5～30	数分钟以内	痉挛，不能摆脱带电体，呼吸困难，血压升高，是可忍受的极限
	30～50	数秒到数分	心脏跳动不规则，昏迷，血压升高，强烈痉挛，若时间过长即引起心室颤动
容易产生严重后果	50～数百	低于心脏搏动周期	受强烈冲击，但未发生心室颤动
		超过心脏搏动周期	发生心室颤动，昏迷，触电部位有电流通过的痕迹
	超过数百	低于心脏搏动周期	将发生心室颤动，昏迷，触电部位有电流通过的痕迹
		超过心脏搏动周期	将引起恢复性心脏停搏，昏迷，可有致命的电灼伤

（2）电流通过人体的持续时间　通电时间越长，电击伤害程度越严重。通电时间短于一个心脏周期时（人的心脏周期约为 75 ms），一般不至于发生有生命危险的心室纤维性颤动；但若触电正好开始于心脏周期的易损伤期，仍会发生心室颤动，一旦发生心室颤动，如无及时地抢救，数秒钟至数分钟之内即可导致不可挽回的生物性死亡。

（3）电流通过人体的途径　电流通过人体不存在不危险的途径，以途径短、而且经过心脏的途径的危险性最大，电流流经心脏会引起心室颤动而致死，较大电流还会使心脏立刻停止跳动。在通电途径中，从左手至胸部的通路为最危险。

（4）通过电流的种类　人体对不同频率电流的生理敏感性是不同的，因而不同种类的电流对人体的伤害程度也就有区别。工频电流对人体伤害最为严重；直流电流对人体的伤害则较轻；高频电流对人体的伤害程度远不及工频交流电严重。

（5）人体状况　电对人体的伤害程度与人体本身的状况有密切关系。人体状况除人体电阻外，还与性别、健康状况和年龄等因素有关。

① 电流对人体的伤害程度与性别有关。对电的敏感性，女性较男性为高，在触电电流相同时，女性较男性更难以摆脱。

② 儿童遭受电击较成年人更加危险。

③ 患有心脏病等严重疾病者或体弱多病者比健康人更易遭受电机的伤害。

④ 每个人的人体电阻值不同。人体电阻主要取决于人体表面角质层的电阻大小。人体电阻越小，遭受电击使人受到伤害的程度就越严重。

（6）作用于人体的电压　触电伤亡的直接原因在于电流在人体内引起的生理病变。显然，此电流的大小与作用于人体的电压高低有关。电压越高，电流越大，更由于人体电阻将随着作用于人体的电压升高而呈非线性急剧下降，致使通过人体的电流显著增大，使得电流对人体的伤害更加严重。

第二节　触电急救

一、触电急救的一般原则

触电急救必须分秒必争，立即就地迅速地用心肺复苏法进行抢救，并坚持不断地进行。

1. 触电急救，首先要使触电者迅速脱离电源。

2. 如触电者已停止呼吸和心跳，应立即就地正确使用心肺复苏法（包括人工呼吸法和胸外按压心脏法）进行抢救，同时及早与医疗部门联系，争取医务人员接替救治。

3. 在医务人员未来接替救治前，不应放弃现场抢救，更不能只根据没有呼吸或没有脉搏，就擅自判定触电者死亡而放弃抢救。只有医生有权做出触电者死亡的诊断。

二、脱离电源

触电急救，首先要使触电者迅速脱离电源，越快越好，因为电流对人体作用的时间越长，伤害越重。

脱离电源，就是要将触电者接触的那一部分带电设备的电源开关或插头断开，或者设法将触电者与带电设备脱离。在使触电者脱离电源时，救护人员既要救人，又要注意保护自己。触电者未脱离电源前，救护人员不得直接用手触及触电者，以免自己触电。

1. 低压触电时，使触电者脱离电源的方法

（1）若电源开关或电源插销就在附近，应立即拉开开关或拔出插销，断开电源，如图 8－15 所示。

(a) 拉开开关　　　　(b) 拔掉插销　　　　　(c) 切断电源

图 8－15　就近拉开电源开关或拔掉插销

注意：单极开关，如拉线开关和平开关因只能控制一根线，故在错接的情况下（开关错接在地线，应该接在火线端），只切断了零线，却断不开电源，如图 8－16 所示。

（2）如附近找不到电源开关或电源插销，应用带绝缘柄的电工钳或用干燥木柄的器具如斧头、锄头等切断电线，断开电源（图 8－17）。

（3）当电线搭落在触电者身上或被

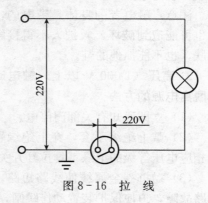

图 8－16　拉　线

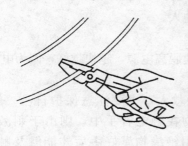

图 8－17　用绝缘工具切断电线

压在身下时，可用干燥的衣服、手套、绳索、木棒等绝缘物作工具，拉开触电者或挑开电线，使触电者脱离电源，如图 8－18 所示。

图 8－18　挑开触电人身上的电线

（4）如触电者衣服是干燥的，又没有紧缠在身上，可以用一只手抓住他的衣服，脱离电源，如图 8－19 所示。

注意：触电者的身体是带电的，其鞋的绝缘也可能遭到破坏，救护人不得接触触电者的皮肤，也不能抓他的鞋。

2. 高压（1 000 V 以上）触电时，使触电者脱离电源的方法

（1）立即通知有关部门停电。

（2）戴上绝缘手套，穿上绝缘鞋，用合格的相应电压等级的绝缘工具拉开开关。

（3）抛掷裸金属线使线路短路，人为制造短路故障，迫使保护装置动作跳闸，断开电源。在抛掷金属线前，先将一端接地，然后抛掷另一端；抛掷的一端不可触及触电者和其他人。

图 8－19　用一只手拉触电人干燥的衣服

3. 脱离电源的注意事项

（1）触电急救，首先要使触电者迅速脱离电源，越快越好，因为电流作用的时间越长，伤害越重。

（2）在脱离电源中，救护人员既要救人，也要注意保护自己。触电者未脱离电源前，身上有电，若是带电物在触电者手中，则由于刺激作用，抓得特别紧。因此，抢救者此时只能用绝缘物裹好手后才能触及触电者，而且最好用一只手进行，尽量在解脱电源后再松开触电者的手，谨防自身触电。

（3）救护人不可直接用手或其他金属及潮湿的物体作为救护工具，必须使用适当的绝缘工具。救护人只用一只手操作，以防自己触电。

（4）防止触电者脱离电源后可能的摔伤，特别是当触电者在高处的情况下，如图8-20所示。即使触电者在平地，也要注意触电者倒下的方向，谨防摔伤。

（5）如触电者触及断落在地上的带电高压导线，且尚未确证线路无电，救护人员在未做好安全措施（如穿绝缘靴或临时双脚并紧跳跃地接近触电者）前，不能接近距断线

图8-20 人在高处触电时的抢救法

点8～10 m范围内，防止跨步电压伤人。触电者脱离带电导线后亦应迅速将其移至距断线点8～10 m以外后再开始触电急救。只有在确认线路已经无电，才可在触电者离开触电导线后，立即就地进行急救。

（6）救护触电伤员切除电源时，有时会同时使照明失电，因此应考虑事故照明、应急灯等临时照明。新的照明要符合使用场所防火、防爆的要求，但不能因此延误切除电源和进行急救脱离电源后的处理。

三、对触电者的急救措施

1．"假死"状态的诊断 解脱电源后，触电者往往处于昏迷状态，情况不清，应尽快对心跳和呼吸做一判断，看看是否处于"假死"状态；"假死"状态的触电者，全身各组织严重缺氧，生命十分危险，没有时间用常规方法来系统检查，只能迅速地用一些简单有效的方法，判断是否"假死"及"假死类型"，然后有的放矢，对症救护。

将脱离电源后的触电者迅速移至通风、干燥的地方，使其仰卧，将上衣与裤带解开。然后做如下诊断：

（1）查一查有无呼吸 观察或手摸胸廓和腹部，看其有无上下起伏的呼吸动作；也可将手指放在鼻孔处，试试有无气体流动，综合判断触电者有无呼吸，如图8-21所示。

（2）试一试有无心跳 胸前区听心声或摸颈动脉（或腹股沟处的股动脉）的脉搏，综合判断触电者有无心跳，如图8-22所示。

图 8-21 呼吸的诊断

图 8-22 心跳的诊断

（3）看一看瞳孔是否放大 用大拇指和食指将触电者眼皮翻开，即可看到瞳孔。瞳孔放大，表明大脑细胞严重缺氧，生命处于死亡边缘，如图 8-23 所示。

"假死"可分为三类：第一类，心跳停止，但有呼吸；第二类，呼吸停止，但有心跳；第三

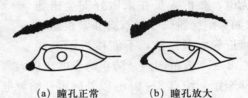

(a) 瞳孔正常　　(b) 瞳孔放大

图 8-23 瞳孔的诊断

类，心跳和呼吸都停止。结合上述诊断，便可判定触电者所处状态，实施对症急救。

2. 急救方法 触电者需要救护时常按下述四种情况处理。

（1）如果触电者伤势不重，神志清醒，只有些心慌、四肢发麻、全身无力；或者触电者在触电过程中曾一度昏迷，但已清醒过来，应使其安静休息，不要走动，严密观察并请医生前来诊治或送医院。

（2）如触电者伤势较重，失去知觉，但有心跳和呼吸，应使其舒适安静地平卧；周围不要围人，使空气流通；解开衣服以利呼吸；如遇天寒，注意保温，并速请医生诊治或送医院。

（3）如触电者的伤势严重、无知觉、无呼吸、但有心跳（头部触电者的人易出现这种状态），应立即实施人工呼吸法抢救。如有呼吸，但无心跳，应立即实施人工胸外心脏按压法抢救。

（4）如触电者心跳和呼吸都已停止，情况更严重，需同时实施人工呼吸和人工胸外心脏按压抢救。

（5）注意事项 触电急救要尽快地进行，不能等候医生的到来；在送往医院的途中，也不能中断抢救。触电后开始抢救的时间越早，救治良好率越高，

见表8-2。统计数据突出表明现场急救时争分夺秒的重要意义。

表8-2　触电后开始抢救的时间与救治良好率

触电后开始抢救的时间（min）	救治良好率（%）
1	90
6	10
12	≈0

3. 心肺复苏法急救　触电伤员的呼吸和心跳均已停止时，应立即按心肺复苏法采取支持生命的三项基本措施：通畅气道；口对口（鼻）人工呼吸；胸外按压。

（1）通畅气道　触电伤员呼吸停止时，要迅速解开伤员衣服、裤带，松开上身的紧身衣、胸罩、围巾等，使其胸部能自由扩张，不妨碍呼吸。如果发现伤员口腔内有异物，可将其身体及头部同时侧转，迅速用一个手指或用两手指交叉从口角处插入，取出异物。操作中要注意防止将异物推到咽喉深部。

通畅气道可采用仰面抬颏法（图8-24）。用一只手放在触电者前额，另一只手将其下颏向上抬起，两手协同将伤员头部推向后仰，使其舌根随之抬起，气道即可通畅，注意：严禁用枕头或其他物品垫在伤员头下。头部抬高前倾，会加重气道阻塞，且使胸外按压时流向胸部的血流减少甚至消失。

图8-24　通畅气道的仰面抬颏法

（2）口对口（鼻）人工呼吸法（图8-25）　将触电者仰卧，解开衣服和裤带，然后将触电者头偏向一侧，张开其嘴，迅速取出口腔中的假牙、血块等异物，使呼吸道畅通。

抢救者在病人一边，使触电者的鼻孔朝天头后仰，用手捏紧触电者鼻子，并将其颈部上抬，深深吸一口气，用嘴紧贴触电者的嘴，大口吹气，然后松开捏鼻子的手，让气体从触电者肺部排出。如此反复进行，每5s吹气一次，坚持连续进行，不可间断，直到触电者苏醒为止。

人工呼吸应就地进行，只要有一线希望都要坚持到底。一旦将人抢救过来，一方面加强护理，另一方面找医护人员或送往医院。

人工呼吸的注意事项：

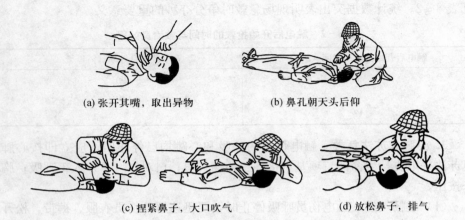

(a) 张开其嘴，取出异物　　　　(b) 鼻孔朝天头后仰

(c) 捏紧鼻子，大口吹气　　　　(d) 放松鼻子，排气

图 8 - 25　人工呼吸法急救触电者

① 争取时间，动作要快，并且要坚持连续进行。在请医生前来和送往医院的过程中，不许间断抢救。

② 应将触电者身上妨碍呼吸的衣服（如领口、上衣、裤带等）全部解开，愈快愈好。

③ 迅速将口中的假牙或食物取出。

④ 如果牙关紧闭，须使其口张开，可把下颌骨抬起，用两手四指托在下颌骨后角处，用力慢慢往前移动，使下牙移到上牙前，如还不开口，可用小木板等物插入牙缝，但不能从前面门齿插入，必须从口角伸入，注意不要损坏牙齿。

⑤ 不能注射强心剂，必要时可注射克拉明。

⑥ 对幼小儿童施行此法时，鼻子不必捏紧，可任其自由漏气，而且吹气不能过猛，以免肺泡胀破。

（3）胸外按压法（图 8 - 26）　对有呼吸但心脏停止跳动的触电者，应采用胸外按压法进行急救。

将触电者仰卧在硬板上或地上，颈部垫枕物使头部稍后仰，松开衣服和裤袋，急救者跨跪在触电者腹部，将右手掌根部按于触电者胸骨 1/2 处，中指指尖对准其颈部凹陷的下缘，左手掌复压在右手背上。掌根用力下压 3～4 cm，突然放松，按压与放松的动作要有节奏，每秒进行一次，必须坚持连续进行，不可中断，直到触电者苏醒为止。

（4）人工呼吸法和胸外按压法同时急救　对于呼吸和心跳均已停止的触电者，应同时采用人工呼吸法和胸外按压法进行急救。

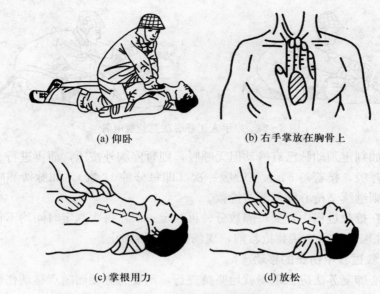

(a) 仰卧　　　　　　　　(b) 右手掌放在胸骨上

(c) 掌根用力　　　　　　(d) 放松

图8-26　胸外按压法急救触电者

① 一人急救。单人急救时，两种方法应交替进行，人工呼吸2～3次，再按压心脏10～15次，且速度都应快些。

② 两人急救。双人抢救时，每按压5次后，由另一人人工呼吸1次，反复进行，如图8-27所示。

按压进行约1 min后，用5～7 s看、听、试，来判断是否苏醒。如还未复苏，应增加人工呼吸次数继续进行，直到医务人员接替为止，但不能随意移动伤员。

图8-27　两人急救

如果苏醒了，可以暂时停止操作，但要严密监护，因为心脏可能再次骤停跳动。

（5）牵手人工呼吸法　如果触电者口和鼻均受伤而无法对其进行口对口人工呼吸，而且呼吸已停止或不规则时，应采用此法抢救，如图8-28所示。

4. 急救过程中的再判定

（1）按压吹气1 min后（相当于单人抢救时做了4个15∶2压吹循环），应用看、听、试方法在5～7 s内完成对伤员呼吸和心跳是否恢复的再判定。

图 8-28　牵手人工呼吸法急救触电者

（2）如判定颈动脉已有搏动但无呼吸，则暂停胸外按压，而再进行 2 次口对口人工呼吸，接着每 5 s 人工呼吸一次（即每分钟 12 次），如脉搏和呼吸均未恢复，则继续坚持心肺复苏法抢救。

（3）在抢救过程中，要每隔数分钟再判定一次，每次判定时间均不得超过 5～7 s。在医务人员未接替抢救前，现场抢救不得停止。

5. 抢救过程中伤员的移动

（1）心肺复苏法应在现场就地坚持进行，不要为方便而随意移动伤员，如确实需要转移时，抢救中断时间不应超过 30 s。

（2）移动伤员或将伤员送往医院时，除应使伤员平躺在担架上并在其背部置以平硬阔木板外，移动或送往医院过程中仍应继续抢救，心跳、呼吸停止者要继续心肺复苏法抢救，在医务人员未接替救治前不能中止。

（3）应创造条件，用塑料袋装入砸碎了的冰屑做成帽状包绕在伤员头部，露出眼睛，使脑部温度降低，争取心肺脑完全复苏。

第三节　防止触电的措施

一、防止触电的基本要求

1. 限制接触电压和快速切断故障电路　当设备绝缘损坏时，应尽量降低接触电压，并限制此电压对人体的作用时间，以避免电击事故。为防电击，当接触电压超过 50 V 时，应在规定时间内切断故障线路。

2. 进行接地或接零保护以及总等电位连接　接地或接零保护是保护电力系统、电器设备正常运行和人身安全所采取的重要措施。接地或接零保护以及总等电位连接将有效地降低电器设备接触电压，并能降低来自外部窜入电器设备内的危险电压。

　　总等电位连接的含义是指在建筑物电源进线处，通过连接干线将建筑物内的装置外导电部分，如给排水管、煤气管以及建筑物金属结构等导电体与 PE 干线及总接地端子相连接，以便在发生接地故障时显著降低这些可导电部分的接触电压，确保人身安全。

　　在电器设备或建筑内，不论采用何种接地系统，应将下列导电部分互相连接。以实施总等电位连接。

　　(1) 进线配电箱的保护母排或端子。

　　(2) 接往接地极的接地线。

　　(3) 金属给、排水干管。

　　(4) 煤气管。

　　(5) 暖气通道和空调管。

　　(6) 建筑物金属构件。

　　一般在进线处或进线配电箱近旁设接地母排，将上述连接线汇接于此母排上，如图 8-29 所示。

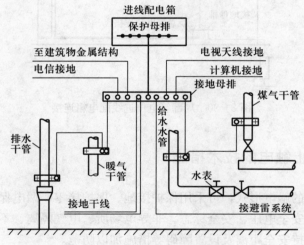

图 8-29　总等电位连接

　　3. 局部等电位进线配电箱连接　局部等电位连接的含义是指局部范围内的等电位连接，包括该范围内所有能触及的装置外导电部分与所有设备的 PE 线相连接，亦称"辅助等电位连接"。其目的是进一步降低可能触及的导电部分的接触电压，确保人身安全。如比较潮湿的浴室等地，宜采用局部等电位连接。

总等电位连接后，如果电气装置或其一部分在发生接地故障时，其接地故障保护不能满足接触电压限值或切断故障电路时间要求时，应在局部范围内作局部等电位进线配电箱连接。局部等电位进线配电箱连接如图8-30所示。

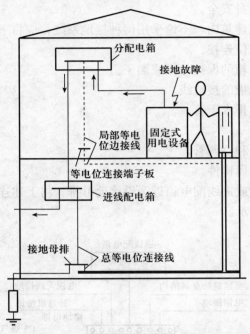

图8-30　局部等电位进线配电箱连接

二、防止触电的技术措施

根据可能的触电形式，可采用保护接地、保护接零、漏电保护装置、绝缘防护、屏护、安全电压、安全标志、非导电场所、电气隔离、不接地的局部等电位连接、保持安全距离及设置障碍等措施加以防范。

1. 采用保护接地或保护接零　采用保护接地措施后，当人体触及漏电的电器设备时，人体是与接地装置并联的，而接地装置的接地电阻规定为4Ω以下，一般情况人体电阻为1 000～2 000Ω，接地电阻比人体电阻要小很多。接地电流大部分经接地装置流入大地，而流入人体的电流则相当小，从而起到保护人身安全的作用。

电器设备发生一相对壳漏电时，接地保护能降低漏电设备外壳上的接触电压，因而这是一个预防间接触电的重要措施，但实践表明，在多数情况下，接触电压不可能降至安全电压值。因此，接地保护在保护人身安全方面有局限性，必须有漏电保护与其配合。

采用保护接零后，若电器设备发生设备带电部分漏电，就构成单相短路，短路电流很大，使相电源自动切断（如熔断器熔体熔断或自动开关低压断路器动作），这时人体碰到设备的外壳时就不会触电。

保护接地，就是将电机、配电装置等的金属外壳和支架，管内暗线装置的钢管和接线盒等，用导线和埋在地下的接地极相连接，如图 8 - 31 所示。

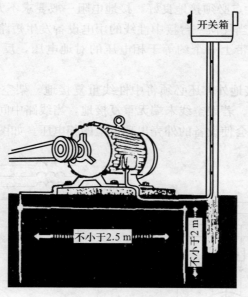

图 8 - 31　保护接地

接地的电器设备与接地装置连接时，要并行连接到接地总线上，如图 8 - 32 所示，不可串接。

在中性点直接接地的 380/220 V 三相四线的低压电网中，除了可采用保护接地的方法外，还可采用保护接中性线（称保护接零）的方法作为防护措施。保护接中性线，就是将电器设备上的金属外壳与接地的中性线（称零线）相连接，如图 8 - 32 所示。

保护接中性线的作用是，当电器设备绝缘损坏使线路形成单相短路，从而产生较大短路电流，使熔丝很快熔断或使开关跳开，将故障设备的电源切断。

实行保护接中性线，还必须符合下述各种条件，否则可能发生意外的

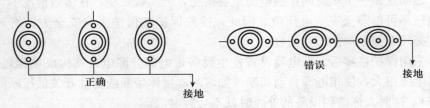

正确　　　　　　　　错误

接地　　　　　　　　　　　　接地

图 8-32　接地方法

危险：

① 电源的中性点必须接地良好，接地电阻一般要求不大于 4 Ω。如果中性点没有接地，那么当任何一台接中性线的用电设备发生短路时，所有接中性线的用电设备上都会带上一个约等于相电压的对地电压，反而增加了触电的危险性。

② 除中性点接地外，还必须将中性线重复接地。架空线出线端和架空线末端也要重复接地。若架空线末端无重复接地，当线路中间重复接地处后面的中性线断线时，也会使设备的外壳出现危险的相电压，如图 8-34 所示。

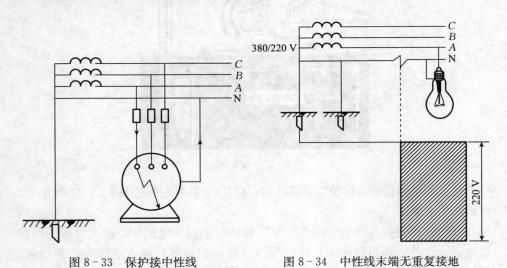

图 8-33　保护接中性线　　　　　　图 8-34　中性线末端无重复接地

③ 在较长的线路上，一般每隔 1～2 km 便要重复接地。重复接地应有良好的接地极，接地电阻一般不应超过 10 Ω。重复接地的作用是，当接中性线的设备发生短路故障时，使中性线的对地电压降低，而且即使中性线断线，也可使中性线的对地电压降低，如图 8-35 所示。

④ 中性线中不得安装熔丝，否则，当机壳短路引起的短路电流使这一熔丝熔断，而相线中的熔丝没有熔断时，中性线也会出现约等于相电压的对地电压，因而会引起严重的触电危险。

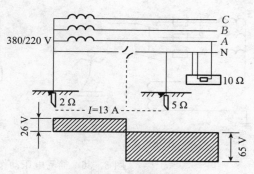

图 8-35 中性线重复接地

⑤ 中性线截面应选择适当，以使相线和中性线短路时所产生的短路电流，能达到相线上最近一组熔丝的额定电流的 2.5 倍，即达到熔丝的熔断电流，以切断电源。

⑥ 中性线应与相线一样妥善安装，防止断线，而且中性线要装在相线的下面，各相负荷应尽量平衡。

⑦ 在同一低压电网中（一般指同一变压器供电的低压电网），不容许将一部分电器设备采用保护接地，而另一部分电器设备采用保护接中性线的方法，否则，接地的设备发生短路故障时，使中性线电位升高而增加触电的可能性。在农村公用电网中，不应采用保护接中性线的方法，而应采用保护接地的方法。

2. 安全漏电保护设备 装设漏电保护器作为后备保护，其额定动作电流不应超过 30 mA。当低压电气系统发生一相对地漏电或人身一相对地触电时，漏电保护装置能快速（通常为 0.1 s）切断电源，从而有效地防止人身间接或直接触电。同时，漏电保护也是预防由漏电引起电气火灾的一种措施。

漏电保护器，也叫触电保护器、漏电自动开关或漏电开关。当这种电器出现包括人身触电和设备漏电，或者在用电设备外露金属部件呈现出危险的接触电压时，能在规定的时间内切断电源或发出警报，从而避免酿成人身触电伤亡事故。按照漏电保护器的工作原理可以分为电压动作型漏电保护器和电流动作型漏电保护器。电压动作型漏电保护器的基本原理是将一个检测线圈串接在变压器低压侧的中性点与接地极之间，当低压系统发生触电事故时，电源通过相线、人体、大地及漏电保护器的检测线圈，构成一个闭合回路，同时在变压器中性点与大地之间出现一个故障电压，当这个故障电压超过一定值时，检测线圈就推动脱扣机构，使主开关动作，把电源切断。漏电保护器的检测元件，有的是一个简单的检测线圈，直接带一个脱扣机构来控制主开关，称为单级式，有的是一个灵敏继电器，通过继电器的触点来控制主接触器，称为双级式，如图 8-36 所示。

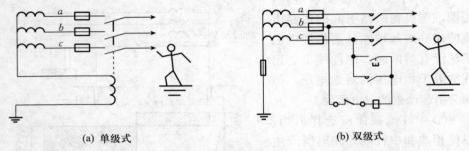

(a) 单级式　　　　　　　　　　　　(b) 双级式

图 8-36　简易电压动作型触电保护器

　　电流动作型漏电保护器的基本工作原理：电流动作型漏电保护器主要由零序电流互感器、脱扣机构和主开关组成。零序电流互感器是一个检测元件，可以安装在变压器中性点与接地极之间，也可以安装在干线或分支线上，构成分级保护。当漏电保护器后的系统发生人身触电及接地漏电等事故时，在零序电流互感器上将会产生电流，使脱扣线圈动作。因为当正常用电时，用单相或三相供电，电流从电源端出发，经过导线，通过用电设备，再回到电源端形成回路，也就是在电源端或用电设备端，电流的流进等于流出。而发生故障后，有一部分故障电流不是通过导线回到电源端，而是通过大地回到电源端。为此在零序电流互感器就会反映出故障电流，使开关动作。目前，用户使用的大多数属于电流动作型漏电保护器，因为它既可以作为全系统的总保护器，也可以分级安装，实现分路、分级保护，而且不要改变电网运行方式，可靠性高，如图 8-37 所示。

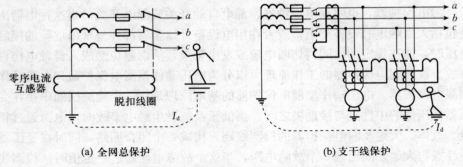

(a) 全网总保护　　　　　　　　　　(b) 支干线保护

图 8-37　电流动作型触电保护器工作原理图

　　3. 加装绝缘防护　绝缘防护是用绝缘材料把带电体封闭起来，借以隔离带电体或不同电位的导体，使电流能按一定的路径流通。

　　任何电器设备，包括线路，都要确保绝缘状态良好。绝缘的性能，要符合一定的标准，这是保证用电安全的必要条件，还要采取防止接触偶然带电设备的安全措施。

防止接触偶然带电设备的绝缘措施，是指外加绝缘。这种外加绝缘的作用，一是能防止人体与可能偶然带电的设备接触，如在开关的手柄上加包绝缘层，在电气用具外面加绝缘罩以及操作开关时带橡胶绝缘手套等。二是使人体与大地绝缘，如使用绝缘垫、干木绝缘站台、绝缘墙壁等等。这种外加的绝缘必须确保良好有效，不致因受力或时间长久而损坏失效。

4. 进行屏护 当电器设备电气线路（主要是指配电内线）的带电部分不便于包以绝缘或绝缘不足以保证安全时，就需采用屏护装置。常用的屏护装置有安全遮栏、护罩、护盖和箱盒等。屏护装置可将带电体与外界隔绝，以防止人体触及或过分接近带电体而引起触电、电弧短路或电弧灼人。

5. 采用安全电压 采用安全电压，可以从根本上防止危险的接触电压触电。安全电压有 12 V、24 V、36 V 等。在比较危险的场所或特别危险的场所使用的行灯、机床局部照明、离地低于 2.5 m 容易被人触及的灯头以及手持电动工具等，都要采用 36 V 安全电压。在特别不利的危险场所如锅炉的汽包内等地方，由于环境狭窄，工作不便，工作人员还要接触到大而接地良好的金属表面，都增加了触电的危险性，因此所用的行灯要采用更低的安全电压，即 12 V 安全电压。

安全电压的等级和选用见表 8-3。

表 8-3 安全电压的等级和选用

安全电压（V）		选用场合
额定值	空载上限值	
42	50	在有触电危险的场所使用的手持电动工具等
36	43	在潮湿的矿井、巷道等场所使用的行灯等
24	29	在工作环境狭窄且容易大面积接触带电体的场所，如锅炉等金属容器内
12	15	人体必须经常接触带电物体的场合
6	8	

6. 悬挂安全标志 悬挂各种安全标示牌（图 8-38），是限定电气检修人员活动范围和警示人们不要靠近带电设备以防直接触电的重要措施。悬挂地点通常在安全遮栏、高低压配电室变压器室门口、隔离开关操作把手处等。

7. 采用非导电场所 采用非导电场所，是要求当电器设备绝缘损坏时，人体有可能触及不同电位的两点所属环境，即室内地板及墙壁应为绝缘体。同

图 8-38　安全标示牌

时，有可能出现不同电位的两点之间要有足够的距离，一般为 2 m 以上。上述绝缘体的绝缘电阻，额定电压 500 V 及以下的应不小于 50 kΩ，额定电压超过 500 V 的应不小于 100 kΩ。

8. 进行电气隔离　所谓电气隔离，是指用电设备及操作人员与电网电源间无通过大地构成的电流回路，所以人体站在地面上作业触电电流甚小。若再加上必要的绝缘防护，即可避免触电伤亡事故。常用的电气隔离方法有：采用低压中性点不直接接地系统（IT 系统）供电；采用 1∶1 隔离变压器供电；采用具有隔离能力的多绕组发电机组供电。

9. 采用不接地的局部等电位连接方法　该方法是将人体能触及的所有电器设备的金属外壳（指 I 类电器）和操作场所内所有非电器设备组成部分的可导电部分，包括导电的地板，互相连接在一起，以防止这些金属件间出现电位差。等电位连接系统不可与大地发生直接的电气接触，使具有隔离功能。等电位连接范围应不小于可能触及带电体的范围。

当人员进入等电位连接场所时，要注意防止人体的两脚或手和脚跨接于有危险电位差的导体之间。一般应在等电位连接场所壳出入口内外铺设绝缘垫。

10. 保持安全距离　为了防止人体触及或过分接近带电体，防止车辆或其他物体碰撞或过分接近带电体，以及防止电器火灾、过电压放电及各种短路事故发生，在带电体与操作人员之间、带电体与地面之间、带电体与带电体之间、带电体与其他设备或设施之间均应保持一定的间隔，通常称为安全距离。安全距离大小取决于电压高低、设备类型以及安装方式等。人体与带电体间的安全距离见表8-4。

表8-4　安全距离

电压等级（kV）	工作人员在工作中与带电设备的安全距离（m）	设备不停电时的安全距离（m）
10 及以下	0.35	0.70
20～35	0.60	1.00
44	0.90	1.20
66～110	1.50	1.50
220	3.00	3.00
330	4.00	4.00
500	5.00	5.00

11. 设置障碍　设置栅栏、围栏等障碍（阻挡物），可防止无意触及或接近带电体而发生触电事故。

12. 使用电气安全用具　为防止电气工作人员在工作中发生触电、电弧灼伤、高空坠落等事故，必须使用电气安全用具。电气安全用具分绝缘安全用具和一般防护安全用具两大类。绝缘安全用具中又分为基本安全用具，辅助安全用具两种。

高压绝缘安全用具中的基本安全用具有：绝缘棒、绝缘夹钳、验电器等。

辅助安全用具有：绝缘手套、绝缘靴、绝缘鞋、绝缘垫、绝缘站台、绝缘毯等。

一般防护安全用具有：携带型接地线、临时遮栏、标示牌、警告牌、防护目镜，安全带等。

13. 电气检修工作中保证检修人员安全的技术措施　保证电气检修的安全措施，是实行"工作票"制度。所谓工作票制度，是指在检修人员进入施工现场前，按工作票的内容和要求，部署落实好保证检修人员安全的技术措施和组织措施。

保证安全的技术措施是指在全部停电或部分停电的设备上检修时，为了防止因有人误操作或附近高压电源感应等原因，使施工现场突然来电，规程规定必须采取下列一整套并需按一定顺序连续进行的技术措施，即停电→验电→挂地线→装设遮栏及悬挂标示牌。

14. 运行中严格执行"倒闸操作票"制度　倒闸操作是指合上或断开某些开关、熔断器等设备，以及与此有关的操作。倒闸操作是运行值班电工的重点工作之一。倒闸操作如果出现差错，将会影响电气系统正常运行，甚至直接危及人身和设备安全。为避免误操作，应严格执行倒闸操作票制度。所谓倒闸操作票制度，是指在正式倒闸操作前，根据预先下达的任务，周密拟定出正确的操作方案和操作步骤，并填写规定格式的"操作票"。正式操作时，按照操作票逐项操作，以确保操作无误。

三、农村安全用电的注意事项

（1）安全用电，人人有责，自觉遵守安全用电规定。

（2）用电安装修理找电工，不私拉乱接电线。

（3）不在线路走廊下盖房子、打场、堆柴草、种树等，以防触电着火，触电伤人。

（4）在电线附近立井架、修理房屋、砍伐树木时，对可能碰到的电线，应找电工停电，或采取安全措施，保证安全。

（5）船只通过跨河电线时，要及早放下桅杆，大车从电线下经过时，不要扬鞭，防止碰线触电。

（6）不要把牲口拴在电杆或拉线上，不要在电杆和拉线旁边挖坑、取土或爆破，防止倒杆断线。

（7）发现电线过低，电线与广播线、电话线搭接时，要马上找电工修理。

（8）不要玩弄电器，不要爬电杆或摇晃拉线，不要在电线附近放风筝、打鸟，更不要往电线、绝缘子、变压器上扔东西。

（9）发现绝缘子冒火、树枝碰线、电杆歪斜等危险情况时，要马上找电工修理。

（10）电线落在地上，不要靠近，更不要用手触摸，应派人看守，并赶快找电工处理。

（11）不要用湿手去摸灯头、开关、插座等电器设备，也不要用湿布去擦。换灯泡时，要先拉断开关，然后站在干木凳上进行。

（12）电灯如使用拉线开关，拉线不要过长，更不要拉来拉去，防止漏电伤人。

（13）灯头、灯线、开关等用电设备，应保持完好，若损坏漏电要赶快找电工修理或更换。

（14）晒衣服的铁丝与电线要保持一定距离，更不准绕在一起，防止磨坏电线，触电伤人。

（15）发生火灾时，要赶快拉断开关，切断电源，不要带电泼水救火。

（16）严禁私设电网、私安电炉、用电捕鱼和捉老鼠等，不准使用"一线一地"的电灯照明。

（17）发现有人触电，应赶紧拉开开关或用干燥木棍、竹竿将电线挑开，迅速使触电人脱离电源，立即用正确的人工呼吸法或胸外心脏按压法，进行现场抢救，不能打强心针。

（18）漏电保护器动作后，应迅速查明跳闸原因，排除故障后方可投运。

（19）家庭用电禁止拉临时线和使用带插座的灯头。

（20）用户发现有线广播喇叭发出怪叫时，不准乱动设备，要先断开广播开关，再找电工处理。

（21）用电器具出现异常，如电灯不亮，电视机无影或无声，电冰箱、洗衣机不启动等情况时，要先断开电源再修理，如用电器具同时出现冒烟、起火或爆炸的情况，不要赤手去切断电源开关，应尽快找电工处理。

（22）用电器具的外壳、手柄开关、机械防护有破损、失灵等有碍安全的情况时，应及时修理，未经修复不得使用。

（23）严禁攀登、跨越电力设施的保护围墙或遮栏。

四、农村场院的安全用电措施

（1）场院用电要有专人负责。

（2）严禁在高低压线下设场院，严禁低压照明线进入场院内。

（3）电源电杆要距场院 3 m 以外，场院内不得有拉线。电杆周围 2 m 以内不准堆放谷秸。引下线必须用绝缘线，并在电杆上用横担加以固定，严禁使用裸线、挂钩线连接电源。

（4）每台脱粒机、扬场机等用电设备的电源必须安装两个刀闸，一个在场外控制电源，一个在场内控制电动机。刀闸要完好，有箱有门，有专人管理。

（5）电动机的引接线应用完好的电缆线或者橡皮线，引线端接头应有防止与机器外壳碰连的措施，中间不得有接头，严禁使用破旧导线连接电源。电动机外壳应有良好的接地，接地极要求使用直径为 10～16 mm 的钢筋，埋深应在地下 1 m 以上，连接要牢固。

（6）不准带电安装、修理和移动脱粒机等用电设备。用电设备使用完了，应及时拉开刀闸，断开电源。

（7）场院内的照明灯，要固定安装，并装防雨罩，严禁使用串联灯泡照明。

（8）场院的周围要备有足够的水缸、水桶、水盆等灭火工具，备足用水或选好水源，做到有备无患。

（9）对违反规定者，可立即停止供电。

五、主要电器设备发生电气事故的应急处理

1. 变压器事故的应急处理

（1）油温异常的应急处理 当主变压器油温过高且还在继续上升时，则断定变压器内部有故障，如铁芯发热或匝间短路等。由于发热部分温度很快地上升，致使油温渐渐升高并达到着火点的温度，这是很危险的，可能发生火灾或爆炸事故，因此，应立即报告上级，将变压器停止运行并进行检修。

（2）变压器漏油或着火的应急处理 当变压器大量漏油，油位迅速下降时，禁止将重瓦斯保护改为只作用于信号。因油面过低（低于顶盖），没有重瓦斯保护作用于跳闸，会损坏引线绝缘。有时内部有咝咝的声音，且顶盖下形成了空气层，就有很大的危险，必须迅速采取措施，阻止漏油。

变压器着火时应迅速将高低压两侧断路器和隔离开关拉开，进行救火，并报警。若顶盖上部着火，应立即打开事故放油阀，将油放至低于着火处，必要时可将油全部放完。救火严禁用水，而要用 1211 灭火器、四氯化碳灭火器或沙子灭火。

（3）气体继电器动作后的应急处理 发生气体信号后，应先停止音响信号，并检查动作原因，并立刻收集继电器内的气体，根据气体的多少、颜色及是否可燃等，来判断故障性质，见表 8－5。

表 8－5 气体性质与故障性质的关系

序号	气体性质	故障性质
1	无色、无臭、不燃	变压器内有空气
2	黄色、不易燃	木质故障
3	淡灰色、有强烈臭味、可燃	纸质故障
4	灰色、黑色、易燃	油质故障

检查气体是否可燃时，可打开继电器顶盖上的放气栓，试着放出气体。若

为可燃性气体，会有明亮的火焰。操作时应由两人进行，并做好记录。

若判断为油内剩余空气析出而动作，可记录气量，放出继电器内积聚的空气，并注意相邻两次信号动作的间隔时间；若继电器内无空气而信号动作，则应检查二次直流回路的故障；若判断为内部故障，应报告上级，将变压器撤出运行，进行处理。

（4）中止变压器工作的情形　在发生下列严重情况时，可先将主变压器切除，然后报告调度，做出相应处理：

① 变压器储油柜内有强烈而不均匀的噪声，或有爆裂的火花放电声，且振动加大，说明绕组或铁芯有故障。

② 储油柜或防爆管喷油。

③ 套管有严重的破损及放电炸裂现象。

2. 高压断路器事故的应急处理

（1）高压断路器严重漏油的应急处理　严重漏油造成油面过低（油标管内已看不到油面时，但排除气候变化造成的油面过低），应按下列步骤处理：

① 拔掉该高压断路器的操作熔体，并挂"不准合闸"的标示牌。

② 若条件许可将负载通过母线高压断路器经旁路母线或使用备用高压断路器转供的途径，从缺油高压断路器上卸除，使高压断路器不工作。

③ 想尽一切办法切除严重缺油的高压断路器，在采取有关安全措施后进行检修和添油。

（2）高压断路器着火的应急处理　高压断路器着火而未自动跳闸时应立即远方操作切断着火的断路器，并将其两侧的隔离开关拉开，使之与电源和可能波及的运行设备隔离，并用干式灭火器灭火，如不能扑灭时，再用泡沫灭火器扑灭。

（3）中止高压断路器工作的情形　当出现下列现象时，高压断路器应立即停止运行：

① 高压断路器内发生严重异常声响，特别是放电声响。

② 高压断路器瓷质绝缘子的表面严重放电。

③ 故障跳闸后，高压断路器严重喷油冒烟。

④ 高压断路器的连接处出现过热变色现象。

⑤ 高压断路器支撑绝缘子发生断裂，或者绝缘套管炸裂。

在停止运行前，应根据事故的严重程度和所带负载的重要程度，尽可能采取适当措施将负载转移。

3. 隔离开关事故的应急处理

（1）隔离开关温度过高的应急处理　发展严重时可能会产生电弧导致接地

或相间短路，应加强监视。如变色漆颜色变深和金属失去光泽而发暗，要及时停电检修。

（2）隔离开关不能拉合的应急处理　若是刀闸的接触装置或机构本身存在问题所引起，不要强行硬拉或硬合，而要停电检修。如是机构润滑不良而卡涩，或是被冰冻住，可轻轻摇动机构，注意观察机构和支持瓷件的各个部分，以便找出卡涩处并加润滑油，或在冰冻处除冰。

4. 电压互感器事故的应急处理

（1）当发现三相电压表指示不正常时，应考虑到在 6～35 kV 电压下，互感器高压熔断器熔体的熔断是常有的事，熔断相的电压要降低，但不一定降到零。发现高压熔断器熔体熔断或在平时检查时听到高压熔断器处有"吱吱"声，很可能高压熔断器熔体即将熔断，这时值班人员应停用有关保护装置，然后将电压互感器停电，改为检修状态，调换熔体后，可试送一次。

（2）当发现电压互感器二次熔断器或小开关跳闸，二次回路可能有短路时，应立即停用有关继电保护装置。试送一次，当送不成时，应拉开电压互感器各线熔断器或小开关，再试送一次。正常后，再将各线逐路分别试送。如某一路试送时发现跳闸，则将该路停用；待正常后，方可用各线刚停用的继电保护。

（3）当发现电压互感器有内部冒烟或放电声音时，禁止用隔离开关将电压互感器隔离停用，以免由隔离开关切断故障电流。只有待高压熔断器熔断后，才能拉开它的隔离开关，或先进行必要的倒闸操作，移去负载，用断路器将故障电压互感器切除。

5. 电流互感器事故的应急处理　电流互感器有可能出现二次侧开路事故，其表现主要有：

（1）该相电流表无指示，功率表、电能表指示降低。

（2）开路处有放电声响或内部有类似变压器的嗡嗡声。

（3）继电保护不动作。

发现电流互感器二次侧开路，应设法让断路器停止运行。因为二次侧开路不仅是出现高压，威胁人身和设备安全，而且继电保护将失去作用，高压设备将处在无保护的情况下运行。如断路器不能停止运行，则带负载查找开路点，尽快找出开路点并将其二次回路短接。进行短接瞬间若出现较大的火花，便说明短接有效。但需要注意的是，在紧急短接操作中，一定要采取安全措施。

6. 电容器事故的应急处理

（1）电容器熔体熔断的应急处理　当电容器的熔体熔断时，应向调度报告，待取得同意后再拉开电容器的断路器。切断电源对电容器进行放电后，先进行外部检查。如套管的外部有无闪络痕迹，外壳是否变形、漏油及接地装置有无短路征象，并测量极间及极对地的绝缘电阻值。如无故障现象发生，可更换好熔体后试运行一次。如试运行后熔体仍熔断，则应退出故障电容器，而恢复对其余部分的送电。若在熔体熔断的同时，高压断路器也跳闸，则此时不可强送，待上述检查完毕，更换好熔体后，再投入运行。

（2）电容器断路器跳闸的应急处理　电容器的断路器跳闸，而分路熔体未断，应先对电容器放电 3 min 后，再检查断路器、电流互感器、电力电缆及电容器外部等情况。若无异常，则可能是由于外部故障或母线电压波动所致。经检查后，可以试运行。通过以上的检查试验，若仍找不出原因，则需拆开电容器逐台进行试验。未查明原因之前，不得试投入运行。

（3）需切断电容器电源的情形　当发现电容器有下列情况之一时，应立即切断电源。

① 电容器外壳膨胀或漏油。

② 套管破裂，发生闪络且有火花。

③ 电容器内部声音异常。

④ 外壳温升高于 55 ℃以上，示温片脱落。

⑤ 当电容器爆炸着火时，应切断电源并用沙子或干式灭火器灭火。

如无断路器，则应拉开分路保险后，再拉开隔离开关，然后对故障电容器进行拆除和更换。

第四节　电气防火

一、电气火灾的原因

农村电网中的变压器、电动机以及其他电器设备和线路等，它们的一个主要组成部分是绝缘材料。有些绝缘材料如变压器油、绝缘漆、棉纱、纸、油漆、木材等，会因过热而引起燃烧，同时还会引起周围的可燃性物质燃烧起来，形成火灾。

凡因电器设备故障导致明火燃烧需要组织扑灭的事故，或者由此引起其他物体燃烧的事故，称为电气火灾。

电气火灾发生的原因是多种多样的，例如过载、短路、接触不良、电弧火花、漏电、雷电或静电等都能引起火灾。有的火灾是人为的，比如：思想麻痹、疏忽大意、不遵守有关防火法规、违反操作规程等。从电气防火角度看，电器设备短路、安装使用不当、保养不良、雷击和静电是造成电气火灾的几个重要原因。

1. 短路、电弧和火花　凡电流未经一定的用电负载、阻抗或未按规定路径而就近自成通路的状态，称为短路。如几条相线直接碰触在一起，或者中性点接地系统的相线与零线或大地相碰等。此时导线的发热量剧增，不仅能使绝缘燃烧，而且还会使金属熔化或引起邻近的易燃、可燃物质燃烧酿成火灾。短路是电器设备最严重的一种故障状态，发生短路的原因主要有：

（1）电器设备的选用和安装与使用环境不符，致使其绝缘体在高温、潮湿、酸碱环境条件下受到破坏。

（2）电器设备使用时间过长，超过使用寿命，绝缘老化发脆。

（3）使用维护不当，长期带病运行，扩大了故障范围。

（4）过电压使绝缘击穿。

（5）错误操作或把电源投向故障线路。短路时，在短路点或导线连接松弛的电气接头处，会产生电弧或火花。电弧温度很高，可达 6 000 ℃以上，不但可引燃它本身的绝缘材料，还可将它附近的可燃材料和粉尘引燃。电弧还可能是由于接地装置不良或电器设备与接地装置间距过小，过电压时使空气击穿引起。切断或接通大电流电路时，或大截面熔断器爆断时，也能产生电弧。

2. 电器设备过负荷　当电流通过导线时，由于导线有电阻存在，便会引起导线发热。所谓过负荷（即过载），是指电器设备或导线的功率和电流超过了其额定值。发生设备过负荷的原因主要有：

（1）设计、安装时选型不正确，使电器设备的额定容量小于实际负载容量。

（2）导线截面选得过细，与负荷电流值不相适应。

（3）乱拉电线，过多地接入用电负载。电器设备或导线的绝缘材料，大都是可燃材料。属于有机绝缘材料的有油，纸，麻，丝和棉的纺织品，树脂，沥青，漆，塑料，橡胶等。只有少数属于无机材料，例如陶瓷，石棉和云母等是不易燃材料。过载使导体中的电能转变成热能，当导体和绝缘物局部过热，达到一定温度时，就会引起火灾。我国不乏这样的惨痛教训：电线电缆上面的木装板被过载电流引燃，酿成商店，剧院和其他场所的巨大火灾。

3. 电器设备绝缘损坏　电器设备绝缘损坏或老化会使绝缘性能降低甚至丧失，从而造成短路引发火灾。引起绝缘老化的原因主要有：

（1）电气因素　绝缘物局部放电；操作过电压或雷击过电压；事故或过负荷的过电流等。

（2）机械因素　旋转部分、滑动部分磨损严重等。

（3）热因素　温升过高使绝缘物热分解、氧化等的化学变化、气化、硬化、龟裂、脆化；设备反复启动停止温升温降的热循环，使结构材料间因热膨胀系数不同产生应力等。

（4）环境因素　周围有害物质（煤气、油、药品等）的腐蚀；阳光、紫外线长期照射和氧化作用；老鼠、白蚁等咬坏电线、电缆，以及水浸等。

（5）人为因素　施工不良、维护保养不善或设备选型不当等。

4. 电气连接点接触电阻过大　在电气回路中有许多连接点，这些电气连接点不可避免地产生一定的电阻，这个电阻叫做接触电阻。正常时接触电阻是很小的，可以忽略不计。但不正常时，接触电阻显著增大，使这些部位局部过热，金属变色甚至熔化，并能引起绝缘材料、可燃物质的燃烧。电气连接点接触电阻过大的原因主要有：

（1）铜、铝相接并处理不好。铜铝连接处，因有约 1.69 V 电位差的存在，潮湿时会发生电解作用，使铝腐蚀，造成接触不良。

（2）接点连接松弛。螺栓或螺母未拧紧，使两导体间接触不紧密，尤其在有尘埃的环境中，接触电阻显著增大。当电流流过时，接头发热，甚至产生火花。

（3）烘烤电热器具（如电炉，电熨斗等）、照明灯泡，在正常通电的状态下，就相当于一个火源或高温热源，当其安装不当或长期通电无人监护管理时，就可能使附近的可燃物受高温而起火。

（4）电动机等旋转型电器设备，轴承出现润滑不良，干枯产生干磨发热或虽润滑正常，但出现高速旋转时，都会引起火灾。

二、电气火灾的特点

电气火灾与其他火灾相比，具有以下特点：

（1）失火的电器设备可能带电。火场周围可能存在接触电压和跨步电压。因此扑灭电气火灾时要同时防止触电，应尽可能地快速切断失火设备的电源。

（2）失火的电器设备内可能充有大量的可燃油，因此扑灭电气火灾时，要防止喷油和爆炸，危及灭火人员安全，并防止火势蔓延。

（3）电气火灾产生的大量浓烟和有毒气体弥漫在室内，会对电器设备产生二次污染，影响电器设备的安全运行。因此在扑灭火灾后，必须仔细清除这种二次污染。

（4）电器火灾具有季节性特点。电气火灾多发生在夏、冬季。一是因夏季风雨多，由于风雨侵袭，使架空线路发生断线、短路、倒杆等事故，引起火灾；露天安装的电器设备（如电动机、闸刀开关、电灯等）淋雨进水，使绝缘受损，在运行中发生短路起火；夏季气温较高，对电器设备发热有很大影响，一些电器设备，如变压器、电动机、电容器、导线及接头等在运行中发热温度升高就会引起火灾。二是因冬季天气寒冷，如架空线受风力影响，发生导线相碰放电起火，大雪、大风造成倒杆、断线等事故；使用电炉或大灯泡取暖，使用不当，烤燃可燃物引起火灾；冬季空气干燥，易产生静电而引起火灾。

（5）电气火灾具有时间性特点。许多火灾往往发生在节日、假日或夜间。由于有的电气操作人员思想不集中，疏忽大意，在节、假日或下班之前，对电器设备及电源不进行妥善处理，便仓促离去；也有因临时停电不切断电源，待供电正常后引起失火。往往由于失火后，节、假日或夜间现场无人值班，未能及时发现，而蔓延扩大成灾。

三、电气火灾的扑灭方法

电气火灾发生后，电器设备和电气线路可能是带电的，如不注意，可能引起触电事故。根据现场条件，可以断电的应尽量断电灭火，无法断电的则应采取带电灭火。

1. 断电灭火　电器设备发生火灾时，若为带电燃烧，是十分危险的。扑救人员身体或所持器械可能接触带电部分，造成触电事故。因此，发生电气火灾后，应掌握以下原则：不要惊慌失措，要沉着果断。首先要设法切断电源，在没有切断电源前千万不能用水浇，而要用沙子或四氯化碳灭火器灭火。只有在总电源切断后方可用水灭火。切断电源时要注意：

（1）火灾发生后，由于受潮或烟熏，有关设备绝缘性能降低，因此拉闸时要用适当的绝缘工具，以防切断电源时触电。

（2）切断电源的地点要选择适当，防止切断电源后影响扑救工作进行。

（3）剪断电线时，不同相电线应在不同部位剪断，以免造成短路。剪断空中电线时，剪断位置应选择在电源方向的支持物上，以防电线切断后落下来造成短路和触电伤人事故。

（4）如果线路上带有负荷，应先切除负荷，再切断现场电源。在拉开闸刀开关切断电源时，应用绝缘棒或戴绝缘手套进行操作，以防触电。

（5）若燃烧情况对临近正在运行的设备有严重威胁时，应迅速拉开相应的断路器和隔离开关。

2. 带电灭火　电器设备发生火灾时，一般都应切断电源后再进行扑救，但如果火势迅猛，来不及断电，或因某种原因不可能切断电源时，为了争取时间，防止灾情扩大，则需带电灭火。

带电灭火时应注意以下几点：

（1）带电灭火要使用不导电的灭火剂进行灭火，如二氧化碳、1211、干粉灭火器等，使用方法如图 8-39 所示。严禁使用导电的灭火剂如泡沫灭火器、

除掉铅封　　➡　　拉下保险销　　➡　　用力压手柄

①取出灭火器　　②拔掉保险销　　③一手握住压把，　　④对准火苗根部喷射
　　　　　　　　　　　　　　　　　　　一手握住喷管　　　　（人站立在上风）

(a) 干粉灭火器

右手捂住喷嘴　　➡　　左手执筒底边缘

然后放开喷嘴　　⬅　　用劲上下晃动　　⬅　　把灭口器颠倒

(b) 二氧化碳灭火器

图 8-39　灭火器的使用方法

喷射水流等，因为这种灭火剂和水流有一定的导电性，并且对电器设备的绝缘有影响，所以不宜用于带电灭火。

（2）人体与带电体之间必须保持必要的安全距离。用不导电的灭火器灭火时，喷嘴至带电体的距离：10 kV 及以下，不小于 0.4 m；35 kV 不小于 0.6 m。

（3）带电灭火时，灭火人员应戴绝缘手套。必须注意周围环境情况，防止身体、手、足或者使用的消防器材等直接与带电部分接触或与带电部分过于接近而造成触电事故。

（4）由于电器设备发生故障，如电线断落下地，在局部地域将产生跨步电压。因此，在灭火中扑救人员必须穿好橡胶绝缘靴方可进入该区域进行灭火。

（5）对架空线路等空中设备进行灭火时，人体位置与带电体之间的仰角不应超过 45°，以防导线断落危及灭火人员的安全。

（6）带电导线断落地面时，要划出一定的警戒区防止跨步电压伤人。

四、电气火灾的防护措施

1. 防止电器设备断路造成火灾的措施　为防止短路造成火灾，可采取下列措施：

（1）检查线路安装得是否符合各项安全要求　例如导线的类型、熔断器的型号、规格、电器间距的大小等，都应符合安全的要求，这是避免火灾危险的一项重要措施。

（2）定期测量线路的绝缘状况　如果所测得的线路绝缘电阻的数值低于规定值，则表示线路的绝缘有问题，一定要找出绝缘损坏的地方，并加以修理。

（3）正确选择和导线截面相适合的熔断器　当线路发生短路时，保护线路的熔断器熔丝应立即被短路电流所熔化，以切断电源，中止电流流入线路，这样就不会引起导线的过热和它的绝缘层着火燃烧。这一要求只有在正确选择熔断器时，才能达到。例如要防止截面积为 2.5 mm² 的铜导线发生过热，就应该在电力线路的始端装设熔丝额定电流为 20 A 的熔断器来保护。熔断器的熔丝在长时间通过额定电流时，是不会熔断的，即使通过它的额定电流 1.3～1.5 倍的电流，在 1 h 内也不致熔断。这一特性是非常必须而重要的。因为在被它保护的线路中，时常会出现大于工作电流的暂时性超额电流，例如启动电动机时所产生的启动电流。若熔断器的熔丝不能承受这种暂时性的超额电流，就不能保证用电设备的正常运行。如其通过比熔丝额定电流大得多的工作电流，那么通过的电流愈大，熔丝熔断得愈快，而起到保护作用。熔丝熔断后，千万不能随便用额定电流比原来还大的熔丝或其他金属导线来代替。

用熔断器来保护线路时，每相导线中都应装设（三相四线制的中性线上不安装）熔断器，而且在导线的截面积比干线截面积为小的分支线中，一般也需安装熔断器。

2. 防止导线过负荷造成火灾的措施　防止导线过负荷而引起的火灾，可采取下列措施：

（1）根据用电负荷的大小，选用截面适当的导线。在原有线路上不得擅自增加用电设备。

（2）线路和电器设备都应严格按照电气安装规程安装，不准随便乱装乱用，防止因绝缘损坏而发生漏电或短路事故。

（3）经常监视线路的运行情况。如发现严重过负荷现象时，应从线路中切除过多的用电设备，或将该导线的截面调大，以满足导线的安全载流量的要求。

（4）保护线路或电器设备的保险丝或熔体要选择适当，一旦导线发生严重过负荷时，熔丝就会自动熔断，从而切断电流，防止火灾事故的发生。熔丝不能任意调粗，必须严加注意。

为了监视线路运行情况，可在线路开始的地方，在开关和熔断器的后面，接入电流表，或用钳型电流表临时测量电流。将电流表读数和导线容许电流相比较，就可以判断出该线路是否过负荷。例如所检查的导线截面为 10 mm²，最大容许电流为 60 A，如果测得的电流为 85 A，那么该导线就过负荷 25 A，这时就应采取措施，防止发生火灾。

3. 防止接触电阻过大造成火灾的措施　要防止因接触电阻过大引起的火灾，可采取下列措施：

（1）连接导线时，必须将接触点导线的线芯擦干净，并按一定方法牢固绞合。然后在绞合地方用锡加焊，焊好后，再在裸露部分用绝缘布包几层，包好扎牢。

（2）导线接到开关、熔断器、电动机和其他电器设备上时，导线端必须焊上特制的接头。单股导线或截面较小（如 2.5 mm² 以下）的多股导线，可不用特制的接头，而将已削去绝缘层的线头弯成小环套，放在设备的接线端上，加垫圈后再用螺帽旋紧。

（3）经常对运行中的线路和设备进行巡视检查，如发现接头松动或发热，应及时处理。

4. 防止电动机过热起火的措施　防止电动机发热起火，可采取下列措施：

（1）安装电动机要符合防火安全要求。在潮湿、多灰尘的场所，应用封闭型电动机；在比较干燥、清洁的场所，可用防护型电动机；在易燃、易爆的场所，应用防爆型电动机。

（2）电动机应安装在非燃烧材料的基座上。如安装在可燃物的基座上时，应铺上铁板或其他非燃烧材料使其与电动机隔开。电动机不能安装在可燃结构内。电动机与可燃物应保持一定距离，周围不准堆放杂物。

（3）每台电动机必须装置独立的操作开关和适当大小的热继电器作为过负荷保护。对容量较大的电动机应安装缺相保护装置或在三相电源线上安装指示灯，当一相断电时就能立即发现，防止二相运行。

（4）电动机要经常检查维修，及时清扫，保持清洁，要做好润滑（定时加油），电刷要完整，要控制温度等。

（5）在电动机使用完毕后，应断开电动机的电源，即拉开电动机的开关。

农村中通常是用中等和小容量低压电动机，可选用与电机容量相匹配的熔断器或附有过载脱扣器和热继电器的自动开关来作为短路保护和过负荷保护，预防发生火灾。

5. 防止变压器火灾的措施　变压器的防火措施，有两个方面：一是在变压器上装置适当的保护设备；二是合理安装变压器（如设变压器室）并准备好灭火工具等。

（1）预防变压器发生火灾的措施之一，就是要在变压器上装置防爆管和监视油温的仪器。防爆管和变压器的油箱相连接，安装在油箱盖上，管的上端紧密地盖着玻璃片。在变压器油热分解而分出大量气体，急剧增加变压器内的压力时，油和气体就沿着排气管向上升起，冲破玻璃片，向外喷出。监视油温的仪器，在农村用 750 kV·A 以下的变压器中，一般用水银温度计或压力式温度计。如最高油面温度超过 85 ℃（用水银温度计贴在变压器外壳测量，它的容许最高上层油温应较压力式温度计低 5～10 ℃，即超过 75～80 ℃），就表明变压器内部有损坏或变压器过负荷。

为了能反应变压器的内部故障，防止酿成火灾，目前 800 kV·A 及以上的变压器都要装气体继电器。这一种继电器能在变压器内部发生故障时，因绝缘油和其他绝缘材料热分解所产生的气体和油的运动而动作，接通信号电路

（轻故障时）发出示警信号，或闭合跳闸电路（严重故障时）使油开关跳闸。当有空气进入变压器内，油箱漏油或因油温降低而油面降低时，气体继电器也能动作。但对于变压器绝缘瓷套管发生闪络，以及外部短路和过负荷时，气体继电器是不能反应的，因此要用其他的保护设备。在农村中，变压器容量为 5 600 kV·A 以下、高压为 35 kV 和低压为 10 kV 以下时，都用熔断器来保护。大容量的变压器，则应采用电流继电器等保护装置。

（2）变压器在安装或检修过程中，要防止高低压套管穿芯螺栓转动；安装或检修完毕后，要用兆欧表摇测绝缘电阻和用电桥测量直流电阻。

在调整变压器电压分接头时，一定要将切换开关的销子对准盖上调电压的孔。

新建低压线和用电设备，要认真按规定标准设计架设，验收合格后方可"接火"送电。在运行中要定期进行检查和维修，对线路两旁的树木也要勤加修剪。

6. 防止油断路器火灾的措施　与变压器的防火措施相仿，油断路器的防火措施也有两个方面，即在油断路器本身的结构和管理，以及安装和建筑方面做好防火工作。其主要措施有以下 4 点。

（1）选用断路容量与电力系统的短路容量相适应的油断路器。

（2）改进油断路器的结构，增加油箱的机械强度，提高油断路器的断路能力，并在箱盖上安装保险装置——排气管。当箱内的油膨胀或有大量气体时，可以通过排气管排出，不致引起燃烧爆炸。

（3）油断路器的设计安装要符合国家标准。如油断路器应安装在一、二级耐火的建筑物内，并有良好的通风。多油断路器安装在室内时，应装在难燃烧的专门房间内，有排油措施；装在室外应有卵石层，作为储油池。

（4）加强油断路器的运行管理和检修工作。定期检查油断路器，监视油位指示器的油面，使其在规定的两条红线之间，不能过高，也不能过低，以保持箱盖到油面之间有一个缓冲空间。定期做油断路器的预防性试验。油的质量要符合标准，发现油老化，脏污或绝缘强度不够时，应及时调换。对油断路器要定期进行检修，特别是因多次短路故障而断开断路器后，更要提前检修。

从安全观点出发，少油式断路器爆炸和着火的可能性较小。安全的保证是油量少，并且油箱坚固。

7. 防止低压配电盘火灾的措施　农村中的低压配电盘（或配电箱）是用来对低压线路和电动机等进行控制的。通过配电盘上的仪表，可以监视电器设备所处的运行状态。

农村中常用的低压配电盘上装有刀开关、熔断器、交流电压表、电流表、电度表、电压指示灯和电流电压切换开关等。

农村中使用的配电盘有些是由工厂配套供应的，但也有一些是用质量较好的木板，按防火要求在木板上包上铁皮，按一定的规格尺寸自制的。自制的配电盘如果不按规定制作、安装，就可能引起火灾。如木结构上未包铁皮或未涂防火漆，配电盘上的设备未根据负荷的性质和容量的大小进行选择等，都会造成导线和设备过热，或使连接处金属熔化，产生火花，造成火灾；导线排列零乱、布线不合要求、绝缘损坏，也会造成接地短路而引起火灾；配电盘缺乏防雨设施，使绝缘受潮发生短路接地，配电盘各进出线接线螺丝处接触不良，接触电阻过大产生过热以及配电盘长期不检修清扫等，都是造成火灾、引起事故发生的原因。

为了防止低压配电盘发生火灾，可采取下列措施：

（1）配电盘最好装在单独的房间内，固定在干燥清洁的地方。配电盘的安装位置，应保证操作维修时的安全方便。

（2）在木结构配电盘的盘面和电火花可能到达的地方，应采用耐火材料或铺设铁皮、涂防火漆等。屋外配电盘，要有防雨措施。

（3）配电盘上的设备应根据电压、负荷、用电场所和防火要求等选定。配电盘中的配线，一般应使用绝缘线，破损的导线要及时更换。配电盘上的分路开关和总开关的容量，应满足各个分路和总负荷的需要。每一分路开关处，应标明用途和容量。

（4）配电盘上的设备，要安装得牢固端正。刀开关的刀部要装在下面，使刀断开后刀部不带电，且没有自行合闸的可能。配电盘后面敷设的线路应连接可靠、排列整齐，尽量做到横平竖直，绑扎成束，用线卡固定在板面上。要尽量避免导线相互交叉，如有交叉时，应加绝缘套管。

（5）配电盘的金属支架及电器设备的金属外壳，必须做好可靠的接地保护。

8. 防止照明灯火灾的措施　电灯引起火灾的原因：电灯泡上用纸做灯罩，就易将纸烤焦而引起火灾。因为灯泡通电后，它的表面温度就会升高，灯泡功率越大，开灯的时间越长，温度就越高。根据测定：一只功率为 60 W 的灯泡，表面温度为 137～180 ℃；一只功率为 200 W 的灯泡，表面温度为 155～300 ℃；碘钨灯、汞灯、氙气灯，其表面温度可达 500～800 ℃；而纸是很容易燃烧的物品，尤其是普通薄纸，在 130 ℃ 左右就会起燃。因此，若用纸做灯罩，在这样的高温烘烤下，便会烤焦而起火，及至点燃导线而发生火灾。若电灯泡过分靠近可燃物，例如工厂、仓库里的木板、棉花、稻草等；家庭里的衣服、蚊帐等；舞台上的幕布等；都有可能引起火灾。如果把灯泡放进被窝里取暖，不但会起火，还会发生触电事故。

如果日光灯紧贴在天花板上，其镇流器所发出的热量散不出去，长时间过热就会引起火灾；或者烘热、烤炼积聚在镇流器上的木屑、纤维、灰尘及周围木板等可燃物，从而引起火灾。由于日光灯的接线绝缘损坏，造成碰线短路，也会发生火灾。

为防止照明灯引起火灾可采取下列措施：

（1）安装电灯、日光灯必须适应周围环境的特点。例如：在有易燃、易爆气体的车间、仓库内，应安装防爆灯，或在屋外安装，通过玻璃窗口向房间内照明。室外照明应安装防雨灯具。

（2）电灯泡与可燃物之间应保持一定的安全距离。日光灯不要紧贴在天花板或草屋顶等可燃物面上，日光灯镇流器上的灰尘应定期清扫。

（3）不可使用纸灯罩，或用纸、布包灯泡，更不可把灯泡放在被窝里取暖。

（4）电灯电线不要随便拆装，导线应有良好的绝缘层，防止损坏导线绝缘。发现导线、灯具损坏要及时修好。要装置熔断器或自动开关，以保证发生事故时，能立即切断电源。

9. 防止电加热设备火灾的措施　电熨斗、电烙铁、电水壶、电饭锅、小电炉等都属于电加热设备。如果使用它们的时候不采取防火措施，稍一不慎，就会发生火灾。因为电加热设备，如电熨斗、电烙铁等表面温度达 $180\sim400$ ℃，如果碰到可燃物，尤其是木材、纸张、棉布等等，就会很快燃烧起来。

（1）电加热设备引起火灾的原因

① 正在使用的电加热设备无人看管。

② 电加热设备放在可燃物体上或放在易燃物附近。

③ 电加热设备的导线绝缘损坏及没有熔断器保护。

④ 电加热设备的电流超过导线的安全载流量。

（2）防止电加热设备引起火灾所采取的措施

① 正在使用的电加热设备必须要有人看管，人离开前必须切断电源，并把加热设备妥善放好。

② 每一个电加热设备在使用时，必须安放在不易燃烧、导热性差的基座上，如陶瓷、耐火砖、铁皮、石棉瓦等，远离易燃和可燃物。实验证明：带电

的电熨斗放在用两层耐火砖做的基座上，2 h后，下面的木板仍会开始炭化，因此，关键还是要切断电源。

③ 电加热设备的导线绝缘损坏或没有插头或电路中没有熔断器时，均不得使用。

④ 导线的安全载流量必须满足电加热设备的容量要求。当电能表（电度表）及导线的容量能满足电加热设备的容量要求时，才可将电加热设备插入照明电路中，工业用的电加热设备，在任何情况下都要装置在单独的电路中。

参考文献

胡洪 . 2009. 中级电工技能实战训练 [M]. 北京：机械工业出版社 .

黄汉英 . 2002. 农村电工实用技术 [M]. 北京：中国农业出版社 .

黄建科 . 2008. 维修电工 [M]. 北京：中国农业大学出版社 .

机械工业职业教育研究中心 . 2004. 电工技能实战训练 [M]. 北京：机械工业出版社 .

劳动和社会保障部中国就业培训技术指导中心 . 2009. 维修电工（初级技能、中级技能、高
    级技能）[M]. 北京：中国劳动社会保障出版社 .

李明 . 2009. 初、中级维修电工技能训练 [M]. 西安：西安电子科技大学出版社 .

刘介才 . 2006. 安全用电实用技术 [M]. 北京：中国电力出版社 .

刘素萍 . 2009. 电工（初级）[M]. 北京：中国劳动社会保障出版社 .

陆荣 . 2006. 电工基础 [M]. 北京：机械工业出版社 .

马高原，兰家富 . 2006. 维修电工技能训练 [M]. 北京：机械工业出版社 .

门宏 . 2010. 图解电工技术快速入门（第二版）[M]. 北京：人民邮电出版社 .

农民工职业教育培训教材编委会 . 2008. 电工 [M]. 成都：四川教育出版社 .

乔德宝 . 2008. 初级电工技术速成 [M]. 福州：福建科学技术出版社 .

人力资源和社会保障部教材办公室 . 2009. 维修电工（初级）[M]. 北京：中国劳动社会保
    障出版社 .

人力资源和社会保障部教材办公室 . 2011. 维修电工基本技能训练 [M]. 北京：中国劳动
    社会保障出版社 .

上海电力工业局用电营业处 . 1999. 农村供用电安全知识（第二版）[M]. 北京：中国电力
    出版社 .

宋美清 . 2009. 电工技能训练（第二版）[M]. 北京：中国电力出版社 .

孙克军 . 2009. 电工初级技能 [M]. 北京：金盾出版社 .

孙增全，丁海明，童书霞，等 . 2010. 维修电工培训读本（初级中级）[M]. 北京：化学工
    业出版社 .

唐义锋，赵俊生 . 2009. 维修电工与实训 [M]. 北京：化学工业出版社 .

王建，高明远 . 2009. 维修电工（初级）[M]. 北京：机械工业出版社 .

王建 . 2007. 维修电工技能训练（第 4 版）[M]. 北京：中国劳动社会保障出版社 .

王廷才 . 2006. 维修电工技能训练 [M]. 北京：高等教育出版社 .

王浔 . 2009. 维修电工技能训练 [M]. 北京：机械工业出版社 .

王跃东，李赏，王跃东，等 . 2008. 维修电工技能训练 [M]. 西安：西北工业大学出版社 .

王照清 . 2005. 维修电工（初级）[M]. 北京：中国劳动和社会保障出版社 .

温明会 . 2005. 实用电工 [M]. 北京：中国电力出版社 .

武继茂，田效礼 . 2003. 农村电气设备运行维护工 [M]. 北京：中国电力出版社 .

萧淑霞 . 2008. 看图巧学维修电工技能训练 [M]. 北京：中国电力出版社 .

杨翠敏 . 2005. 电工常识 [M]. 北京：机械工业出版社 .

杨清德 . 2008. 轻轻松松学电工——技能篇 [M]. 北京：人民邮电出版社 .

于日浩，邱利军，朱政 . 2007. 电工工具使用入门 [M]. 北京：化学工业出版社 .

张志友 . 2009. 初级维修电工 [M]. 北京：中国劳动和社会保障出版社 .

赵继光 . 1999. 农用电器设备的使用与维修 [M]. 北京：人民邮电出版社 .

赵家礼 . 2007. 维修电工操作禁忌 400 例 [M]. 北京：机械工业出版社 .

赵家礼 . 2006. 图解维修电工操作技能 [M]. 北京：机械工业出版社 .

朱照红，张帆 . 2007. 电工技能训练（第 4 版）[M]. 北京：中国劳动和社会保障出版社 .

图书在版编目（CIP）数据

电工／鲁杨，常江雪主编．—北京：中国农业出版社，
2013.7
（新农村能工巧匠速成丛书）
ISBN 978 - 7 - 109 - 18024 - 6

Ⅰ.①电… Ⅱ.①鲁… ②常… Ⅲ.①电工技术 Ⅳ.①TM

中国版本图书馆 CIP 数据核字（2013）第 137552 号

中国农业出版社出版
（北京市朝阳区农展馆北路 2 号）
（邮政编码 100125）
责任编辑 何致莹 黄向阳

北京中科印刷有限公司印刷 新华书店北京发行所发行
2013 年 10 月第 1 版 2013 年 10 月北京第 1 次印刷

开本：720mm×960mm 1/16 印张：26
字数：500 千字
定价：54.00 元
（凡本版图书出现印刷、装订错误，请向出版社发行部调换）